洪水と水害をとらえなおす

自然観の転換と川との共生

大熊孝 著

実は、人と自然との関係性が希薄になっていることは見せかけでしかなく、この地球上で生きるかぎり、人は自然と切れて存在することはできない。日常の見せかけの快適性は、非日常の災害時に、何の準備もなく強烈なしっぺ返しを受けているのである。

農文協

はじめに

私は34年間勤めた新潟大学を２００８年3月に退職し、早や10年以上が過ぎた。10年といえば、若者であれば一人前になり、職人ならば相応の熟練者になっている時間量である。しかし、私にとっては光陰矢のごとしで、成長のないまま過ぎさった。ただ、この間には、２０１１年3月11日の東日本大震災や２０１８年８月の西日本豪雨災害など多くの大災害が発生している。地震と津波は私の専門外であり、言及はできるだけ差し控えるが、大災害の多くが豪雨によるものである。それらは地球温暖化に一因があると考えられており、たしかにその要因を否定できないが、実は人と自然との付き合い方が大きく変わってきて、災害に遭いやすいところに人が無防備に活動域を広げてきたことに、その大きな原因がある。

明治時代以降、この１５０年間で日本人の自然との関係性は大きく変化してきた。明治時代になるまでは、日本人は基本的に自然を尊重し、自然と共生してきた。それは自然を制御できる技術がなかったからでもあるが、自然からの制約を強くうけ、日常的に煩わしいことが多く、自由な活動がしにくかった。それでも人々は自然の摂理に順応して謙虚に生きていたといえる。しかし、近代化を進めるなか、職業選択の自由、移動の自由、結婚の自由など自由な行動を可能とするために、自然の束縛から自由であることが希求された。そのため積極的に駆使されたのが土木技術を中心とした近代的科学技術である。常習的な水害が克服され、日常的な水への恐怖が解消されるとともに、上水道や農業水利施設が整えられ、命の水の確保が容易となり、鉄道・道路・港湾・空港などの交通網が整備され、移動の自由が担保されてきた。

こうして現代では、全国一律に自然から乖離して日常的活動を行なうことがおおむね可能となってきた。そして、それに人は快適さを感じ、自然と人との本来の関係性が見えなくなっている。自然とのかかわりのなかでしか得られない食料もほとんどが輸入に頼っており、大地と離れてわれわれは存在しているかのようである。そうしたなか、人と人との関係性も薄れ、それが非日常の災害時に多くの人の命が失われる要因ともなっている。実は、人と自然との関係性が希薄になっていることは見せかけでしかなく、この地球上で生きるかぎり、人は自然と切れて存在することはできない。日常の見せかけの快適性は、非日常の災害時に、何の準備もなく強烈なしっぺ返しを受けているのである。

ところで、本書の書名に「洪水と水害」とあるが、これらはどう違うのか？　一般的には「洪水」は川から水が溢れ「水害」になることと理解されている。しかし「洪水」は川の流量が平常時より増水する自然現象であり、川が溢れたとしてもそこに人の営みがなければ「水害」とはいわない。「水害」は人の営みにともなう社会現象である。

私は、「河川工学」、「河川史」を専門として、こうした社会現象としての水害をできるかぎり軽減させること、そして水辺での「人と自然の共生」を目的に長く教育・研究生活を送り、学生を育て、市民とともに実践活動を行ない、それなりに書物も著わし、水害対策や川と人との関係性についてさまざまな提言を行なってきた。しかし、それが実際にはほとんど役に立っていないことを、近年思い知らされている。何故こうなってしまったのか？
初めに結論めいたことを書くのは気が引けるが、要は、人々の生活が地域の自然と深くかかわるなかで育まれてきた「民衆の自然観」というべきものが、近代化とともに国家運営のための自然観へと変貌し、「民衆の自然観」が消失してきたことに原因があるように思われる。その「国家の自然観」を支えたものが、明治時代以降に輸入された近代的科学技術であった。西洋近代科学技術文明はヨーロッパの長い歴史の上に築かれ、自然と共生する側面も有する奥行きの深いものであると考えるが、日本の場合、その表層だけが「近代科学技術文明」として輸入され、明治時代以降の殖産興業、富国強兵、経済成長に中央集権的に活用され、自然を支配し、その恵みを収奪してきたのである。

　こうした自然観の転換や近代化は、自然と密着して生計を立ててきた民衆を自然から引き剥がさずにはおかなかった。その一つの現われが、田中正造（１８４１〜１９１３）の闘いに象徴される「足尾鉱毒事件」（１８８５年顕在化）であり、明治維新77年後の第二次世界大戦の敗北という結果であった。そしてさらに、第二次世界大戦後の再出発にあたっても、近代科学技術の合理的な思考が国民に浸透していなかったから戦争に負けたのだということで、一層、近代的科学技術の振興に邁進した。しかし、水俣病事件や福島第一原子力発電所の爆発事故、さらには災害時の多数の死者の発生などに示されるように、それが失敗であったことが明らかになってきている。にもかかわらず、われわれは現在その失敗を反省しきれずに、再び民衆を自然から遠ざけ、また同じ轍を踏もうとしているのである。

　現在のように通信・交通手段が発達し、あらゆるものがグローバル化した時代において世界の国々と伍して競争していくには、中央集権的な「国家の自然観」が必要であることは理解できる。だが、その「国家の自然観」を押し通すことになると、民衆にさらなる犠牲を強いることになるだろう。少しでも「民衆の自然観」に配慮することで、その犠牲を緩和することはできるはずである。

ただ、民衆はすでに、自然から乖離していることに快適性を覚え、自然との煩わしい付き合いを望まなくなっている。しかし、繰り返しになるが、その快適性は見せかけのものでしかない。もう一度少し煩わしいかもしれないが、便利すぎる日常を反省して、自然と人との直接的な関係性を復活させ、「国家の自然観」を押し戻していくことが必要なのではないか。熊本・水俣病に関連して、分断された人と人との関係性を復元する試みとして「もやい直し」が提唱されているが、この「国家の自然観」に「民衆の自然観」をもう一度埋め込み撚り直すことが「もやい直し」でないかと考えている。だが、生業が途絶え、人と自然の関係性が薄れた今日において、それを個人的に行なうのは難しい。それぞれの地域で、どのような自然との関係のなかで歴史が刻まれ今日に至ったのかをつぶさに見ることによって、新たな自然観を構築していくことが必要なのではないかと思う。その地域をどのような範囲でとらえるかであるが、現在ではほとんどの人が都市の住人であるので、当面それぞれの都市の範囲で、その都市がどのように成立してきたのか、自然との関係性のなかで「都市の自然観」をつくっていけばいいのではないかと考える。

本書ではまず、もともと日本人が自然に対してもっていた自然観、すなわち「民衆の自然観」がどのようなものであり、それが明治時代の近代化以降、「国家の自然観」のもとでどう変質していったのかを、洪水と水害の関係性を中心として眺めてみたい。そして最後に、現在私が住んでいる新潟において、どのような「都市の自然観」が構築できるのかを探ってみたい。ただ私はいわゆる理系の土木技術者にすぎず、哲学者や科学史家、技術史家のような論理展開はできない。私が実際に川や水辺でかかわってきた事例を中心にしながら、どこに問題があったのかを述べていくしかない。こんな私からの提言が今の世の中に役立つかどうかわからないが、ここに書くことが若い人にとってこれから生きていく希望のよすがになればと考えている。

なお、これまでの単著で書いてきたことはできるだけ重複を避けたいと考えたが、今までと少し異なる観点を含む場合は再度取り上げている。また、川に関する初歩的な専門用語のなかから、初歩的であるがゆえに意外と誤解しやすい用語を中心に、コラム的に取り上げている。参考になれば幸いである。

高床式の仕事場にて

陽光桜と私の仕事場（写真上）

仕事場は、信濃川がたとえ溢れたとしても床上浸水にならないように高床式にしてある。冬の暖房は薪ストーブにしているが、ベランダの薪の備えは不十分である。新潟の古老によれば、体が動けなくなる前に10年分ぐらいの薪は作っておくのが「老後の作法」とのことである。しかし、私は備えがないまま病気などで体は動かなくなってしまった。

洪水と水害をとらえなおす

目次

II

水害の現在と治水のあり方

I

川と自然を私はどう見てきたのか

第1章

日本人の伝統的自然観・災害観とは

—1— 「山川草木悉有仏性」

「自然観」とは元来、人々が地域の自然との関係のなかで生業を立てることから形成されるもので、主たる生業によってさまざまな自然観が形成され、それが重層的に重なり合うものであると思う。しかし、その日本人の伝統的な自然観の背景には「山川草木悉皆成仏《さんせんそうもくしつかいじょうぶつ》」あるいは「山川草木悉有仏性《さんせんそうもくしつうぶっしょう》」という言葉で表わされる共通認識があるように思う。「山川草木悉皆成仏」とは、山川草木、すなわち動植物や人間のみならず、土や石、水などの無機物も含め、自然界のあらゆるものが平等に仏になりうるという、そして「山川草木悉有仏性」とは、あらゆるものが平等に仏の心をもっているという考え方である。

石までが仏になるとは、現代人には理解しがたいかもしれないが、この考え方は天台宗の最澄（７６６／７６７〜８２２）が唱えた「草木国土悉皆成仏」などを経て、鎌倉時代初期の親鸞や道元などの新しい仏教の布教とともに明確になったといわれている。「山川草木悉皆成仏」、「山川草木悉有仏性」は、縄文時代から自然のあらゆるものに神が宿ると考えてきたアニミズムと仏教が融合したもので、われわれ日本人にとってなじみの深い、腑に落ちる考え方である。

たとえば、哲学者の梅原猛（１９２５〜２０１９）は吉本隆明（１９２４〜２０１２）との対談のなかで、「『山川草木悉皆成仏』という考え方が、日本の仏教の主流の考え方になったのは、アイヌの思想にはっきり残存しているように、一切の生きとし生けるもの、動物も植物もすべて、人間と同じ魂を持っていて、この世にそれぞれの仮装をつけて現れるにすぎないという考え方が、その根底にあったからだと思います」（梅原猛・吉本隆明『対話　日本の原像』中公文庫、１９８９年、65頁）と述べ、この考え方が縄文時代由来のものであると述べている。また、哲学者の内山節（１９５０〜）も、修験道について語るなかで「なぜすべての生き物は成仏することができるのか」と問いながら、「仏教を受け入れた土着信仰」として同じようなことを述べている（内山節・宮城泰年・田中利典『修験道という生き方』新潮選書、２０１９年、23〜38頁）。

この思想の本質は、自然のなかのあらゆるものがすべて平等であるとともにすべてが関係しあって存在しているということにある。そのなかで、人間だけが〝我〟があり、〝欲〟があり、その関係性から外れ、他の命をむやみに収奪する、〝うしろめたい存在〟であるという考え方である。そして、その〝うしろめたさ〟を少しでも自覚して生きていくことが肝要というのである。その考え方の一つの表われとして、われわれは、せめてお盆の期間だけは殺生をしないとか、食事をする時はいただく命に感謝して、〝いただきます〟という言葉を発する習慣をもつようになったといわれている。この〝いただきます〟の習慣はどうも日本だけの特徴のようであるが、こうした生きることへの謙虚な姿勢は日本人の大切な特性といえよう。

図1－1　山越阿弥陀図（国宝・禅林寺藏）

この思想はさらに、人間は生きているうちはどうしても穢れてしまうので、せめて死後は自然に還り、浄化されたいという願いへと発展した。それを典型的に表わすものが鎌倉時代に盛んに描かれた「山越《やまごし》阿弥陀図《あみだず》」（図1－1参照）である。この絵は、人は死ぬときに阿弥陀仏が迎えに来てくれて、「自然に還る」ということを表現している。ただ、その還っていく先の自然は、深山幽谷でなく、鎮守の森など身近にある山、川、海などで、〝ふるさと〟が感じられる場所であれば、それでよいとのことである（内山節・宮城泰年・田中利典『修験道という生き方』新潮選書、２０１９年、45～46頁）。つまり日本人の自然に対する思想は、「自然の征服」、「自然の利用」、「自然の保護」のように、自然を人間の対立物として見るものではなく、「自然に還り、自然と共生する」ことにあったのである。

ところで、土木技術者の私がこのようなことを力説しても、半信半疑の読者も多かろうと思う。そこで、再び哲学者の内山節に登場してもらおう。実は内山は、拙書『洪水と治水の河川史―水害の制圧から受容へ』（平凡社、１９８８年）を献本してから私を友人として遇してくれており、１９９７年からは環境倫理学の鬼頭秀一（１９５１～）を加え、三人委員会哲学塾なるものを2泊3日で現在まで毎年開催している、そんな関係にある。内山はこの「山川草木悉皆成仏」に対して次のように解説している。

多くの虫は春になると出てきて、秋になると卵を産んで死んでいく。これもまた、虫のおのずからの姿です。石や土もそうで、そこに土として在り続ける、石として在り続ける、あるいは水は流れ続ける。これがおのずからの姿です。すべておのずからの姿のまま生きているものを『じねん』と表現したのだと思えばいいのです。

ですから、人間もまたおのずからのまま生きていくことが理想でした。ところが、……人間は、私とか、自分とか、あるいは主体といってもいいのですが、そういうものをもっているために、だんだんおのずからだけでは生きていけなくなってしまって、『おのずから』から見るならば、不必要なこともしはじめる。それが欲望であって、人より偉くなりたいとか、お金持ちになりたいとか、時に争うといった、おのずからではない行為をする。だから魂が汚れていくと考えたのです。とすると、どうやって『おのずから』に還っていったらよいのか。そういう気持ちをもちながら、『自然《じねん》』としてこの世界をとらえた。それが日本の自然観なので、単なる草や木に対する信仰ではありません。このような気持ちをとおしておのずからのままに展開している世界を、成仏した姿と見たのだと思っていただければいいのかと思います。（内山節「日本の伝統的な自然観について」内山節著作集第8巻『戦後思想の旅から』所収、農文協、２０１４年、２５６～２５７頁）

ここで大切なことは、人間が自然を支配する、征服するといった近代文明的な考え方ではなく、人間は汚れた存在で、その穢れを自然に還っていくなかで浄化されるといった考え方をもっていたということである。人間だけが突出した存在ではなく、「山川草木」のすべてが関係しあって存在している「結び合う世界」に人間も組み込まれており、そのことをきちんと自覚して生きていくことがわれわれに求められていることなのであろう。

―2― 「石」にも心を読み取る日本人
――「民衆の自然観」と「国家の自然観」

「山川草木悉有仏性」は、無機質の石にまで仏性を見るということであるが、日本人はどうも石にまで魂を感じるようである。その辺をもう少し詳しく見ておこう。まずは、禅の研究で著名な鈴木大拙（１８７０～１９６６）から学んでみよう。

> 草や木は生き物で通っているが、石になると頑石ということになって、人間から離れたものと考えられる。ここに二元的非人情さ、みにくさがみられる。……仏教の根本義は、自分とその環境とを一つのものに見るのである。草や木は言うまでもなく、石や土までも生きものになるのである。……
>
> ほかの国民の間では、日本人のように、自然石が愛せられるかは、あまり知らない。が、吾らの間では自然のままの石を愛する。石に人間の魂を与えてみる。即ち山から出る石は、その掘り出されたときから、既に石でなくなって居る。それが庭に据えられると、それは自分らの友だちとなって来る。ものを言うと、我に向かって返事する。年を経て苔が生えると、それは厳然たる存在で、その庭には一種の寂《さび》が生まれる。（鈴木大拙『新編　東洋的な見方』岩波文庫、上田閑照編、１９９７年、２３５～２３６頁）

この大拙の見解から、龍安寺の石庭にわれわれが心惹かれる理由が分かるような気がする。内山も無機質な石に対して面白い見方をしているので紹介しておこう。なお内山は東京と群馬県の神流川上流の上野村とに居を構えており、上野村で季節に応じて畑仕事もしている。

> 私の先祖は禅寺の坊主なのですが、禅の考え方のなかに、人間も道端に落ちている石も本質的には同じだというものがあります。頭の中で考えていた間は、禅にはそういう考えがあるということを知ることしかできなかったのですが、山で畑の仕事をしていたときに、ふとこんなことを感じたことがあります。私の畑には、化学肥料と農薬が入っていません。わずかな畑ですので、楽しみながらそんな風にしてやってまいりましたが、何年か経って、だんだんと土が良くなってきたのが、判かってきます。なにをもってよくなってきたかといいますと、土の中にいろんな生物が住むようになったのです。
>
> その畑には石がたくさん交じっています。その石を、僕はどうしても、取り除きたかったのですが、村人は畑の石はあまり取るなと言うのです。掘っているうちに、こんな大きな石がでてくることもありますから、そういうものはもちろん取ります。だけれども、石を取りすぎるな、と言う。……
>
> あるとき夏の暑い季節に、ふと小石をどけてみたら、その小石の下が、土の中の生物のけっこういい住処になっているのです。ミミズも暮らしていますし、良く見ていると、ほんとうにその石があるために、その下が小さな生物の生活圏になっていた。夏は畑が乾燥していきますから、他の所は暑いし水分がない、こういう小さな石でも、ひとつあるとその裏側は、ずっと涼

しくて水分がある。
　そのときふと思ったことは、僕も畑を耕しているけれども、いうまでもなくその土の中の微生物や、いろんな小さな生物たちも土をつくり畑をつくって、作物を育てている。その生物たちにとっては、この小石があることで助かる。そうすると、とどのつまり、僕が畑を耕すのも、石が小さな生物の暮らしやすい環境をつくっているのも、もしかすると、同じ畑仕事をしていることにならないかと思ったのです。……それが禅の考え方の正しい解釈かどうかはともかくとして、初めて石も人間と同じくらい貴重な仕事をしていると気がついた。いろんな物が関係しあってそんな風に自然はつくられている。その関係の世界を自然と自然が関係し合う世界と表現しておきます。（内山節「森と川の哲学」苫小牧自然保護協会、１９９４年、10～11頁）

　ここに記されている村人の見方や、竜安寺の石庭などから推察すれば、日本人は「石」にも心があるとみてきたことが分かるが、ここで私が大切だと思うことは、村人が内山に「石を取りすぎるな」と忠告していることである。これは百姓であれば誰もがそのことを知っていたということであり、鈴木大拙や内山節のような知識人だけの考え方ではなかったということである。こうした誰もがもっていた自然観を「民衆の自然観」と呼ぶこととする。そして、明治時代以降に富国強兵、殖産興業を推し進めるなかで、近代科学技術で自然を切り分けていく「国家の自然観」との対比で、考えてみたいと思う。

　足尾鉱毒事件にかかわって、「民衆の自然観」ともいうべき観点から、その不当性を糾弾し続けた田中正造（１８４１～１９１３）は、その死に際して所持していた小袋の中に小石を3個入れていたという（写真１－１参照）。これが何を意味するかはいろいろ議論されているところであるが、田中も石に魂を感じ、それを心のよすがとして、鉱毒を垂れ流す近代文明に挑戦していたに違いない。

石牟礼道子（1927〜2018）の『苦海浄土《くがいじょうど》』（1969年）にも、石と戯れる山中久平少年の記述がある（石牟礼道子『苦海浄土』講談社文庫、1972年、16頁）。また、江津野杢太郎少年の記述のなかでは、祖父が次のように語っている。なお、山中少年は重症の水俣病患者であり、江津野少年は胎児性水俣病患者である。

> あの石は、爺やんが網に、沖でかかってこらいた神さんぞ。あんまり人の姿に似るとらいたで、爺やんが沖で拝んで、自分にもお前どんがためにも、護り神さんになってもらおうと思うて、この家に連れ申してきてすぐ焼酎《おみき》ばあげたん、もう魂の入っとらす。あの石も神さんと思うて拝め。

写真1－1　田中正造が所持していた石
出典：佐野市郷土博物館

（石牟礼道子『苦海浄土』講談社文庫、１９７２年、２０８〜２０９頁）

『苦海浄土』は、自然との照応・交感のなかに人の生があることを、そしてそれを壊したものとして近代文明があることを見事に著わしており、世界で最高の文学の一つであると考える。

私は、阿賀野川沿いの新潟水俣病患者の日常を活写した映画『阿賀に生きる』（佐藤真監督、１９９２年完成）の製作委員会代表を務め、映画製作の資金約４０００万円の調達にかかわった。この映画の試写会で、私は当初この映画の意味するところが分からなかった。しかし、何十回も見るうちに、その本質がようやく分かってきた。

写真１－２　窓の割れ目から家の中で咲く朝顔
出典：映画『阿賀に生きる』から抜粋

『阿賀に生きる』も『苦海浄土』と同じように、水俣病に見舞われた人たちが「山川草木悉有仏性」の結び合う世界から引き剥がされ、近代文明の奈落の底に落とされながらも、謙虚で誇りをもって生きている姿を映していた。ここに登場する老人たちは、平凡な庶民にすぎないが、「山川草木悉有仏性」を体現しており、己の生き方がこの世でうしろめたい存在であることを明確に自覚していたのである。それは、老夫婦の痴話喧嘩や鮭の鉤流し漁の語り、窓の割れ目から室内に入って咲く朝顔の映像に現われている（写真１－２参照）。映画には国宝とか重要文化財という扱いがないが、私はこの映画は少なくとも重要文化財に値すると考えている。

渡辺京二（１９３０〜）著『近代の呪い』（平凡社新書、２０１３年）

には、「人間が自然と交感するというのは、山川草木を含めてあらゆる存在を生命とみなし、その中で生死する自分の運命を納得するということです。昔は、聖人賢人でなくとも、あらゆる凡人にできたことでした」（155頁）と書かれている。親鸞の言葉に「善人なおもって往生を遂ぐ　いわんや悪人をや」があるが、一般庶民が「山川草木悉有仏性」を体得していたことは、「賢者なおもって自然の摂理を覚る　いわんや凡人をや」と言っていいだろう。

―3―「荒ぶる自然」にはどのような見方をしていたのか？

われわれが自然のなかであらゆるものと関係して存在していることが分かったとして、ただ、時々人を死に追いやる災害が発生する。その災害をわれわれはどう見てきたのであろうか、それを次に見てみよう。

近代文明を生み出す基盤となったヨーロッパの自然と比較して、日本の自然は火山の噴火、地震、雷、津波、大雪、豪雨、台風、洪水氾濫など、人間にとってたいへん厳しい側面ももっている。こうした荒ぶる自然に対して、われわれ日本人はどのように対処してきたのであろうか？

たしかに豪雨や大雪は直接的な災害をもたらすが、これらがあるからこそ豊富な水が得られ稲作ができるし、洪水氾濫があるから肥料となる新たな土壌が置いていかれ、豊作が約束されてきた。私の若い頃の水害調査での稲作農家の聞き込みでは、10年に一度ぐらいの氾濫は、収穫が得られなくとも、肥料を置いていってくれ、翌年からの収量が高くなるので、許容できるとのことであった。また、川の生態系は時々洪水が起こり、石礫が流れ、瀬や淵が形成されることを前提として営まれており、洪水による時々の攪乱なしには魚類の生息も持続しえない。その魚類などを食料としてきた人間にとっては、洪水も間接的に恵みの存在であったのである。

火山地帯も、地下水が豊富で人が住みつきやすいのであるが、大噴火を起こし、人々に害を与える。東日本大震災の津波についても、「森は海の恋人」という言葉で有名な気仙沼市の漁師・畠山重篤（1943〜）は、津波で牡蠣の養殖場が壊滅したにもかかわらず、「津波が来てくれたおかげで、海のヘドロが攪拌されてきれいになり、その後牡蠣がよく採れるようになった」と語っている。

自然は、困ったことが良いことに繋がっているという、矛盾した複雑な構造になっているのである。むろん、世界のどの地域でも恵みと災害の関係は同じような構造となっているはずであるが、日本の場合その振幅が激しく、豊かな恵みにだけ気を取られていると、災害で命を落とすということである。それゆえ、常日頃からそのことを肝に銘じて自然に対処しなければならなかった。すなわち、日本人は、自然のなかに普段助けてくれる神と、時々災難をもたらす荒ぶる神の両方を見ていなければならなかったのである。それは、災害を一方的に否定することではなく、矛盾した状況を受け入れるということであった。

そのため日本では、自然と折り合いをつける技術が展開してきた。その具体的な川との付き合い方に関しては、拙書の『洪水と治水の河川史—水害の制圧から受容へ』（平凡社、1988年）や『技術にも自治がある—治水技術の伝統と近代』（農文協、2004年）などを参照してほしい。『洪水と治水の河川史』は、水害を克服するだけではなく受容することによって被害を軽減することを最初に主張したものであるが、それを書く発端は、良寛（1758〜1831）の次の言葉との出合いにあった。

> 災難に逢う時節には、災難に逢うがよく候。死ぬ時節には、死ぬがよく候。是ハこれ災難をのがるゝ妙法にて候。（水上勉『良寛』中央公論社、1984年、328頁）

この言葉を初めて知った時、私は理解できなかった。災害を撲滅することが、大学で土木工学を専攻した私の使命と思っていたからである。「洪水は川から一滴も漏らしてはならない」。私たちはそのように教わってきた。内山が述べていた「畑には異物の石は一粒たりともないほうがいい」という考え方と通じている。

しかし、どんなに技術が進んでも、人が死を免れないように、災害を完全になくすことはできない。現代でも、川に堤防を築き、ダムをいくら造っても、何十年かに一度は異常な豪雨があり、洪水を完全に川の中に押し込めることは不可能なのである。そうであるならば、床下浸水ぐらいなら受け入れるなかで、人身被害がないような対策を立てればいいのである。

「災難に逢いながら、壊滅的な災難を逃れる」方法はある。たしかに、明治時代までは、今のような近代的技術がなく、今以上に自然の脅威に対して受け身であったかもしれない。しかし、その自然と一体となって、川沿いには水害防備林（第3章参照）などを造成して、水倉《みずくら》や水塚《みづか》のように盛土して床上浸水を避ける工夫を施し、洪水の力を受け流す術をもっていたのである。

江戸時代は技術力がなく、常に悲惨な水害に見舞われていたと考える向きもあるが、川や湖沼から得られる恵みは今のわれわれの想像以上に豊かであり、われわれの祖先は川や湖沼と一体となって暮らしていたことを忘れてはならない。すなわち、「民衆の自然観」から災害とうまく折り合う方法を編み出していたのである。しかし、「国家の自然観」は災害を克服することばかりを考え、結果としては時々大きな災害を受け、多くの悲惨な死者を出している。今を生きる私たちはもう一度、自然と闘うのではなく、自然に対して〝うしろめたい存在〟であることを自覚し、謙虚になり、災害とも共生することが肝要でないかと思う。

以上、明治時代の近代化以前の伝統的自然観、いわば「民衆の自然観」というものを見てきたが、実際、民衆がどのような暮らしをしていたのかを、次に見ておこう。

—４— 近代化以前の「民衆の自然観」と暮らしの実際

私が高校生のときに習った日本史では、弥生時代や明治維新を高く評価するあまり、縄文時代や江戸時代の評価が低かったように思う。たとえば、宝月圭吾・藤木邦彦「詳説　日本史」（山川出版社、１９６２年３月）では、それぞれ次のように表現されていた。

縄文時代について：「人々は労力の大部分を食料の獲得にさかなければならず、生活の程度も低く、ものの考え方も幼稚であった。」（14頁）

江戸時代について：「国民の８割を占める農民は領主のために租税を生産する機械のように扱われ、大部分のものは貧しい生活をしていた。」（１８５頁）

この表現から、私は縄文人や江戸時代の庶民がただ働くだけで一生を終え、なにも楽しみなどないように思わざるをえなかった。高校時代に植え付けられた歴史観は、その後、縄文遺跡の発掘事例や、葛飾北斎（１７６０～１８４９）の浮世絵に描かれた庶民の姿などから（図１－２参照）、徐々に修正されてきたが、その修正を決定づけてくれたのは、なんと21世紀も押し迫った、私も還暦に近づいた頃であった。それを気づかせてくれたのは、渡辺京二の著わした『逝きし世の面影』（葦書房、１９９８年）である。これを読ん

図１－２　葛飾北斎「野人対瓶花」
信州小布施　北斎館寄託

だとき、それまでの私の理解がいかに浅かったかを反省させられた。

『逝きし世の面影』は、幕末から明治初期に来日した１００人に及ぶ外国人の日本評を集大成したものであり、当時の日本の庶民の姿を詳細かつ生き生きと描いている。彼らは日本に来るまで長い旅をして世界を見聞してきており、その言説の信憑性は非常に高いといえる。それを詳しく知るためには、この本を読むのが一番いいのであるが、いくつか引用させてもらい、読者の理解を得たいと思う。

> その景色は妖精のように優美で、その美術は絶妙であり、その神のような性質はさらに美しく、その魅力的な態度、その礼儀正しさは、謙譲であるが卑屈に堕することなく、精巧であるがかざることもない。これこそ日本を、人生を生甲斐あらしめるほとんどすべてのことにおいて、あらゆる他国より一段と高い地位におくものである（15～16頁、エドウィン・アーノルド、１８３２～１９０４）

日本人は私がこれまで会った中で、もっとも好感のもてる国民で、日本は貧しさや物乞いのまったくない唯一の国です。私はどんな地位であろうともシナへ行くのはごめんですが、日本なら喜んで出かけます。（31頁、ローレンス・オリファント、１８２９〜１８８８、母親に宛てた手紙）

どこでも小屋や農家はきちんとしており清潔に見受けられた。こんな様子はほかの東洋諸国では見たことがない。……風景は耐えず変化し、しかもつねに美しい――丘や谷、広い道路や木陰道、家と花園、そこには勤勉で、労苦におしひしがれておらず、明らかに幸せで満ち足りた人々が住んでいる。（３６０〜３６１頁、ロバート・フォーチュン、１８１２〜１８８０）

私はこれまで、容貌に窮乏を表わしている人間を一人も見ていない。子供たちの顔はみな満月のように丸々と肥えているし、男女ともすこぶる肉づきがよい。彼らが十分食べていないと想像することはいささかもできない。（83頁、タウンゼント・ハリス、１８０４〜１８７８、下田に関する記述）

私は日本が子供の天国であることをくりかえさざるを得ない。世界中で日本ほど、子供が親切に取り扱われ、そして子供のために深い注意が払われている国はない。ニコニコしている所から判断すると、子供達は朝から晩まで幸福であるらしい。（３２５頁、モース）

当時の日本には士農工商という身分制度はあったが、江戸であろうが地方であろうが、日本人の多くが清潔な環境のなかで、健康で、子どもを大切に育くみ、人生を楽しく送っていたことは間違いないように

図1－3　男親が子供を自慢するため
抱いて外に出ているところ
出典：渡辺京二『逝きし世の面影』
葦書房、1998年、326頁

思う（図1－3参照）。浮世絵などで描かれ、落語で語られた世界が誇大表現でなかったことは明らかである。

渡辺京二は、実は、石牟礼道子などとともに水俣病事件の最先端でチッソとの闘争を中心的に担っていた人物である。この『逝きし世の面影』では、著者は水俣病との関連に一切ふれていない。なぜ著者がこのような本を書く気になったのか。おそらく、彼の眼前に展開していた漁師たちがつくる「山川草木悉有仏性」の自然との結び合う世界がどのようなものであったのかを、探り当てたかったのではないか。

不知《しらぬ》火《い》海《かい》で展開される漁師を中心とした庶民の社会は、不知火海の自然と深くかかわり、その自然の摂理のなかに、「おのずから」の姿で深く組み込まれて存在していた。その伝統的な庶民の世界を水俣病事件は近代的科学技術文明を武器に引き裂いた。渡辺は、おそらくそのことを明らかにしていく一環として、この『逝きし世の面影』を著わしたに違いない。

なお、写真1－3は、最も水俣病の発症が激しかった地域の一つである茂道《もどう》湾の風景である。奥に見えているのが標高687mの矢筈《やはず》岳である。この景色を見た時、私はこれこそ「魂が還りたがる風景」でないかと感じ入った。不知火海は無尽蔵ともいえる魚の宝庫であり、漁師たちは毎日必要とする量だけ漁をして、矢筈岳を目指して帰還していたのである。なんとも満ち足りた日々が繰り返されていたに違いない。

その不知火海に、薄められて捨てられたとはいえ、メチル水銀が生物の食物連鎖で濃縮され、人類が経験したことがなかった水俣病が発生した。そして、人類が経験していなかったがゆえに、毒をブロックし

写真１－３　魂が還りたがる風景―水俣・茂道湾と矢筈岳（標高687m）
撮影：大熊孝

てきた胎盤をメチル水銀は難なく通過して、胎児性水俣病を発症させたのであった。阿賀野川の新潟水俣病も、阿賀野川という自然と共生してきた人々が昭和電工によって垂れ流されたメチル水銀によって新潟水俣病となったのである。

もともと日本には自然の摂理にかなった謙虚な社会がそれぞれの地域に形成されていたと考えていい。こうした世界を前提として、明治政府は、諸外国に侵略されないような近代国家をつくるために、二つの道の選択を迫られたということであろう。すなわち、この自然と共生した豊かな世界を大切にしながら徐々に近代化をはかるのか、あるいは、この自然にどっぷり漬かった世界は遅れたものとして否定して急速に近代化をはかるのか、この二つであった。その選択は、さまざまな世界情勢のなかでたしかに難しい選択であったかもしれない。しかし、結局、明治政府の新しき指導者たちは、それまでの社会のあり方を全否定し、急速な近代化を進めるため、自然を対立物とみなして、自然の恵みを収奪し、災害は可能なかぎり克服する道を選んだのであった。

明治政府は、１８６７年３月28日、まだ慶応4年の段階であるが、神仏判然令を出し、神仏混交を禁止し、１８７２（明治５）年には修験道廃止令が出され、太陽暦採用が布告されている。神仏判然令や修験道廃止令は中央集権的な国家神道の天皇制をつくっていくうえで不可欠な選択であったかもしれない。富国強兵、殖産興業、経済の高度成長を急速にはかるためには、それまでの「山川草木悉有仏性」の思想で育まれてきた民衆の自然観を排斥していく必要があったのである。まさに「民衆の自然観」と「国家の自然観」がせめぎ合って明治維新以降の歴史が展開していったともいえる。その結果が足尾鉱毒事件であり、水俣病事件であり、福島原子力発電事故なのではないか。

なお、アンガス・マディソン（１９２６～２０１０）の『世界経済の成長史１８２０～１９９２年』（金森久雄監訳、東洋経済新報社、２０００年）によれば、１８２０年の日本におけるＧＤＰ（国内総生産）は２１８億３１００万$、米国のそれが１２４億３２００万$であり、日本のほうが約１・75倍経済力が高かったことになる。私は、これにはびっくりした。それまで、日本は西洋に対して完全に遅れていると刷り込まれていたからである。しかし、この数値によって、幕末の日本がかなり豊かであったことを明確に認識させられた。

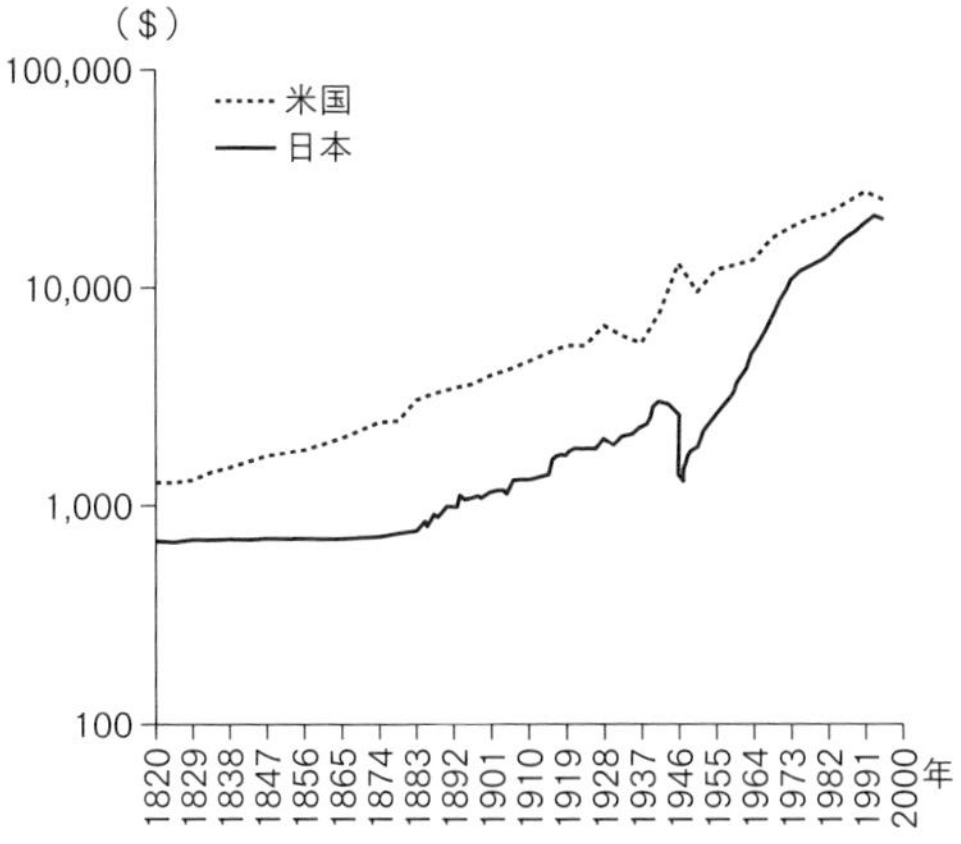

図1－4　米国と日本の１人当たりGDP比較
出典：アンガス・マディソン『世界経済の成長史1820～1992年』金森久雄監訳、東洋経済新報社、2000年、15頁

その後のＧＤＰの推移を国民１人当たりで比較したものが図１－４である。１８２０年の人口は米国が約９６７万人、日本が３１００万人であったので、国民１人当たりにすると米国が１２８７$、日本が７０４$であり、米国のほうが日本の１・83倍である。しかし、その後の伸び率を見ると米国のほうが大きく、日本は停滞気味であることが分かる。

１９４０年時点では国民１人当たり米国は７０１８

＄に対して、日本は２７６５＄であり、米国のほうが日本の２・54倍となっている。殖産興業、富国強兵で遮二無二に頑張ったにもかかわらず、結局第二次世界大戦に突入してしまったのであった。戦後は、戦争放棄の理念のもと国民の自由な経済活動によって大きく経済成長し、米国に肉薄していく。しかし、また近年引き離されつつある。こういう経済成長の動向をみると、明治政府の富国強兵、殖産興業の方針がよかったのかどうか、反省の必要があると考えざるをえない。

　第1章の最後に一言断っておきたいが、明治時代以降に近代的科学技術が導入されたからといって、その思想が一挙に国民に浸透したわけでなく、時間をかけて浸透していき、１５０年たった現在、それがほぼいきわたったように思う。そのことは、第7章で具体的に述べたい。しかし、いまだに文学や絵画のなかに「山川草木悉有仏性」の思想がわれわれの間に深く残っていることは確認しておきたい。

　たとえば、図１－５は小原《おはら》古邨《こそん》（１８７７〜１９４５）の「蓮に雀」という絵であるが、「山川草木悉有仏性」の思想を十二分に表現していると思う。蓮の茎に雀がとまり、その重みで葉が傾き、水滴がこぼれ落ちる、その様子に雀が驚いているという図である。雀の目がびっくりまなこで可愛く、古邨の自然のあらゆる事象に対する深い愛情を感じずにはいられない。最近の事例では、埴《はに》沙萠《しゃぼう》（１９３１〜２０１６）の植物生態写真や栗林《くりばやし》慧《さとし》（１９３９〜）の昆虫生態写真は、植物や昆虫にまるで「こころ」があるように活写されており、自然の複雑な関係性が深い愛情をもって描かれている。

　こうした自然観を有する絵画や写真、俳句、短歌などをわれわれはいまだに無数にもっており、「山川草木悉有仏性」をいつでも思い出せる環境にある。換言すれば、少し注意力を働かせれば、近代的科学技術思想におぼれることなく、「自然と共生する思想」にわれわれの思想を磨き直すことは可能でないかと考えている。

図１－５　小原古邨「蓮に雀」
中外産業（株）所蔵
（原安三郎コレクション）

もう一言断っておきたいことは、近代的科学技術思想を生み出したヨーロッパが自然の収奪・克服の思想で覆われているかといえばそれは当たらないと思う。ヨーロッパはそれぞれの国で長い歴史に育まれた固有の自然と文化をもっており、日本よりずっと自然と共生する思想が浸透していると考えている。その一例がラムサール条約で提唱された「Wise Use（ワイズユース）」の思想であると考えるが、それについては第8章でふれよう。むしろ、近代科学技術思想を輸入した日本のほうが自然の収奪・克服に囚われすぎているように思われる。

第2章

近代化のなかで失われた伝統的自然観

日本人が元来もっていた自然観は自然と一体となり、自然と共生するものであった。しかし、明治維新で近代的な科学技術思想が導入されてからは、自然を人間に対立する存在として、その恵みは徹底的に収奪し、災害は可能なかぎり撲滅することを主眼とする自然観に変貌してきた。それまでの自然に対する謙虚な姿勢は捨て去られてきたのであった。言い換えれば、われわれは明治時代以降、自然は無尽蔵であり、人間のあらゆる行為を包容し許してくれる存在であるかのように振る舞ってきたのである。

近代的科学技術思想は、徐々に民衆の間に浸透していき、明治維新以後１５０年を経て、現在、それがほぼ浸透しきった段階にあると考えていい。言い換えれば、「民衆」が国家に従順な「国民」に変貌したともいえる。それが、この21世紀の初めにおいて、東日本大震災やそれにともなう原発事故などに遭遇し、行きすぎた行為であったことに多くの「国民」が気づきはじめている。しかし現実には、政府は経済成長を旗印に、原子力発電を止めることはできず、川の物質循環を遮断するダムの建設も続け、復元不可能な自然破壊を進行させている。

私は、明治時代以降の近代科学技術思想の導入がせめて腹八分の受け入れであったのなら、今どき日本は世界でも最も美しい風景のなかで、人々はストレスなく人生を楽しんでいられたのではないかと想像している。しかし、国連が２０１９年３月20日に発表した幸福度ランキングでは１５６か国中日本は58位とかなり後ろにある。歴史を戻すことはできないが、これからせめてどういうところに気をつけながら生きていけばよいのか、反省を込めながら私が気がついたことを述べておきたい。

まずは、私の生い立ちと自然の関係を少し紹介し、学校教育で近代合理的な教育を徹底的に受けながらも、それに流されなかった要因を確かめてみたい。そのうえで、新潟に赴任してから遭遇した自然破壊がどのようなものであったのか、私の体験から眺めていこう。

—１— 私の生い立ちと自然認識

台湾からの引き揚げ、祖父母の思い出

私は１９４２年８月、台湾・台北生まれで、第二次世界大戦の敗戦後、１９４６年４月に先祖の墓のある香川県の高松に引き揚げてきた。３歳８か月ほどであったが、引き揚げ時のことは映像としていくつか記憶に残っている。しかし、台湾での財産は没収され、高松での生活はまさに貧乏のどん底であった。住まいは、何度か引っ越した後、栗林公園の裏山・稲荷山（紫雲山山系、標高１６６ｍ）の西麓の宮脇町姥ヶ池というところに応急的に作られた市営住宅に落ち着いた。６畳ひと間と１畳半の台所兼用の土間しかない長屋で、そこに一家８人が住んでいた。台所には水道はなく、戸外の共同水道栓の使用であった。

姥ヶ池という地名でわかるように、蓮池が点在し、市営住宅はそれを埋め立てて作られており、水害に

遭いやすいところであった。事実、一度床上浸水に遭った。ただ、財産はなく、布団もなんとか高い所に上げたので、被害はほとんどなかった。しかし、高松市は土台を嵩上げする対策をとってくれたのである。われわれは1か月ほど近所の家々に退去して、その工事の完成を待ったのであるが、それも楽しい思い出となっている。

私は、小学校は高松市立亀阜小学校に入学したが、それ以前は幼稚園などには行けず、毎日小さな鉈をもって稲荷山に登り、栗林公園まで裏から侵入して遊んでいた。昼間枝に止まって寝ている梟《ふくろう》を捕まえ、栗林公園の動物園に寄付して、無料で入園させてもらったこともあった。山遊びは当初祖母から手ほどきを受けたのであるが、新参者で地縁もなく、遊び仲間は少なく、単独行が多かった。夕方には、鉈で小枝をとって焚き木をつくり、大した量ではなかったが、祖母や母の喜ぶ顔見たさに、小さな背中に背負って家に持ち帰っていた。昼飯は握り飯をもっていくこともあったが、山で何かかにかを食べて空腹を凌いでいた。今の親からすれば、小学校入学前の子どもに刃物を持たせ、山に1日ほったらかしであるので、信じられないかもしれないが、当時であればそれほど不思議なことでもなかった。

写真2－1は、新潟の事例であるが、干拓される前の鎧潟（1966年に全面干拓、図8－1参照）で遊ぶ子どもたちである。山遊びではないが、水辺でもこうして子どもたちは自由に遊んでいたのである。その堂々たる姿に子どもたちの誇りを感じる。当時の子どもたちは、基本的に自然のなかで遊ぶ以外になく、自然のすばらしさは肌で感じていたはずである。ただ、残念なことに、感性だけで自然の良さを知っていても、高度経済成長期の自然の克服と恵みの収奪は止められなかった。これについては第7章でまたふれることにする。

それはともかく、私に自然との付き合い方を教えてくれた祖母・丹羽クニは、1884年生まれで、19

写真２－１　新潟の鎧潟で遊ぶ子どもたち
撮影：石川与五栄門、1959年

歳で８歳年上の祖父・大熊米次（１８７６～１９２５）と結婚し、１９０３年に台湾に渡っている。祖父は、台湾総督府官吏を20年余り務め、１９２２年嘉南大圳《かなんたいしゅう》公団に会計係長として出向し、事業費をほぼ集めきったところで、１９２５年５月に49歳で病死した。

嘉南大圳は、台湾南部の嘉南平野約15万haを灌漑する一大水利システムであり、１９３０年に総事業費５３１４万円で竣工している。越後平野の水田面積が約10万haであるので、その広さを想像してほしい。ちなみに、同時期に日本政府が総力を挙げて取り組んだ利根川改修工事（実施期間１９００～１９３０年）の総事業費が６３４０万円である。これと比較すると、日本政府がいかに台湾を重視し、嘉南大圳に力を入れていたかが分かる。

嘉南大圳の水源は濁水渓と曽文渓という２つの川であるが、曽文渓から取水された水は、トンネルの導水路を経て、烏山頭《うざんとう》ダムに貯水される。この烏山頭ダムの総貯水量は１億５４１５万㎥と黒部ダム（１９６３年完成、有効貯水量１億４８８４万㎥）に匹敵する貯水量であり、当時アジア最大のダムであった。この設計・施工にかかわったのが八田與一

（１８８６～１９４２、金沢出身、１９１０年東京帝国大学卒）である。八田は今なお台湾の人々から尊敬を集めており、5月8日の命日には毎年慰霊祭が行なわれている。

祖父は、八田より10歳年上であり、八田技師とともに嘉南大圳公団に出向した。たいへん酒好きであったが仕事熱心で、嘉義の宿舎では毎晩一升瓶を横に置きながら算盤をはじいていたと祖母に聞かされた。また、実に謹厳実直な人物で、会計担当でもあり、お歳暮やお中元がたくさん贈られてくるのであるが、すべて送り返していたという。ただ、関東大震災の直後で資金繰りがままならず、元台湾総督府民政長官の後藤新平（１８５７～１９２９）を頼って東京への出張も多かったという。その過労がたたり、事業費をほぼ調達したところで、「来月からは仕事が楽になる」と言いながら急逝したとのことである。

私が土木屋になったのは、この祖父や八田與一、後藤新平について祖母からよく聞かされていた刷り込みに理由があるのかもしれない。祖母は5人の子どもを育て、末娘の私の母に父を養子に迎え、台湾から引き揚げるまでは裕福な生活を送っていた。しかし、日本に帰ってきてからは山菜採りや浜辺での魚介捕り、畑作業など何でもこなして、われわれ孫たちの空腹を満たしてくれたのであった。いわば、半縄文人的な食料調達で飢えをしのいでいたのである。明治生まれの日本人は、都会的暮らしをしていたとしても、いざとなればサバイバルできる力を蓄えていたのである。

山河（海）に育まれる

その後、父が神戸で起こした科学雑誌の出版会社が倒産し、１９５１年1月千葉に引っ越し、稲毛海岸に住むことになった。東京湾岸は遠浅でアサリやハマグリを簡単に無尽蔵に採ることができ、今度は毎日のように海に行き、貝類をバケツに一杯採って、それで飢えを凌いでいた。たぶん漁業権を無視していたと思うが、子どもがバケツに一杯のアサリなど収穫しても誰からも咎められることはなかった。東京湾は干満の差が激しく、引き潮時には、遠浅の干潟の中に川のような流れの強い澪筋ができる。そうした流れのなかで、兄たちに連れて行ってもらって泳ぎを覚えたのであるが、足の指先でハマグリを探し当て、それを潜って2個拾い、ラッコのようにぶつけて中身を取り出し、海水でさらっと洗って、そのまま刺身として食べたりしていたのであった。なお、ここでも6畳ひと間で、水道はなく戸外の釣瓶井戸であった。

　この東京湾の遠浅の干潟は現在90％以上埋め立てられ、工場地帯や幕張メッセの市街地、住宅地になっている。その始まりが、川崎製鉄千葉工場の建設であった。私が小学校5年生の１９５３年6月に、鉄鉱石を積んだ巨大な船が入港し、溶鉱炉に火が入れられた。遠浅の海岸にそのような港ができるとは江戸時代では全く考えられなかったのであるが、当時すでに浚渫機械の発達が著しく、海底を掘ることは容易であり、掘った土砂はそのまま埋立に使えるので一石二鳥であったのである。また、東京湾の海流は速度が遅く、漂砂の心配が少なく、かつ、房総半島には大きな河川がなく、内陸から供給される土砂も少なく、掘ったあとが埋まりにくいという長所もあった。

　私が千葉で少年期を過ごしたのは、まさに土木技術の発達により自然が改造され、高度経済成長が始まったばかりのときであった。その後、この港湾技術が、鹿島港や苫小牧港、新潟東港、仙台新港の臨海工場地帯の掘り込み港湾へと発展したのであった。

　その後、私の成長とともに東京湾は埋め立てられていく。海苔や魚介類は採れなくなり、今の姿になった。私が中学卒業の頃から家の経済状況も少しよくなり、アサリ、ハマグリを食べなくなった。しかし、仮に東京湾に有機水銀が流されていたら、私も水俣病になっていたことであろう。実をいうと、あまりに貝類を食べすぎたせいか、もう貝を見るのも嫌で、新潟に来る30歳過ぎまでほとんど貝類を食べなくなっていた。ただ、高校時代はサッカーに明け暮れ、千葉県の高校蹴球大会で優勝や準優勝を経験しており、その貝類のおかげで人並み以上の体力を有するまでに成長をしていたのであった。

こうした私の子ども時代を顧みると、「国破れて山河在り」という言葉があるが、私はまさに山河（海）に育まれ、身をもってそれを体験できたということである。

一方、学校教育では、理想とする社会にいずれ到達できるとする進歩史観を前提とした民主主義教育のもと、近代的科学技術思想が徹底的に教え込まれた。それは、第二次世界大戦に敗北したのは近代的科学思想が徹底しておらず、封建制が残っており、不合理な思考に支配されていたからであるという考え方によっていたのであった。

たとえば、正月の門松も古いしきたりで、ぜいたくでもあるので、紙に書いた門松の絵で代替して、門松をやめるように指導された。また、目にメボ（ものもらいのこと）ができた時、それを直す方法として、糸の輪をつくり、それを目の前にかざして、患者側が「メボくくれ、くくって頂戴」と言いながら、輪をかざしてくれている相手に「エイッ」と言ってもらい、その輪を結ぶ習慣があったのであるが、それは迷信にすぎないのでやめるように言われたのである。

今思えば、門松は松や竹を伐採することで、里山の維持に貢献していた。また、「メボくくれ」の遊びは、病気をもった者と、「メボくくれ」をやる者との人間関係を深め、病気を治していこうという家族の絆を再確認するものであり、意味ある遊びであったといえる。しかし、そうしたことは、近代的科学技術から見れば不合理なことであり、一掃されるべき考え方であったのである。要は、神や仏を信じない、唯物的な思考回路を叩き込まれ、私は無神論者となった。私の自然体験と学校教育は矛盾していたのであった。

―2― 新潟の自然に接して気づいたこと

学のあり方への疑問

私は、高校時代サッカーに明け暮れたため2年浪人しなければならなかったが、幸い東京大学に入学できた。それは高校の同じクラスで10人を超える同級生が東京大学に進学しており、私の頭でも勉強さえきちんとすれば入学できると思える環境があったからである。大学での専門は土木工学であり、卒論は奥村敏恵教授（１９１４〜１９９７）について「捩りと軸力をうける薄肉単一材」（１９６７年）という応用力学の研究を行なった。しかし、大学院では、学部時代の「河川工学」の講義で「河川改修すればするほど洪水流量が増大し、水害になる」という矛盾を教えられた高橋裕（１９２７〜）に師事した。しかし、修士時代に東大闘争があり、学問はどうあるべきかという問いに応えるためにはもう少し学問をする必要があると思い、博士課程に進学した。

修士論文は「貯水池群の統合管理へのシミュレーション手法の応用」（１９６９年）というものであり、初期段階のコンピュータを駆使して利根川水系のダム群の効率的な利用方法を探究したものであった。1枚のカードに1流量データを打ち込むもので、10年分の毎日の流量データとなるとカードはダンボール数箱分になり、計算センターに運び込むのは力仕事であったことを思い出す。しかし、これはいくらコンピュータを使ったものでも現実の複雑な利根川を反映することは無理であり、机上の空論にすぎなかった。

博士論文は、それを反省して、利根川の現地調査に明け暮れ、数式が1行もないという「利根川における治水の変遷と水害に関する実証的調査研究」（１９７４年）という論文となった。利根川という一つの河川の治水を論じるだけでは、「世界に通用する普遍性がない」という審査員からの厳しい質問に、世界でも最も複雑な治水体系となっている利根川を論じることは普遍性に通じるという反論で、何とか博士号を授与してもらった。ただ、理系の実験主体の方法論と異なる、調査主体の研究であったため、博士修了に5年を要してしまった。

その間に結婚し、子ども2人授かり、再び貧乏のどん底であえいでいた。しかし、１９７４年、31歳にして新潟大学工学部助手に採用してもらった。この間のことを書くと長くなるので割愛するが、東京という地で、奨学金に加え家庭教師などの効率的なアルバイトを斡旋してくれる環境があったから、人並みの生活ができたのであり、そのことには感謝している。なお、日本育英会の奨学金は博士課程でも留年するともらえなくなり、そのため東大土木同窓会の奨学金にお世話になったがたいへん助かった。

ただ、11年間の都会における大学生生活のなかで、私と自然との関係性は薄れていった。制度としての大学教育は、とくに東京大学工学部では学生を大学出のエリートとして「高度経済成長を支える戦士たれ」と教育するものであり、自然を制圧し、恵みを収奪すればいいという近代的科学技術思想が私のなかに叩き込まれたのも事実であった。土木工学科の同窓生たちとの会話では、「地球の彫刻家になりたい」とか、「地形図に刻印される仕事をしたい」といったフレーズが交わされていたのであった。

それが、新潟に赴任して、子ども時代の自然との関係性が再び思い出されてきたのであった。その辺のことを次に述べよう。

穢される御神体の弥彦山

新潟大学での最初の赴任地は長岡であった。当時、新潟大学はいわゆるタコ足大学でキャンパスが新潟県内に点在していたが、工学部は長岡にあったからである。まず、長岡に来て驚いたのは、4月のはじめであったが、近隣の人々が「山に騒ぎに行く」ということであった。「山に騒ぎに行く」とは、要は雪融け時の山に、ワラビ、ゼンマイ、ウドなどの山菜を採りに行くということである。新潟に来るまでは、越後は米どころであり、稲作文化の地、弥生文化の地であると勝手に思い込んでいたのであるが、越後の人々は、弥生時代以降も、縄文人としての狩猟採取と稲作を並行して営んできたという事実をあらためて知ったのである。このとき、山菜のお裾分けをいただき、ヤマウドを肴に「朝日山」という日本酒を飲んで、新潟で最初の至福の時を経験したのであった。

ところで、新潟には弥彦神社（写真２－２参照）という有名な神社があるが、それをお参りに行ってびっくりしたことがあった。弥彦神社は、帝国大学卒の建築家として著名な伊東忠太（１８６７～１９５４）の設計で有名である。その神社の後ろのご神体ともいうべき山体にロープウエイ（１９５８年開設）が架けられ、無残な姿を曝していたのであった。現在では、伐採された樹木も復元して違和感は薄らいでいるが、当時はロープウエイ開設後16年で地肌が出ていて、無残な姿を曝していた。このとき、無神論者の私ではあったが、何でご神体とも

写真２－２　伊東忠太設計の弥彦神社とロープウエイ
撮影：大熊孝、2016年11月

写真2－3　ラムサール条約登録湿地・佐潟と角田山
写真中央角田山（標高482m）の左手に多宝山（標高634m）が見えるが、その左手の弥彦山（標高634m）はゴルフの練習ケージで隠されてしまった。新潟のシンボルともいえる弥彦山の眺望が台無しである　撮影：中村脩、2015年6月

いうべき弥彦山を傷つけるのか理解できなかった。当時の越後人は誰もが「山川草木悉有仏性」を深く認識していたはずであるが、こういう事態を許していたのである。

同じようなことが、ラムサール条約登録湿地の佐潟の背後でも見られた（写真2－3参照）。佐潟がラムサール条約湿地に全国で10番目に登録されたのは１９９６年のことであるが、この佐潟からの弥彦山の眺望がゴルフの練習ケージで隠されていたのであった。このゴルフ練習場は新潟厚生年金スポーツセンターとして１９９１年3月に開設されたもので、まだラムサール条約湿地に登録されていなかったので配慮が不足していたのは否めない。しかし、それにしても越後人にとって故郷を最も意識させてくれる弥彦山があまりにもゾンザイに扱われていたのである。新潟来訪の外国人をラムサール登録湿地ということでよく案内するのであるが、いつも「なぜこのような景観を害するものがラムサール登録湿地にあるのか？」と質問され、困るのが常であった。

このような景観破壊は、新潟に限らず、全国各地で起こっていた。身近で見えない深刻な自然破壊が進行していたのである。

—３—　発電のためだけの川になった信濃川・阿賀野川

新潟で造られ続けたダム

　私が新潟でとくに驚いたのは、信濃川も阿賀野川も徹底した水力発電開発が行なわれ、いわば発電のためだけの川になっていたということである（図２－１、図２－２参照）。

　生み出された電力はほとんど関東に送られ、地元で消費されることは少なかった。阿賀野川沿いには磐越西線（１９１４年全通）、只見川沿いには只見線（１９７１年全通）、信濃川沿いには飯山線（１９２９年全通）という鉄道があるが、それは電化されておらず、ディーゼルエンジンの列車が走っているのである。また、信濃川ではかつて河口から約２９０km上流の長野県松本まで、阿賀野川でも約２５０km上流の奥只見まで鮭や鱒が無数に遡上しており、川沿いの住民にとって、縄文時代以来、重要な食料となっていた。それが絶滅させられたのである。

　阿賀野川の左支川の常浪川沿いには、縄文時代の遺跡である小瀬《こせ》ヶ《が》沢《さわ》洞窟《どうくつ》（国指定史跡）がある。この遺跡は１９５８年から１９５９年にかけて発掘が行なわれたが、約１万２０００年前の土器が出土している。その後、１９９９年に青森県大平山元遺跡で１万６５００年前の土器、２０１０年に滋賀県東近江市永源寺相谷熊原遺跡で１万３０００年前の土偶が発掘されているが、それまで小瀬ヶ沢洞窟の土器が世界で最も古い土器であった。土器は、粘土をこねて、形にして、火を入れて固くするということで、私は「火の発見」に次ぐ文明の第二段階を意味していると考えている。その最も古い土器が、日本、それも新潟で発見されていたのである。

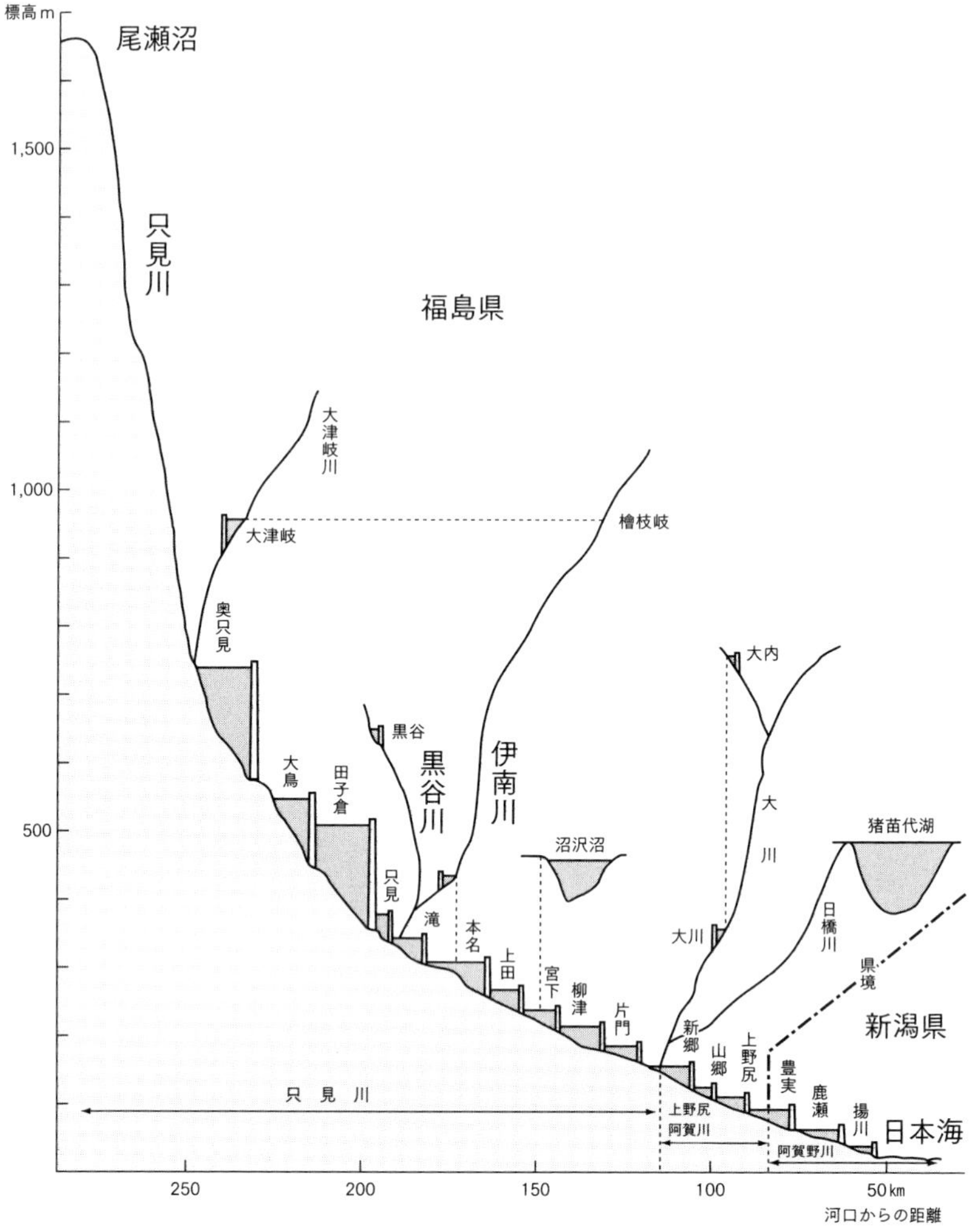

図2－1　阿賀野川水系の発電形態

阿賀野川・阿賀川・只見川には17基のダムが並んでいる。かつては奥只見まで鮭や鱒、鮎などが無数に遡上していたが、発電のためだけの川となった。最上流の尾瀬沼からは、最大2.75㎥/sの水が発電のため利根川水系片品川に落とされている

出典：「尾瀬と只見川電源開発」只見町史資料集第3集、平成10年資料集第3集、平成10年

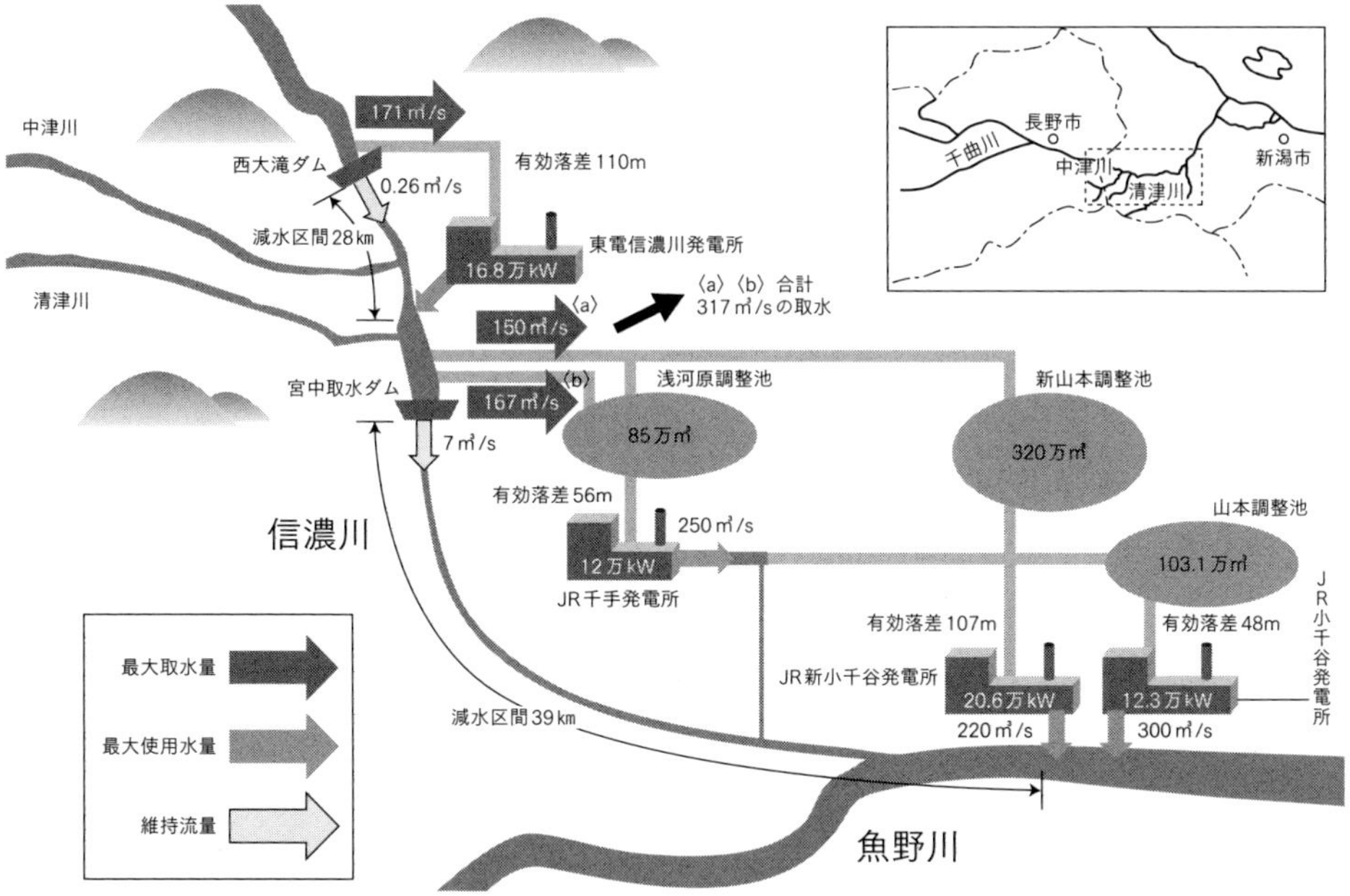

図2－2　信濃川中流部の発電形態（1990～2009年の状況）
西大滝ダム（東京電力）、宮中取水ダム（JR東日本）とも1939年に完成。両ダムからの維持流量はそれぞれ0.26㎥/s、7㎥/sと信濃川の自流量と比べ微々たるもので、60㎞以上の減水区間が現われ、信濃川の生態系は破壊されてきた

私が新潟に来た１９７０年代は、岡本太郎（１９１１～１９９６）が「なんだこれは！」と叫んだ「火焔土器」が有名になりつつあったが、世界最古の土器についての関心はほとんどなく、新参者の私にその意義をガイダンスをしてくれる人は皆無であった。土器の存在は定住の証しといわれているが、阿賀野川沿いに１万２０００年前から人が定住していたということは、阿賀野川から食料として捕れる魚類の安定性に大きな理由があったのではないかと考えている。

信濃川も、松本で鮭が捕獲された記録があり、江戸時代、安曇野の湧水地帯は鮭の産卵地帯でもあった。千曲川や犀川沿いには縄文遺跡が点在しているが、鮭の骨が発掘されている。

要は、信濃川も阿賀野川も、その自然の恵みが電力だけに転換され、地元で消費されず、遠い遠隔地の繁栄を支えているという構図になっていたのである。

阿賀野川では17基のダムが造られているが、最初に造られたのが鹿瀬ダム（１９２８年竣工、堤高32・６m）である。その電力は、いわば地元消費型であったが、昭和電工でアセトアルデヒドの製造に使われ、廃液として有機水銀が垂れ流され、新潟水俣病（１９６５年確認）の発生原因になった。自然における複雑な関係性のなかで長い時間をかけて育まれた川沿い住民の生活体系が、ダムや汚水の垂れ流しで完全に破壊されたのであった。足尾鉱毒事件（１８８５年顕在化）や熊本水俣病（１９５６年確認）も、日本における近代文明が人と自然との共生関係を断ち切ったがゆえに発生したものであるが、そのことへの認識が遅れたがために阿賀野川でも水俣病を発生させてしまったのである。

近代文明による自然収奪が顕在化されるなかで、それでも鹿瀬ダムには、尾瀬近くまでの魚類の往来を確保しようとして魚道が設置された。いわば自然との共生関係を最低限担保しようという努力はなされたのであった。その後、阿賀野川本川に造られた豊実ダム（１９２９年竣工、堤高34・２m）、新郷ダム（１９３９

年竣工、堤高27・5ｍ）、山郷ダム（１９４３年竣工、堤高22・5ｍ）などには、実際に魚の遡上・降下があったかどうかは別として、魚道が曲がりなりにも設置された（写真２－４参照）。

しかし、第二次世界大戦後に只見川に造られたダム群には魚道は全く造られることはなかった。只見川筋の片門ダム（１９５３年竣工、堤高29ｍ）、柳津ダム（１９５３年竣工、堤高34ｍ）、宮下ダム（１９４６年竣工、堤高53ｍ）、上田ダム（１９５４年竣工、堤高34ｍ）、本名ダム（１９５４年竣工、堤高51・5ｍ）は東北電力のダム群であるが、吉田茂首相の懐刀として著名でイギリス通であった白洲次郎（１９０２～１９８５）が東北電力会長（１９５１年5月～１９５９年10月）であった時期にほぼ造られている。なお、奥只見ダム（１９５３年着工、１９６０年竣工、堤高１４５ｍ）は東北電力でなく、電源開発株式会社が開発したダムであるが、白洲はこのダム建設にも精力的にかかわっていた。

写真２－４　豊実ダムの魚道
こんなに折れ曲がった魚道で魚は遡上できるのであろうか？　撮影：大野直行

奥只見ダムや田子倉ダムなどの巨大ダムを除けば、只見川のダム群は魚道が造れない高さのダムではないと考える。しかし、その当時魚道を造るという発想は白州の脳裏にも皆無であったということである。

なお、信濃川でも、第二次世界大戦前に造られた宮中取水ダム（１９３９年竣工、堤高16・4ｍ、国鉄・現ＪＲ東日本）と西大滝ダム（１９３９年竣工、堤高14・2ｍ、東京電力）には魚道があるが、犀川の東京電力の小田切ダム（１９５４年竣工、堤高21・

３ｍ）、笹平ダム（１９５４年竣工、堤高19・３ｍ）、水内ダム（１９４３年竣工、堤高25・３ｍ）、平ダム（１９５７年竣工、堤高19・５ｍ）、生坂ダム（１９６４年竣工、堤高19・５ｍ）には、只見川と同じように魚道がない。

信濃川や阿賀野川の発電主体の開発状況について多くの越後人は認識が弱く、むしろ関東に電力を送っていることを誇りにさえ思っていたのであった。私が新潟に赴任した頃はちょうど東京電力の柏崎刈羽原子力発電の調査が始まっていたが、それへの反対は弱いものでしかなかった。さらに、信濃川には当時の国鉄の信濃川水力発電所があり、宮中取水ダムから１６７㎥／ｓという大量の水が取水され、ダム下流にあたる十日町市付近の信濃川は枯渇し、川の生態系は瀕死の状態にあった。

信濃川水力発電所の電力は東京の主として山手線の電力を賄っているのであるが、それをさらに拡大するために宮中取水ダムの取水量を３１７㎥／ｓまで引き上げようという計画も進行していた（図２－２参照）。さらに、信濃川の水・約10億㎥を、越後平野に流れ出た小千谷地点で取水して、揚水発電によって尾瀬ヶ原の源流近くまで持ち上げ、それをトンネルで利根川の矢木沢ダム上流に流し、関東の水資源に使おうという「関越総合水資源開発計画」（通称ＪＡＰＩＣ計画、１９７９年）も動いていたのである。

図２－３はその計画概要を図示したものであるが、日本列島の中央部を横断した図になっており、左側に信濃川、右側に利根川があり、その間の山々の間に巨大なダム群が配置されている。黒又川ダムは貯水容量11億㎥が計画されており、これがもし完成していたら、日本で最大容量をもつダムとなっていたであろう。この計画は、信濃川の下流の汚れた水を、日本の国宝・世界自然遺産ともいうべき透明な水が流れる源流にまき散らすものであり、まさに天に唾する行為である。

東京電力の原発も国鉄の発電増強もＪＡＰＩＣ計画も、越後出身の総理大臣・田中角栄（１９１８～１９９３）が背後にいて強力に推進していた計画であった。そのことは新潟に来て、知事や市長たちと出

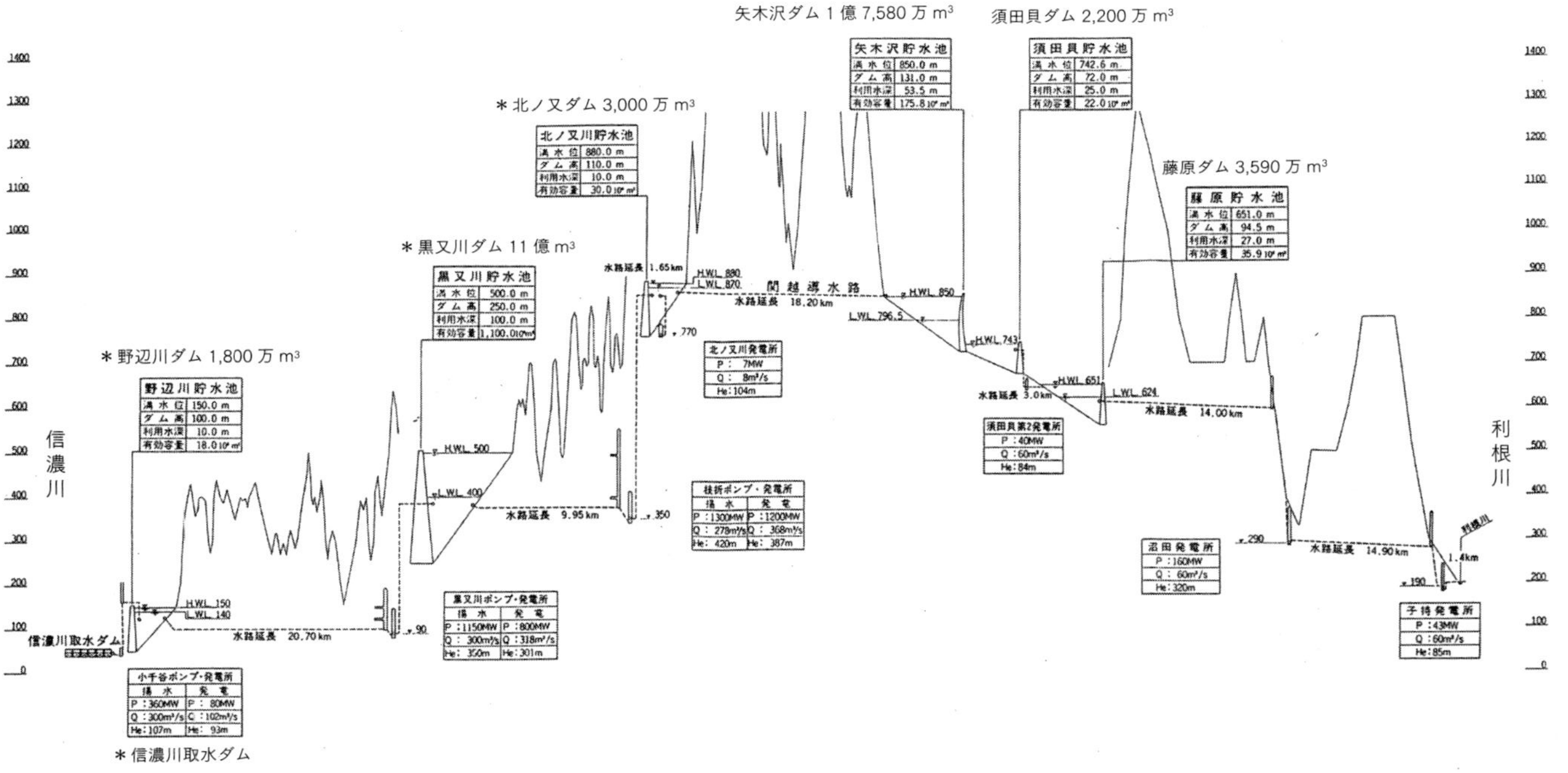

図2－3　関越総合水資源開発計画（JAPIC計画）縦断図

＊は計画ダム　出典：関東分水影響調査検討委員会編「関東分水影響調査報告書」1988年、9頁

合うなかで肌で実感したことである。私が新潟に赴任した１９７４年は、その12月9日に田中角栄首相が辞職に追いやられた年であった。しかし当時は、彼が政策として１９７２年に打ち上げた日本列島改造論が喧しく、三国山脈を取り払えば越後の豪雪被害は免れるなど、それは土木工事として不可能ではないのだが、およそ途方もない自然改造論が沸騰していた時期でもあった。まさに「国家の自然観」が吹き荒れていたともいえる時代であった。私が、ささやかにコンクリート三面張り護岸は川の生態系を殺してしまうものであるとか、ダム建設は川の物質循環を壊すものであるなどと唱えても、賛同してくれる人は全くいなかった。

流雪溝・消融雪溝・路面流水道路——批判を浴びない研究テーマ

もっともその頃の私は、川の開発に関する問題点にやっと気づいたばかりであり、どのように論陣を張って反論していけばいいのか五里霧中であった。学生に卒業研究で川の問題を取り上げさせると、どうしても行政批判となり、卒論発表会でさえ同僚の教官から批判を浴びる状況であった。そこで卒論のテーマには川の問題は取り上げず、流雪溝や消融雪溝、路面流水道路など除雪に関する研究をテーマとするようにした。

流雪溝は、除雪した雪を投入して川などに流す幅50㎝ほどの側溝であるが、投入量が多すぎると側溝に雪が詰まり、冬の水害を起こしていた。投入雪量に対して約2倍の流水量があればほぼ水害を起こさないことを実験で明らかにしたが、それだけの水量を確保できない場合が多かった。そこで、コンクリートと雪は癒着しやすいので、ポリウレタン樹脂を塗装した流雪溝を開発した。これは、特許などをとれなかったが、新たな団地造成地や流雪溝の屈曲部でかなり役立ててもらった。消融雪溝は、水量が少ない場合に、水害にならないように金網などで水の流れる空間を確保しつつ、流水と雪の接触面積を増やし、時間をかけて雪を融かす方法である。冬でも水温は2～4℃はあるので、雪処理には有効である。路面流水道路は、路面の横断方向を平らにし、河川水などを厚さ数㎜で流し、降雪をそのまま融かす方式である（写真2－5参照）。山間部の歩行者の少ない道路ではたいへん有効である。

こうした調査・研究は雪の降る極寒のなかで行なう必要があった。これに付き合ってくれた学生や職員には感謝しかない。除雪関係を卒論などのテーマにするかぎり、学内的にも対外的にも対立することはなかった。この除雪関係の研究調査は１９８１年１月の豪雪時の現地調査から始まり、10年間ほど続けたが、一定市街地における降雪量と除雪能力に関する標準的な設計法を提案し、それなりに成果を上げたと考えている（巻末の参考文献参照）。

写真2－5　路面流水道路（新潟県津南町芦ヶ崎）
撮影：大熊孝、1982年1月

ＪＡＰＩＣ計画の顛末と宮中取水ダム維持流量問題

その後ＪＡＰＩＣ計画は、当時、田中角栄と反りの合わなかった新潟県知事・君健男（１９１１～１９８９）が１９８７年に「関東分水影響調査検討委員会」（委員長・茅原一也新潟大学教授）を組織し、私もこの委員に選任されたのであるが、反対論を打ち上げ、計画の実行を阻止した。ただし、柏崎原子力発電と宮中取水ダムの取水量の増強は実行されている。田中角栄は三兎を追って、二兎は得たのであった。田中が失脚後も闇将軍として権力を保持できたのは、こうした国土開発計画を強力に進めたい勢力が彼の背後に大勢存在していたからでないかと考えている。

なお、ＪＡＰＩＣ計画のなかで計画されていた信濃川取水ダム（図２－３参照）は、１９９０年に妙見堰（利用水深２・３ｍ、容量１１０万㎥）として完成している。しかし、関東への分水は行なわれていない。妙見堰は、灌漑用水・水道用水の取水の安定化とバイパス用の道路橋の併設を目的としているが、実はもう一つ重要な目的があった。

ＪＲ東日本の宮中取水ダムから取水した水は、浅河原調整池（有効貯水容量85・３万㎥）や山本山調整池（第１調整池有効貯水容量１０３・２万㎥、第２調整池有効貯水容量３２０万㎥）でいったん貯水され、山手線などの電車の運行に合わせ、朝夕にピーク発電が行なわれている。そのため、発電所下流の信濃川の流れは朝晩急激に増減する。この変動で用水の取水ができなくなる問題があった。そこで妙見堰には、発電放流水をいったん貯留して水位変動を抑え、信濃川の流れを一定にする役割があったのである。ＪＡＰＩＣ計画が進まなくても、宮中取水ダムの取水量を増強するかぎり、妙見堰はどうしても必要なものであり、実現されたのであった。

また、ＪＡＰＩＣ計画で信濃川から汲み上げた水を最初に貯水するダムとして計画されていた野辺川ダム（図２－３参照）はむろん実現しなかったが、実はこのダムサイトの周辺は２００４年10月23日の中越地震で大規模な地すべりが多発したのであった。ダムがもし造られていたら、ダムが埋没し、もしかしたらダムの崩壊もあったかもしれない。ＪＡＰＩＣ計画が実現しなくてよかったと、私は胸をなでおろしている。

妙見堰が完成したということは、宮中取水ダム（写真２－６参照）からの取水の増強が実行されたということを意味している。こうして１９９０年からは流水があるかぎり３１７㎥／ｓが取水されることになっ

写真２－６　JR東日本の宮中取水ダム
手前に階段状の魚道が見える。信濃川河口から約134㎞地点　提供：NPO新潟水辺の会

た。宮中取水ダム地点の年平均流量は約２５０㎥／ｓであるので、それだけ取水できないときも多いのであるが、可能なかぎり取水しようというのである。その結果、宮中取水ダムに流入してくる年間総流量の約８割を取水してしまうことになった。ただ、宮中取水ダムからの下流に放流される維持流量（予備知識・川の専門用語⑮参照）は、それまでの２・18㎥／ｓから７㎥／ｓに引き上げられた。一見、下流への放流量は増えたように見えるが、宮中取水ダムの下流に流れる総流量は減り、生態系の悪化はさらに進んだのであった。取水増強が始まる前、１６７㎥／ｓ取水の時代は、流量状況によっては宮中取水ダムを超えて鮭が遡上することもあったが、それもほとんど見られなくなったのである。

　１９９７年に河川法が改正されてから、治水・利水に加え、河川環境にも配慮することがその目的に加えられた（これについては第3章で述べる）。この法律改正を受けて、信濃川中流域の水環境はあまりにひどいということで、国交省は「信濃川中流域水環境改善検討協議会」を１９９９年に立ち上げ、東京電力やＪＲ東日本をオブザーバーに加え議論を開始した。この委員に私も選任され、鮭が遡上できる環境をつくることを象徴的目標としてさまざまな調査や実験が行なわれた。西大滝ダムと宮中取水ダムからの維持流量を増やす方向で議論は進められたが、その維持流量をいくらにするかでなかなか埒が明かなかった。

ところが、２００８年にＪＲ東日本の宮中取水ダムからのコンピュータプログラムによる不正取水が発覚し、２００９年はその取水が全面停止となった。しかし、宮中取水ダムによる発電量はＪＲ東日本の使用する電力の約25％を占めており、国民経済的にはこのまま停止しておくわけにはいかず、２００９年３月の第19回信濃川中流域水環境改善検討協議会で５年間の試行実験を前提として、西大滝ダムからの維持流量は０・26㎥／ｓから20㎥／ｓに、宮中取水ダムからのそれは７㎥／ｓから40㎥／ｓ以上に引き上げることが確認され、約１年後の２０１０年６月から取水・発電が再開されたのであった。その５年間の試行実験を通して、宮中取水ダムからの放流量は、６月１日から11月10日の間は60㎥／ｓ、11月11日から５月31日は40㎥／ｓとされた。その結果、それまでほとんどなかった鮭の遡上が復活し、その後それをさらに増やす努力がなされている。

この維持流量の大幅な増強は、日本の河川のなかでは画期的であり、それまでの自然収奪から新たな川と人との共生関係を求めるものへと変化したと考えている。なお、私が代表を務めていたＮＰＯ新潟水辺の会（これについては第７章で詳しくふれる）は、地球環境基金と三井物産環境基金の助成を受け、長野の千曲川まで行って、２００７年から鮭稚魚放流を行なってきた。その結果、２０１５年11月末から12月にかけて上田市にある千曲川の簗で５匹の鮭オス親魚が発見されており、２０１６年２月には千曲川冠着橋で天然ふ化した鮭稚魚が発見されている。鮭の千曲川回帰に、新潟水辺の会の活動も少しは貢献できたものと考えている。

―4―「国家の自然観」の浸透

新潟では何故、自然の恵みが地域から収奪され、遠い遠隔地を潤すことが次から次と起こってきたのであろうか？　こうした巨大な国土計画は、自然を俯瞰的に見る必要があり、地域の自然を肌で感じてきた一般庶民とかけ離れており、自然との関係性が切られることへの想像力が及ばないことなのかもしれない。しかし、御神体ともいうべき弥彦山の扱いに越後人が反応しなかったということは、明治時代以降近代的科学技術思想が１００年以上たち国民に浸透していき、経済成長優先の社会となり、山や周辺の自然に神や仏が宿るという認識が薄れていった結果と思うしかない。

それを典型的に表わすこととして、１９７９年1月に始まった大学共通一次学力試験がある。私はこの入試監督をしながら、雪をかき分け試験会場に来る日本海側の受験生たちの太平洋岸側に対する不平等性を思わざるをえなかった。冬の最中、全国共通の試験を実施するということは、試験会場への交通手段や試験会場の空調などを本来全国で同一にしなければならないはずである。当時、窓ガラスが破れた試験会場に居ながら、土木技術的に見て、それが達成されているとは思えなかったが、共通一次試験は強行されたのであった。その後、センター試験など、この制度は、時々雪で遅延があったりするが、曲がりなりにも続けられている。この全国共通試験の実行は、条件の異なる地域を同一化できたとする近代主義者の勝利宣言なのかもしれない。しかし、私は今でも、共通試験をやるのならせめて気候の良い春か秋に行ない、そのあと大学独自の試験を行なうべきでないかと考えている。

学校教育では徹底して近代的科学技術の合理性を叩き込まれて育った私であるが、このような自然的、制度的な差別問題に反応できたのは、子どもの頃からの自然体験があったからではないかと考えている。

現在もJRの磐越西線・只見線・飯山線は電化されていない。だが、近年はハイブリッットのディーゼルエンジン車両が開発され、走行も安定しており、電柱がないことは景観や鉄道除雪にとってメリットがあり、どうしても電化しなければならないという時代でなくなっている。技術のあり方が変わると、それとの関係性で自然との対応も変わっていく。その際、その適用の仕方の判断基準をどこに置くべきかが問題となってくる。それは第3章で論じることにしよう。

第3章

小出博の災害観と技術の三段階

ものごとを考え、分析するためには、それを判断する規範ないし座標軸のようなものがあると思考しやすい。私は川と人との関係を調査・研究していくうえで、その規範として次の三つを重視した。すなわち、水害・災害を分析するための災害観と、技術のあり方を考えるための技術観（二種類の三段階論）、そして学問のあり方を考える学問観（二種類）である。災害観は、私が最も影響を受けた小出博の考え方の借用である。技術観は、「技術の担い手による三段階論」と「技術の展開過程における三段階論」の二種類である。学問観は「真理探究型学問」と「関係性探求型学問」に分けて考えた。これらについては、今までの拙書でもふれてきたが、本書でも論点整理をするうえで重要な観点なので、再論する。

—1— 小出博の災害観

私が川の勉強するうえで一番影響を受けたのは小出博《こいではく》（１９０９〜１９９０）であった（写真３－１参照）。

写真3－1　小出博、安倍川見学にて
撮影：大熊孝、1971年7月

彼の主要な著書で、私が影響を受けたものを次に示す。

①『日本の水害―天災か人災か』（編著）東洋経済新報社、１９５４年
（高橋裕の「河川工学」の講義で紹介され、学部生のときに読み、水害現象の複雑さと水害防備林という伝統的な治水策の重要性について学んだ。）

②『日本の地辷り―その予知と対策』東洋経済新報社、１９５５年
（大学院生のときに読み、地すべりを起こすところほど土壌が豊かで耕作に適しており、人が住みやすく、時々地すべり災害を受けるという恵みと災害の複雑な構造を学んだ。）

③『日本の河川―自然史と社会史』東京大学出版会、１９７０年
（大学院生のとき小出が執筆しており、索引の整理を河川研究室の仲間とともに手伝った、思い出深い本である。）

④『日本の河川研究―地域性と個別性』東京大学出版会、１９７２年

⑤『日本の国土　上・下―自然と開発』東京大学出版会、１９７３年
（小出と付き合うなかで教えられてきたことが集大成された本であり、災害と人との関係性を国土的観点とともに風土的観点から学ぶことができた。）

⑥『利根川と淀川―東日本・西日本の歴史的展開』中公新書、１９７５年
（利根川東遷の問題点が整理されている。私の博士論文作成時に小出と議論したことが書かれており、思い出深い本である。）

⑦『長江—自然と総合開発』築地書館、1987年
（日本とは異なる大陸の河川の理解にたいへん役立った。）

　小出は、専門は地質学・林学であり、私が大学院生の頃は東京農業大学の応用地質学講座の教授であったが、日本全国の河川について人と自然の関係性に注視しながら研究を進めていた。彼が川の調査に行くときは、私は可能なかぎりついて行った。おそらく20回以上同行しているであろう。当初は、地形図を持たずに行って、「東大生は現場を見るのに地形図を持たないのか！」と叱られ、地形図に照らしながら現場の地形・地質の見方、そして周辺住民の生業のあり方にと、その風土の特徴について教えられた。

　小出の災害観を要約するなら、次の三つの観点となる。

　一つ目は、「災害の本質」である。災害が起こりやすいところほど、飲料水の取得や耕作、交通に便利であり、人間が住みつきやすいが、災害が起こらないようなところには、その条件がなく、人間は住みつけないということである。洪水の氾濫で形成された沖積平野を水田に開発し、そこで時々水害に遭っていることはまさにそれを言いあてている。もともと災害が起こりやすいところに人間が住んでいるのであるから、被害を受けるのは当然ということである。これは、第1章で述べたが、災害の裏には「恵み」が存在していることに通じている。

　二つ目は、災害には「繰返し現象」と「破壊現象」があるということである。いったん破壊現象が起きたら、次に破壊する条件が整うまで破壊しないということで、「急性型地すべりは、……完全な免疫性があって、一度おこれば少なくとも数百年は、同じところに同じ現象がおこることはない」（小出博『日本の国土 下』東京大学出版会、1973年、539頁）と述べ、これを「災害の免疫論」と名付けていた。「災害の免疫論」の認識は、災害復旧をどうするかという点で、重要である。山崩れや地すべりには繰返

しがあるものとないものがあるが、災害復旧を問題にする場合、破壊しきって当分免疫性が成り立つものであるならば、災害復旧は破壊したものの処理程度で、破壊を直接的に止めるような大きな構造物を新たに造る必要はない。その免疫性の長さの判断は、次の破壊が起こるまでの時間の長さと構造物の耐用年数との関係で考えなければならない。しかし現実には、免疫性が１００年以上も成立するようなところに、耐用年数が数十年に満たない構造物が巨額の税金をかけて造られている。

　ただ、近年では土木機械力が強力に発達しており、自然条件を変えてしまい、せっかくの免疫性が破壊され、「繰返し現象」的に災害が起こるケースが増えてきている。たとえば、台地や砂丘地の市街化によって、雨水が浸透せずに、側溝などで排水が局所に集められ、台地縁辺の崖地などで思わぬ崩壊が発生している。土木機械力の発達が何万年も継続してきた自然条件を改変していることに注意を払う必要がある。

　なお、水害は、いわば沖積平野がつくられている途上において、人間が住みついて起こる現象であり、もともと繰返し現象である。しかし、これも道路や鉄道、さらに宅地造成の巨大盛土によって、短年月で地形条件に変更がもたらされ、思わぬところで水害が起こることがある。要注意である。

　三つ目は、「本家の災害」、「分家の災害」という観点である。本家は長年月の経験から災害に遭いにくいところに立地しているが、分家は後発ゆえに自由な選択ができず、災害に遭いやすいところに立地せざるをえないことが多いということである。要は、地形はもともと人に平等であるわけがなく、開発された時期が早いか遅いかが問題であり、時間の蓄積の違いが影響するということである。

「本家」と「分家」の相違は、人口が急増し、災害に遭いやすいところが開発されはじめた時点を目安にすればいい。基本的には人口の変動があまりなかった江戸時代に立地していた家は「本家」であり、明治以降の人口急増で開発・立地した家は「分家」と見なせばいい。無論、地域によって、この人口急増の時期が異なることは当然であり、江戸時代の立地であるから、安心ということはできない。

そうした区分のうえで、本家が災害を受けるようなときは〝天災〟というべきで、分家だけが災害を受ける場合は、災害を受けやすいところに無理して立地しているのであるから、〝人災〟だというのである。ただ、ここでも近年では土木機械力によって大きく自然条件が改変されて、本家が災害に遭いやすくなっている場合があるので、要注意である。

明治時代以降、近代的科学技術思想を導入してから、人間が自然を支配し、災害を克服するという考え方が強くなり、地形や時間軸を無視して、押しなべて技術力で平等性を確保しようとしてきた。だが、災害現場を訪れて、この三つの点を肝に銘じて分析すれば、多くの災害が、災害の起こりやすいところに、無防備で立地して、災害を受けているという「分家の災害」に分類されるのが実態である。そして、それが繰返し現象であるときはどう対処するのか、免疫性が成り立つときはどうするのか、熟考することが必要である。しかし、現実にはそれが熟考されず、目先の安心感や経済的理由で、効果的でない災害復旧が行なわれ、かえってのちに災害を助長することもある。これについては第4章でふれたい。

—2— 川の定義と技術の三段階

技術を議論する場合、まず技術の対象をどうとらえるかが根本的に重要である。ここでは、私の専門とする「川」をどう考えたらいいのか、それから議論しておきたい。

実は、拙書『利根川治水の変遷と水害』(東京大学出版会、１９８１年)や『洪水と治水の河川史』(平凡社、

１９８８年）では、川の定義を書いていない。川の定義を書いたのは『川がつくった川、人がつくった川』（ポプラ社、１９９５年）からである。研究対象としている「川」について、当初はきちんと定義も書かずに、その技術を論じていたのである。なんと学者の風上にも置けない、間抜けな話であり、全く灯台下暗しということである。ここに反省して、川の定義から見ていきたい。

川の定義の重要性

川の定義、川とは何か、について、私は大学で次のように習った。

「河川とは、地表面に落下した雨や雪などの天水が集まり、海や湖などに注ぐ流れの筋（水路）などと、その流水とを含めた総称である」

この定義は、「河川工学」といわれる教科書のほとんどに書かれている。たしかに、水循環は意識されているが、そこに住む生物や人間の文化などには全くふれていない。自然のなかの川の一側面を表現しているにすぎない。だからこの定義のもとでは、生物が住めなくなるような川のコンクリート化やダムの建設に、良心の呵責は感じないですむことになる。

私は１９９０年頃から、第1章でふれた映画『阿賀に生きる』（佐藤真監督、１９９２年完成）にかかわるなかで川の見方が明確となり、次のような定義で学生に教えるようになった。

「川とは、山と海とを双方向に繋ぐ、地球における物質循環の重要な担い手であるとともに、人間にとって身近な自然で、恵みと災害という矛盾のなかに、ゆっくりと時間をかけて、人の〝からだ〟と〝こころ〟をつくり、地域文化を育んできた存在である」

このように定義することで川のあり方に具体的に発言できるようになった。たとえば、この定義でいくと、ダムは川の物質循環を遮断するものであって、川にとっては根本的に敵対物だということである。物質循環には、上流から落ち葉などを流し、海を豊かにする栄養をもたらすことや、鮎や鮭などが遡上することを通して、海のミネラルが山に戻されることも含まれる。山で侵食される土砂は、下流に流され、川の瀬や淵を形成し、さらに氾濫して平野を形成するものであり、さらにこれが地震などで隆起すれば、再び侵食・堆積が再現されるわけであり、土砂の流下も重要な循環の一部である。その土砂がダムで遮断されるということは、長い年月を考えれば、遅かれ早かれダムは土砂で満杯となり、その機能を失うことになる。しかし、このことを棚上げして、世界中で無数のダムが造られてきたのである。

たしかに、都市に人口が集中すると、電気や水資源、治水のために、目先の数十年さえ凌げればいいということで、ダムを建設することになる。しかしその場合でも、「川にお願いして、ダムを造らせていただく」という態度が必要だったのではないか。こうした態度は、建設可能なダムサイトと見ればすべてダムを造ってきた姿勢とは大きく異なる。

私はこの川の定義をつくった頃から、ダムのない川はレッドリストに載せて保全すべきだと考え、新たなダムの建設反対を公言するようになった。要は、川を自然のなかから切り取って、人間の都合のいいようにつくり変えていくのではなく、自然のなかにおのずから置かれている川の実態を見つめ、人間がそのなかで自然に手を加えざるをえない「うしろめたい存在」であることを自覚したうえで、川と付き合う必要があるということである。こう考えるように思想が変わったという点で、定義というのは非常に重要なものであるといえる。

ただ実は、先に述べた定義で傍線を引いてある部分は、私の２００８年３月の大学退職時の最終講義では欠落しており、その後徐々に追加していったものである。川のあり方を感性で熟知していても、言葉として具体的に表現していくには、川の認識の知的な深まりが不可欠であるということである。換言すれば、私が65歳を過ぎても思考が幼稚であったわけであるが、歳をとっても知性を深めることはできたと考えれば、喜ばしいことでもある。

技術を「担い手」と「展開過程」から見る

私は技術を考えるうえで二通りに分類して考えている。一つは技術の担い手による分類で、「私的段階・小技術」、「共同体的段階・中技術」、「公共的段階・大技術」（図3－1参照）という見方である。

この三段階で、それぞれの担い手たちの時間感覚、言い換えれば時間軸のとらえ方に違いがあることを注意しておきたい。私的段階や共同体的段階では、適用する手段は土嚢《どのう》や高床式水屋、水害防備林などであるが、これらは基本的に家族や共同体が数世代にわたって継承される技術であり、長い時間の蓄積が前提となっている。それに対して公共的段階は、共同体などから乖離した技術者が客観的に対応することを前提に、税金を使って構造物を造るということが主体となるので、時間軸が構造物の耐用年数で仕切られてくることになる。たとえば、昭和初期に造られた多くの構造物はすでに耐用年数を過ぎており、造り変えなければならない段階に来ている。要は、公共的段階では、せいぜい長くて１００年未満の時間軸で考えられているということである。

また、それぞれの段階のおける、担い手の労働のあり方も異なる。私的段階、共同体的段階では、労働に対する評価が家族や共同体からなされるわけで、肉体的にはつらい仕事が多いかもしれないが、精神的には生きがいを感じて楽しく労働をすることになり、頑張って働くことになる。しかし、公共的段階では、そこで働く人々はサラリーマンであり、評価軸が国家とか行政とか企業とか、近代的な社会構造のなかで間接的に行なわれることになる。言い換えれば、自然に依拠した社会システムとは異なる、新たな人工的社会システムのなかで評価がされることになる。極論すれば、産官学の利権構造のなかで評価が決まるようになるのである。労働そのものも、基本的に精神的に疲労感の残るものとなろう。

この三段階には、このような違いがあるが、この三つがうまく絡み合うと、最適な技術展開ができると考える。明治時代以前は水害対策としてこの私的段階、共同体的段階が主体であったが、明治時代以降は

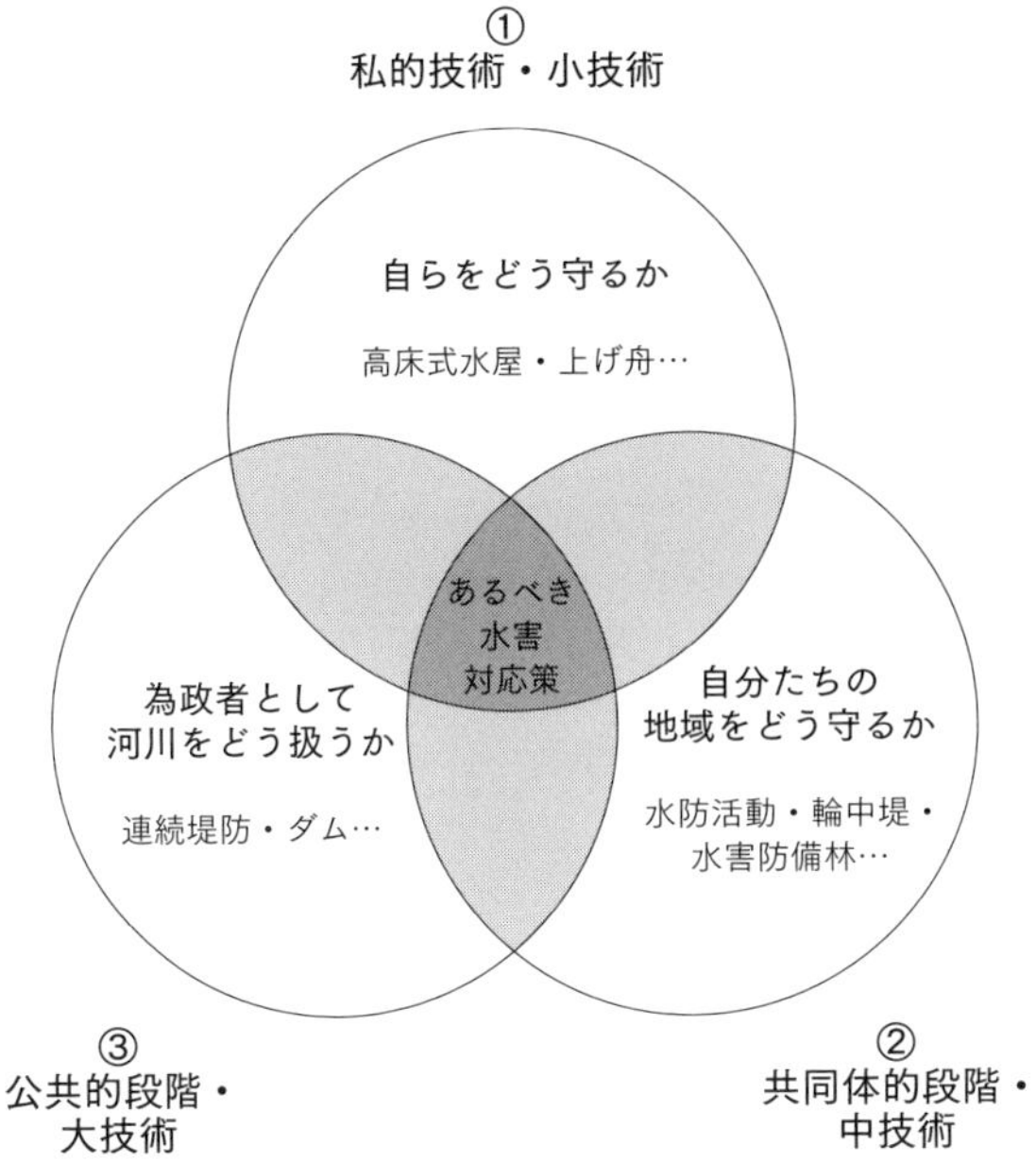

①私的段階…………小技術　Individual Action
②共同体的段階……中技術　Community Action
③公共的段階………大技術　Public Action

図3－1　技術の三段階（技術の担い手による分類）

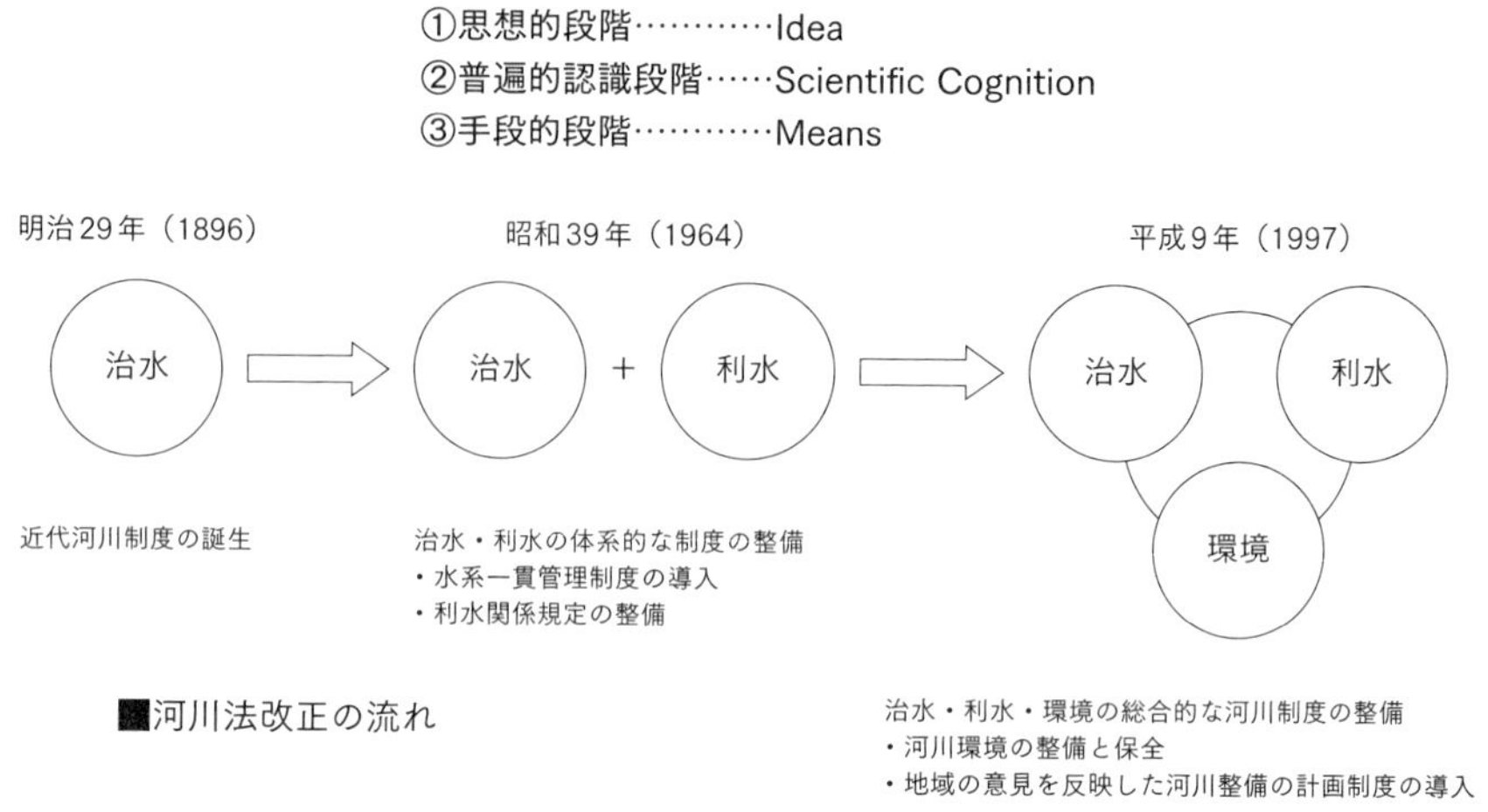

図3－2　技術の三段階（技術の展開過程における分類）
出典：建設省河川局監修「新しい河川制度の構築　平成9年河川法改正」の図に追加

徐々に公共的段階が強まっていった。現代では、ほとんど私的段階、共同体的段階が消滅して、公共的段階に偏っている。こんな状況でも水害が防げればいいのであるが、実態はそうでなく、やはり私的段階、共同体的段階が不可欠である。このことは、第4章の水害の実態のところで詳しく見ることにする。

もう一つは技術の展開過程における分類である。「思想的段階」、「普遍的認識段階」、「手段的段階」の三分類である（図3－2参照）。たとえば1997年に河川法が変わって、それまで河川改修に際して治水と利水だけを考えていればよかったのであるが、河川の環境にも配慮しなければならないように思想が変わったのである。

思想が変われば、それまで顧みられなかった手段も変わってくる。たとえば、江戸時代から使われていた粗朶《そだ》工法であるが、これがコンクリート護岸などに代わって採用されるようになった。粗朶とは、雑木の枝などを束にしたもので、これを組み合わせて図3－3のように護岸や護床に使われるのであるが、空隙が多く、魚の産卵や稚魚の育成に都合がよく、川の生態系にもやさしいというものである。この粗朶工法は、素材をとってくる山林の維持管理にも役立つということで二重に環境にやさしいと評価されている。

図3－3には新潟市の萬代橋が写っており、信濃川最下流の新潟市での近年の施工事例であるが、それまでいったん途絶えていた粗朶沈床工が、コンクリートや鋼矢板の護岸工とともに、複合的に採用されるようになった。

普遍的認識の段階でも大きな変化が現われた。私が習った「河川工学」の教科書では、魚の生息にとって重要な瀬や淵の記述がなかった。しかし、この河川法改正後、河川環境に配慮するということで川の瀬や淵の研究が進み、瀬や淵を壊してしまうような三面張り護岸などの施工が躊躇されるようになっている。

つまり、技術でも、思想が変わると、事象の認識の仕方や施工の手段が変わってくるのである。そして、新たな手段が生まれれば、それによって思想も変わる。明治時代中頃、江戸時代とは異なる、画期的な土工機械力やポンプ、そしてコンクリートや鋼を使った一体的な構造物が登場する。これによって江戸時代では描くことができなかった大局的な治水が行なわれるようになった。その結果、数年に一度遭うような常習的な水害は克服されたと言っていい。このことは評価されるべきである。しかし、ダム建設の登場など近代科学技術は一層強力になり、自然を克服・改変できるという思想に囚われるようになった。

近年では、治水目標が１００年から２００年に一度発生するような豪雨を対象としており、それは私から見ると高くなりすぎていると考えている。その治水計画を達成しようとするならば、膨大な費用と時間を必要とし、さらに自然を破壊してしまうことになる。現代の治水計画は、目標は高いが、実際は遂行できないという中途半端な状況にある。しかしその途中段階の河川改修工事で、自然と人の関係、人と人と

粗朶沈床（そだちんしょう）

粗朶沈床は柔軟性に富んでいるため、河床の変化に馴染みやすく、暖流河川の根固工・根固水制工に適しています。また、素材間の隙間の形状が多様で、流速の変化も大きいため、小魚類、底生動物などの様々な水生生物の生息空間をつくりだしています。

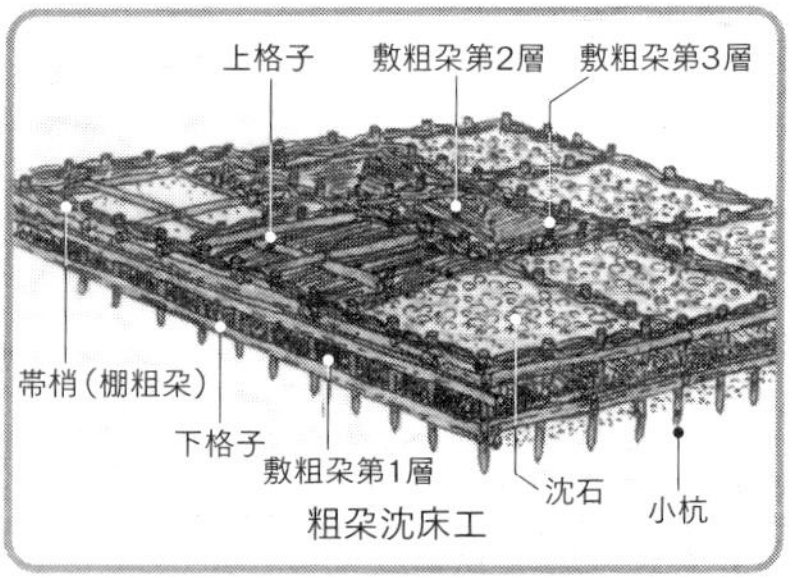

下格子組み　連柴1m真四角の枡形になるように組む

上格子組み　敷粗朶が済んだら下連柴の上に直角に上連柴を並べる

柵掻き　帯梢は粘り・柔軟性のあるものを使い分けしながら

組立完了した沈床をクレーンで吊上げる

粗朶沈床を川に沈設置　位置を決め川に沈める

沈石投入　クレーンで吊り上げ位置を決めながら投石

図3－3　粗朶沈床工の施工順序
出典：北陸粗朶業振興組合パンフレットから

の関係が分断され、数十年に一度発生する災害で多くの命を失うという実情にある。手段の変化とともに、普遍的認識の段階を強化して、思想も練り直していく必要がある。そのことについては、後述することにしよう。

なお、この河川法改正では、手段的段階に関して画期的なことが提言されていた。第3条で「河畔林」が定義され、江戸時代からあった水害防備林が再登場したのである（図3－4参照）。水害防備林は、江戸時代から明治時代には治水手段として活用され、そこから得られる薪はエネルギー源として利用されていた。しかし、河川工学の教科書に記述されることもなく、石油への燃料革命のなかで薪を使用することもなくなり、維持管理が難しいということで、近代化とともに次第に減少していた。それでも、第二次世界大戦後の昭和20年代には小出博がその重要性を指摘し、建設省と激しい論争が行なわれた。しかし、治水手段として採用されることはなかった。それが急きょ河川法改正のなかで登場したのである。

その解説に建設省河川局が使用したのが図3－4である。しかし、この図には水害防備林の認識の甘さが露呈している。図3－4には2つの堤防断面図があり、水害防備林があると流速が押さえられ、静かに越流し、大きな破堤に至らないことが示されているが、右下の水害防備林のある断面図の方に川面に波立ちが描かれている。水害防備林があるほうが、流れが穏やかになり、波立たないはずである。結局、1997年の河川法改正から20年以上が経過しているが、現在治水策として水害防備林を積極的に活用しようとする河川はない。この水害防備林の重要性は第5章で指摘しよう。

図３－４　河畔林の説明図
出典：監修建設省河川局「新しい河川制度の構築　平成９年河川法改正」

3 学問のあり方――「真理探究型学問」と「関係性探求型学問」

私は子どもの頃から学問とは真理を明らかにするものであり、真理を探究する学問こそが大切であり、矛盾の多い自然と人の関係や人と人との関係を探求することは学問でないという印象を植え付けられた。これは大学においても同じであり、場所と時間に関係なく成り立つ普遍的真理を求めて研究することが推奨され、関係性を探求する学問があることを結果として教えてもらえなかった。大学院に在学中でも、某教授からは若いうちは「水理学」こそ学ぶべきであり、「水害現象」など年をとってから勉強すればいいと何度か忠告を受けたのであった。数学的思考は脳が若く柔軟なときに適切であり、社会学的思考は年をとってからでもできるということであった。しかし、社会学的思考も、若く柔軟な時代に脳を鍛えておかなければ、年をとってから成長するとはかぎらないと思う。

私は教壇に立つようになって、学問のあり方を仕分けて学生に教える必要があることを覚った。その結果、図3－5のように真理探究型学問と関係性探求型学問に仕分けて、教育するようになった。私が新潟大学で教えていた専門分野は、水理学、水文学、土質力学、河川工学、そして土木史であった。私が土質力学を教えていたことを奇妙に思われる人が多いかもしれないが、地方大学では教員数が足らず、専門でない科目も教育しなければならないということである。

水理学は流体の運動力学であり、土質力学は地盤の力学であり、時や場所にかかわりなく成立する真理を探究する学問に分類される。水文学は水の蒸発から降下、そしてその分布を扱う水循環の学問であり、理学的側面と地域性や人との関係性を問題としなければならず、真理探究型と関係性探求型の中間にある

真理探究型：時間的・空間的普遍性……時や場所にかかわらず常に成立する

- 一般法則・真理の追究、再現性
- 混沌から秩序へ、進歩史観、理想郷の存在
- 神の前の平等性
- 匿名性、消費型、非倫理的

関係性探求型：時間軸上の普遍性……命のつながり

- 個別性・共通性・相対性、調整法・規範の追求
- 矛盾した社会を前提、混沌の中にも調和あり
- 不平等性の認知（→連帯による平等性の追求）
- 非匿名性、持続・蓄積型、倫理的

図3－5　学問の2つの形態

といえる。土木史は、土木の歴史を扱うもので、自然と人の関係、人と人との関係が主たる対象になるので、関係性探求型学問といえる。

河川工学は、流体を扱う力学や水循環を扱う水文学などの真理探究型の知識を基礎として、川を挟んで利害が対立する住民間の問題まで扱わざるをえず、関係性探求型の強い学問といえる。ただ、川は、地域住民が認識できる範囲を超えて、遠い上流から流れて来て、また遠い下流まで流れ去って行く。そのため、川の上流から下流まで水系一貫で河川改修を考えることも必要となる。

たとえば、下流の水害を軽減するためにダムを造るという話になった場合、ダムによって水没させられる住民にとっては、それまでの生活に全く関係してこなかった下流の自然やそこの住民について思いを馳せなければならない。ここに「民衆の自然観」で対応できる範囲を超えて、「国家の自然観」を受け入れざるをえないことになる。その場合、「理想の水系一貫の治水」が問題提起され、それに合致するように思考変更

が行なわれる。言い換えれば、関係性探求型学問から真理探究型学問の範疇に入り込むことになる。「民衆の自然観」と「国家の自然観」の軋轢が発生してくる。ここに河川工学の難しさがあるようにも思う。

ついでながら、「景観工学」にふれておきたい。これは、私が学生時代に始まった学問であり、４年先輩の中村良夫（１９３８〜）や同級生の樋口忠彦（１９４４〜）、１年後輩の篠原修（１９４５〜）などが中心となって創り上げた新しい学問と認識している（篠原修『ピカソを超える者は―評伝 鈴木忠義と景観工学の誕生』技報堂出版、２００８年）。景観工学は、本来、土木構造物を地域の自然環境の中に埋め込むにあたって景色がどう変化し、それを地域住民の好むようにどう導いていけばいいのかという学問であり、風景そのものをどう認識するかから始まる学問でもあると考えている。

景観工学の場合、地域の自然とそこにかかわってきた人の痕跡を微細に読み解き、新たに創出される景色を地域住民に認めてもらう必要がある。そのため景観工学は河川工学と同じく関係性探求型の強い学問といえる。ただ、河川工学の水系一貫のように地域住民から乖離する「国家の自然観」が入り込む要素は少ないのではないかと考えている。たとえ、オリンピックとか万博のような国家的イベントで、景観を大きく変えるようなことがあったとしても、ある一定地域の範囲にとどまり、「国家の自然観」が及ぶ範囲は限定的であると考えるからである。

なお、篠原修は『土木デザイン論―新たな風景の創出をめざして』（東京大学出版会、２００３年、土木学会出版文化賞受賞）など景観工学に関する著作が多く、現在、日本における景観工学の権威的存在である。その彼が『河川工学者三代は川をどう見てきたのか―安藝皎一・高橋裕・大熊孝と近代河川行政一五〇年』（農文協プロダクション、２０１８年、土木学会出版文化賞受賞）を著わしてくれた。私がその本の主役の一人となっているのであるが、河川工学まで視野を広げて本を著わすことができるのは、景観工学と河川工学が関係性探求型学問として共通性があることに起因していると考えるが、「国家の自然観」にあらがってきた私の実像を残しておきたいと思われたからかと勝手に斟酌している。

この「真理探究型学問」と「関係性探求型学問」については、拙書『技術にも自治がある』（農文協、２００４年、51～55頁）にもふれているが、その際、「探究」という字に関して、どちらにも「探究」を使っていた。今回は、「真理の探究」と「関係性の探求」では、究めることと、求めることの違いがあると思い、あえて文字を使い分けてある。

「真理探究型学問」が自然科学で、「関係性探求型学問」が社会科学であるという見方もあるが、私はそうは思わない。たとえば、共産主義は、「今は矛盾した社会であるが、いずれ共産社会というすべて平等な理想社会に到達する」という理想追究の進歩史観でつくられている。いわば「カオス（混沌）」から「コスモス（秩序）」への進歩であり、真理探究型といえるであろう。その理想社会が自然科学における真理に相当し、そこに到達することが最大の目的となり、その過程が場合によっては暴力による非倫理的なことに陥ることもある。一方で関係性探求型は、時と場所で異なる個別性の認識が必要であり、平等でない矛盾した現実（カオス）を前提として、その調整法や解決法を求めていくことになる。その意味では、時間の流れに沿って、持続的、蓄積的な事実を無視することはできず、生命の持続性が尊重されることになる。関係性探求型学問の普遍性はどこにあるのか、それは結局この地球上における生物種の命の持続性にあるということであろう。

なお、樋口清之著『梅干と日本刀―日本人の知恵と独創の歴史』（祥伝社、１９８５年）は、日本における古来からの知恵といわれる自然観や社会観を網羅的に集め、明治以降の近代科学技術的な観点と比較しながら、その優れた点を説いた名著である。そのなかで盛んに「日本人の発想は、科学を科学として分析しないで、総合的な経験として理解するだけで、……経験を分析して公式化する必要がなかっただけである」（１２４頁）とか、「その薬品に理屈を超えて〝縁起がいい〟とか、〝魔除けになる〟という信仰やムードで理解させて摂取する習慣、科学的知恵を科学的な知識としてではなく、習慣化していく発想は、日本人の典型的な考え方である」（１３０頁）と述べている。これを換言すれば、日本人の発想は、真理探究型でなく関係性探求型だったと言っているのと同じであると考える。

この本の冒頭で、武田信玄の信玄堤や、地震に強い石垣、伊能忠敬の測量術など土木技術に関する記述が多く出てくる。信玄堤については、樋口の記述は抽象的でどこが優れているのか分かりにくい。また、私自身も今まで信玄の治水策について間違った理解をしていたので、それを修正することを兼ねて、第５章で信玄の治水について神格化された点に注意しながら、詳しく論じることにする。

予備知識・川の専門用語

①流域と流域面積［図1］

「流域」という言葉はいろいろに理解されている。新村出編『広辞苑』（岩波書店、第五版、１９９８年）では「河川の流れ行く地域。また、その河川の四囲にある分水界によって囲まれた区域」とある。一般的には、前者の意味、すなわち川が流れている河川敷などが「流域」と表現されるが、河川工学の専門用語としては、後者の意味で使われるのが通常である。

　また、「川の流域面積」という場合、普通は河口から上流の水の集まってくる全域を指すが、河川工学上では、治水あるいは利水にとって重要な川のある地点を定めて、そこへ出てくる流水の供給源になった雨水の降下範囲の面積を流域面積といっている。

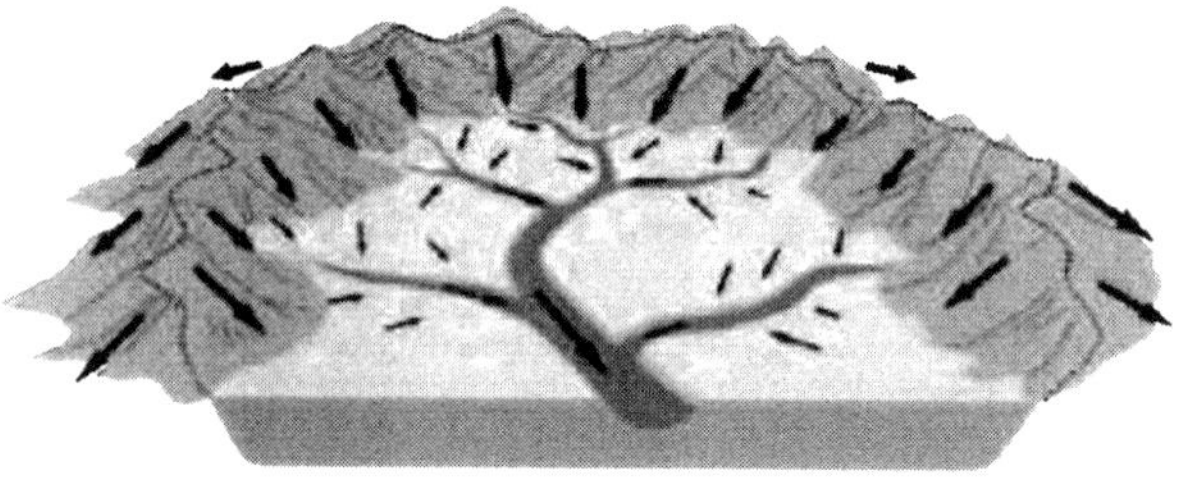

図1　川の流域概念図
出典：「河川総合研究所報告第24号」
（公財）河川財団、2019年、40頁

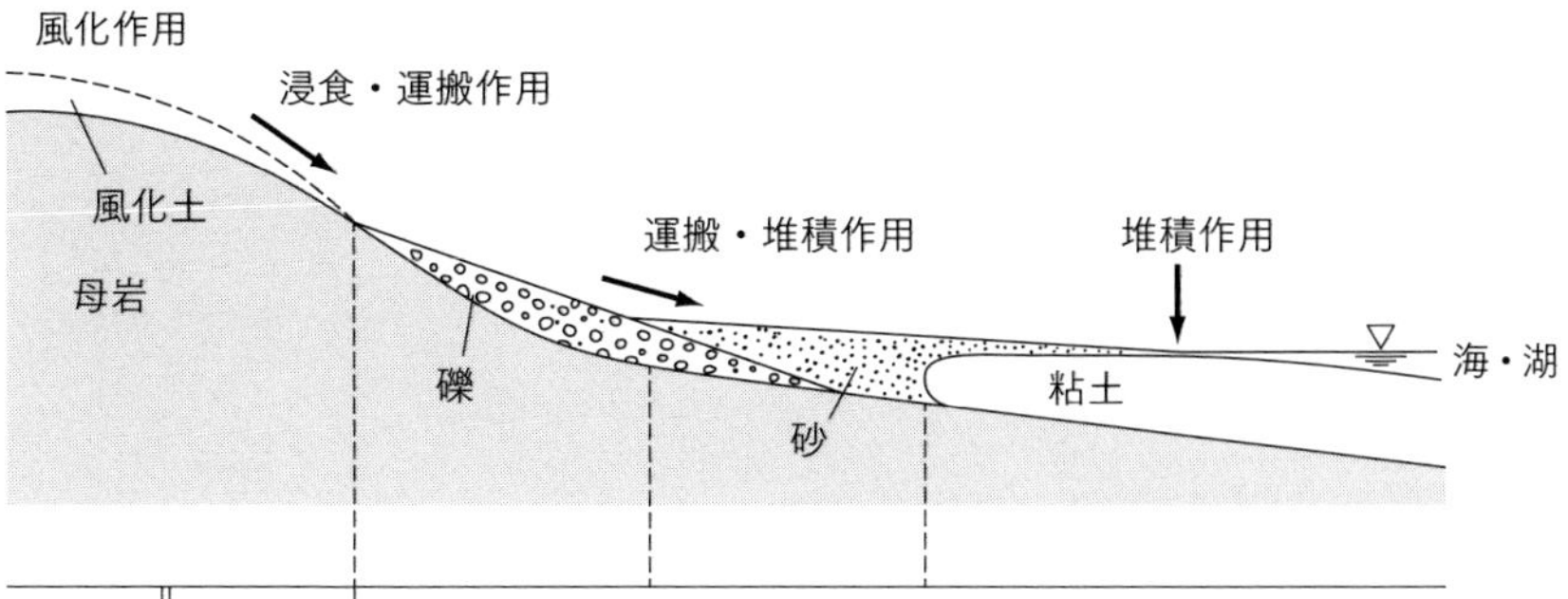

河川分類	山地河川	沖積平野河川		
	深谷河川 河岸段丘河川	扇状地河川	移化帯河川 （自然堤防地帯河川）	三角州河川
河川勾配の目安	$\sim\frac{1}{50}$	$\frac{1}{50}\sim\frac{1}{600}$	$\frac{1}{1,000}\sim\frac{1}{3,000}$	$\frac{1}{5,000}\sim$

図2　扇状地河川、移化帯河川と三角州河川
出典：今井五郎『わかりやすい土の力学』鹿島出版会、1984年、15頁
の原図をもとに表を加筆

②沖積平野の河川の三分類［図2］

川は山間部では流れが速く、山を削り、土砂を下流に運び、河床勾配が緩くなったところで土砂を堆積する。この堆積作用によって1万年ぐらいかかってつくられた平野が沖積平野と呼ばれる。日本の平野のほとんどはこの沖積平野であり、ここを流れる川の形態を図2のように、扇状地河川、移化帯河川（自然堤防地帯河川）、三角州河川に三分類すると川のことが分かりやすくなる。この三分類は小出博が『日本の河川』（東京大学出版会、1970年、50頁）で最初に提唱したものである。それまでの河川工学書では急流河川と緩流河川の二分類であったが、この三分類によって沖積平野河川の形態の理解がより深まったといえる。現在、国交省関係の文献類ではこの三分類を「セグメント1、2、3」として表現しており、素人には意味が分かりにくくなっている。本来ならば、提唱者をリスペクトして、意味が理解しやすい元の表現を使うべきであると考える。

③自然堤防と後背湿地〔図3〕

「自然堤防」という、自然と人工的な堤防が組み合わさった不可思議な言葉がある。工学系の私の頭では当初どんな堤防なのか想像できなかった。自然堤防は図3のように、洪水の氾濫で川沿いに自然にできた微高地のことであり、その背後の湿地帯が後背湿地と呼ばれている。自然堤防は移化帯河川で川の乱流にともなって網の目状に発達しやすく、移化帯河川は自然堤防地帯河川とも呼ばれる。

　弥生時代になると、稲作はまずこの後背湿地で行なわれた。そして、住居は少しでも洪水の浸水を避けるために、この自然堤防上に作られたのである。

④瀬と淵〔図4〕

　川は自然のままであれば必ず蛇行し、土砂の洗掘・堆積を繰り返し、「瀬」と「淵」を形成する。「瀬」は流れが速く、白く波立っており、水深は浅い。その「瀬」も詳しく見ると「平瀬」、「早瀬」に分けられる。平瀬の石は、一部泥の中に埋まり、これを「沈み石」状態という。早瀬の石は二重三重に重なり合って空隙があり、「浮き石」状態と呼ばれる。瀬の部分は水深が浅く、太陽光線が届き、コケや微生物が育ち、浮き石の裏はトビゲラやカゲロウなどの昆虫の幼虫の棲家となっている。この昆虫類を魚が餌としており、いわば「瀬」は魚の食堂といえる。

「淵」は、流速が遅く、水深が深く、いわば魚の休憩所となっている。

　私が習った河川工学書類には、この「瀬」と「淵」がふれられていなかった。換言すれば、それまでの河川工学では、川の重要な要素である「瀬」と「淵」は学問の対象外であったということである。河川工学書類に「瀬」と「淵」が登場するのは1990年代に入ってからである。

⑤「洪水」と「水害」の違いと、川で使う流量単位〔図5〕

　川から水が溢れ、家や田畑、道路などが浸水することが一般に「洪水」と呼ばれている。しかし、これは人の営みがあるから被害が出るのであり、いわ

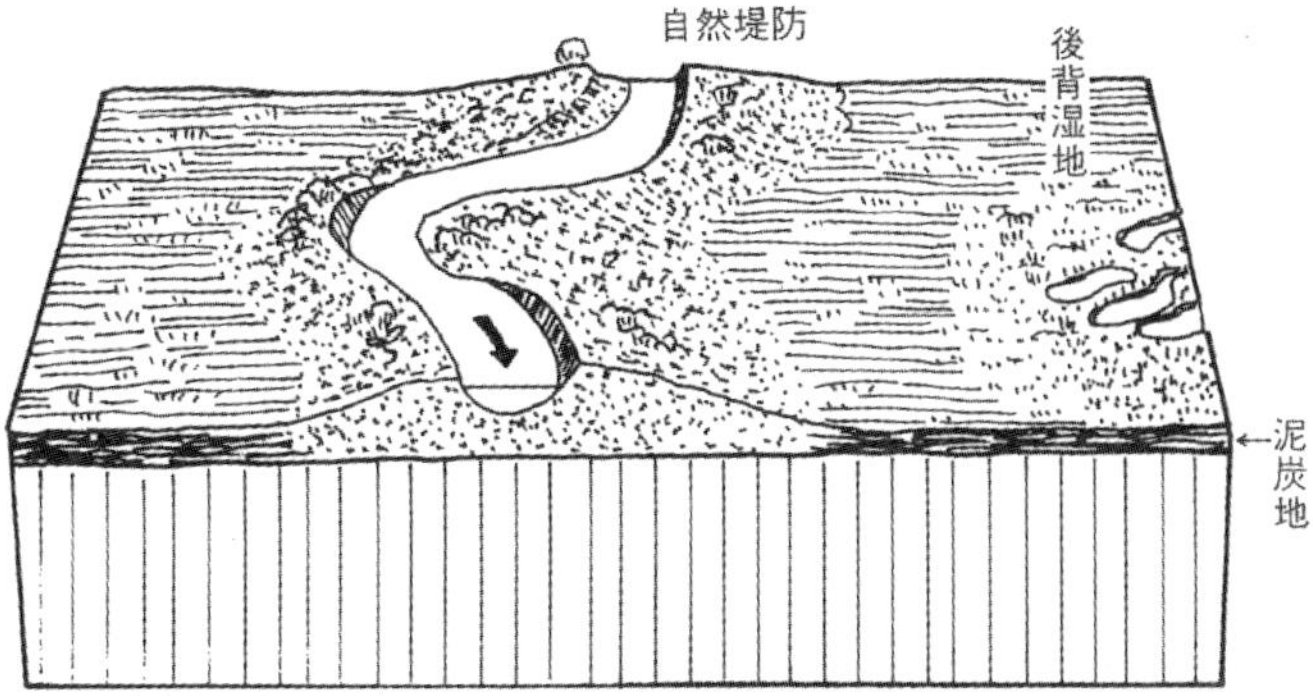

図3　自然堤防と後背湿地の概念図
原図：貝塚爽平編『日本の平野と海岸』岩波書店、1985年、46頁
出典：大熊孝『川がつくった川、人がつくった川』ポプラ社、1995年、59頁

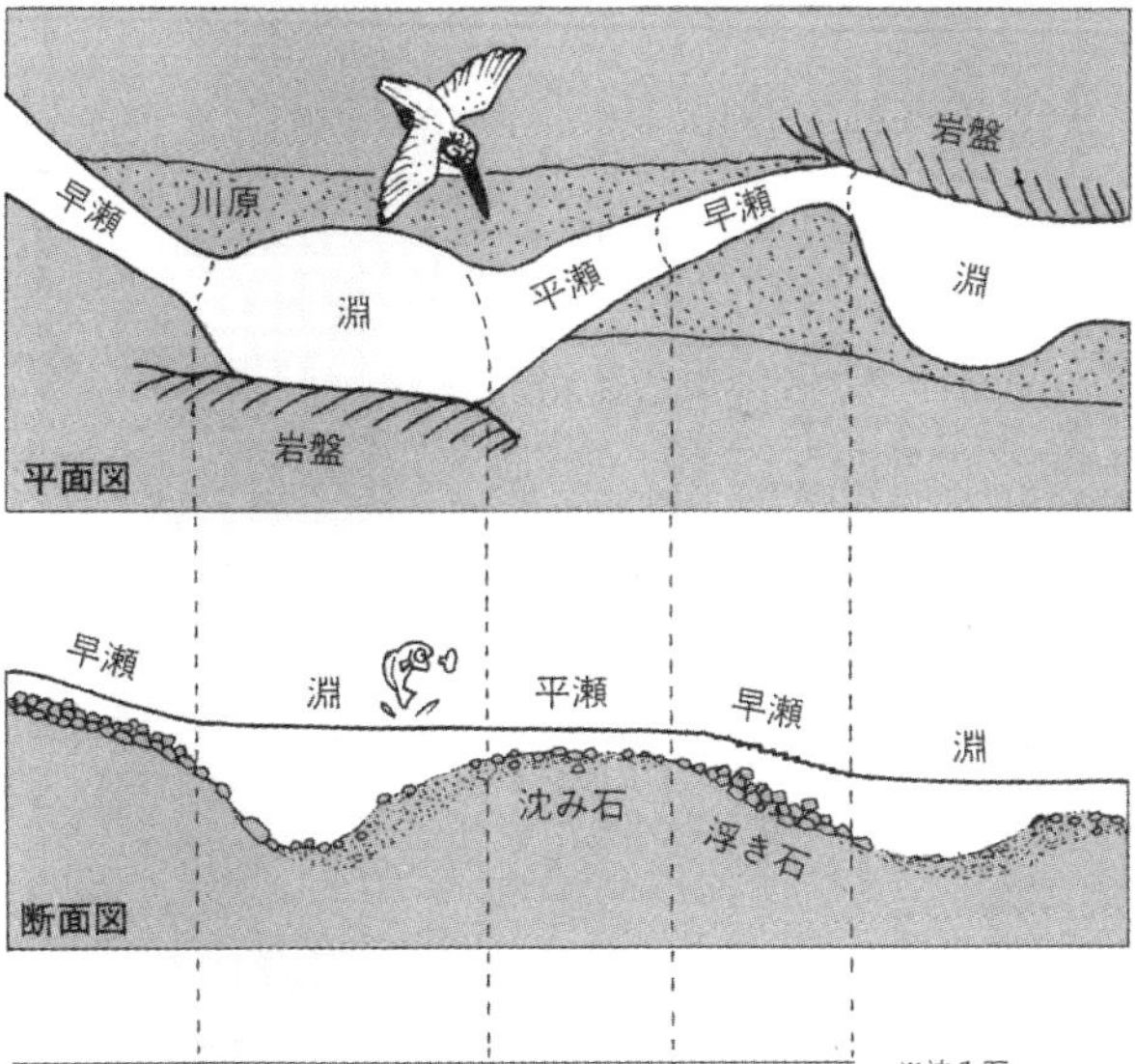

水深	深い	浅い	浅い
水面	波立たない	しわのような波	白波が立つ
流速	ゆるい	速い	もっとも速い
底質	砂	沈み石	浮き石
区分	淵	平瀬	早瀬
		瀬	

※沈み石
一部分が砂にうもれている石

※浮き石
重なりあっている石

図4　川の瀬・淵の形態
原図：玉井信行・水野信彦・中村俊六編『河川生態環境工学』東京大学出版会、1993年、175頁に加筆
出典：大熊孝『川がつくった川、人がつくった川』ポプラ社、1995年、50頁

ば社会現象で「水害」と表現される。小出博は「河川には自然史と社会史がある。洪水は河川の自然史のひと齣であり、水害は社会史のひと齣である。」（『日本の河川』東京大学出版会、1970年、序言iv頁）と述べている。名言であると思う。川の流量が平常時より増えることは自然現象であり、これが「洪水」の第一義である。

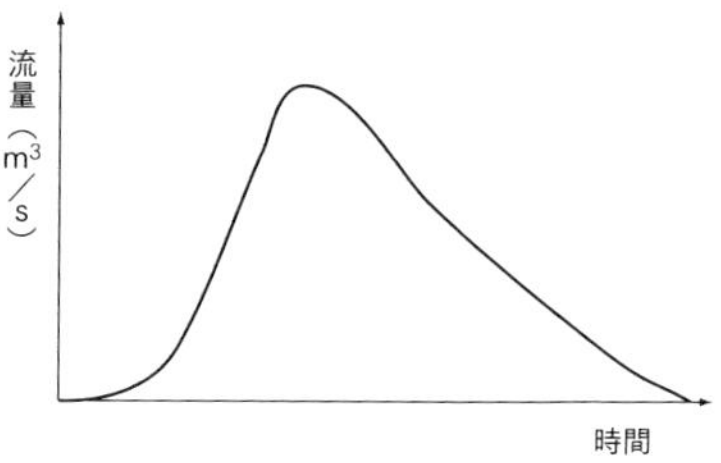

図5　ハイドログラフ＝川のある場所における流量の時間変化

　川の流量のもとは降雨であるが、これが大地に浸透すると、ゆっくり時間をかけて流出してくる成分と、浅い地下水や地表を流れて早く流出してくる成分とに分かれる。降雨量が多いと、この早く出てくる成分が卓越して、洪水と呼ばれるのである。この洪水を、川岸のある地点で観測したとして、その流量の時間的変化を図5のように表わしたものを「ハイドログラフ」と呼んでいる。

　流量の単位は、河川工学では、普通1秒当たり何立方メートル流れるかで表わし、m^3／sで表現される。水1m^{3}は、重さにすると1トンであるので、これを口述するときは「トン」ということが多い。明治時代では、1秒当たりの立方尺で表現されており、これが「コ」と呼ばれていた。1立方尺／秒は0・0278m^3／sである。利根川の明治33（1900）年の最初の治水計画では、中条堤の遊水地を前提として（206頁参照）、下流の栗橋地点の計画流量が「13万5000コ」と定められた。これをm^3／sで表現すると約3750m^3／sとなる。現在の栗橋地点計画流量17500m^3／sから見たら、かなり小さい値である。

⑥川の右岸、左岸

　川の流れに沿って、右岸、左岸という表現がなされるが、どのように決められているのであろうか？
　実は、「河川工学」といわれる教科書を見ても、その定義がほとんどで書かれていないのである。あまりに当たり前のことなので書かれていないのかもしれない。しかし、日本における河川工学書類の原典ともいわれる宮本武之輔著『治水工学』（修教社書院、１９３６年、６頁）には、「流水に従って上流から下流に向かった場合に右側の河岸を右岸、左側の河岸を左岸と言う」と定義されている。この左右岸の約束は、今では世界中でどこへ行っても同じである。

ただ、かつては上流を向いて左右岸を表現していたこともあった。たとえば、長野県信濃町で「アファンの森」を育てた小説家・冒険家のC・W・ニコル（１９４０～２０２０）によると、カナダに住むイヌイットは川の上流を向いて左右岸を言っていたそうである。私の経験では、若い頃北海道で水害調査をしたとき、集落の長老たちは上流を向いて左右岸を言っていたため、私の認識とずれており、どうも聞き取りがうまくいかなかったことがあった。おそらく、カナダや北海道の川は鮭や鱒が無数に上り、それが川沿いの住民にとって重要な食料となっており、おのずと上流を向いて左右岸を分けるようになったのではないかと想像している。また第二次世界大戦以前、日本の陸軍も川の右・左は上流を向いて決めていたとのことである。船で敵地に乗り込んで、川沿いに上陸することがあり、上流を向いて、右・左と言ったそうである。

「言葉」は、本来、地域の暮らしにとっての必要性から紡ぎだされてきたものであると思うが、グローバル化のなかで修正を余儀なくされたということであろう。

⑦堤内・堤外と内水・外水

川の堤防を挟んで「堤内《ていない》」、「堤外《ていがい》」という言葉があるが、さて、どちらが内で外なのであろうか？ ちょっと考えてみると、堤防から見て川側が「堤内」で、建物や耕地がある方が「堤外」のように思われるが、どうであろう？

答えは、建物や耕地のある側が「堤内」であり、川の水が流れている方が「堤外」である。これは、堤防ができていく由来を想像すれば、理解できる。

おそらく、沖積平野を開発していくとき、浸水に遭わないように、川の氾濫で自然にできた自然堤防など少しでも高いところに家を建てるであろう。ついで、家の近くに耕地が開かれ、次第に水害に遭うようになると、その周囲を堤防で囲うことになる。最初は「掻き寄せ堤」と呼ばれる土砂を掻き寄せた小さなものに違いないが、次第に大きくなり、集落まで囲う堤防になる。これが「囲い堤」とか、「輪中堤」とか呼ばれる堤防である。この輪中堤がいくつも連なって川沿いの連続した堤防に発達していって、今の堤防形状になった。だから、建物や耕地がある方が「堤内」であり、川側が「堤外」なのである。

ところで、水害などが発生すると「内水《ないすい》被害」とか、「外水《がいすい》氾濫」などと表現されることがあるが、これは何を意味するのであろう。

まず、「外水」であるが、堤外の水のことで、川に流れている洪水のことであり、これが溢れることを外水氾濫と言っているのである。「内水」は堤内の水のことであり、降った雨がそのまままたまったり、用水路や排水路などが溢れた場合に、「内水氾濫」などと言われている。

「外水」は豪雨が地表を侵食したり、河岸などを洗掘したりで、かなり土砂を含み、濁った水となる。「内水」はほとんど土砂を含まないので、比較的きれいで、透明感がある。ただ、合流式下水道が氾濫した場合は、さまざまな汚物が混じっており、「内水」でも衛生的とはいえない。

⑧「霞堤」は誤解されやすい！［図6］

「霞堤」は土木用語にしては文学的な表現であり、多くの人の関心を集めるとともに、誤解を招きやすい言葉でもある。霞堤は、図6のように堤防が二重・三重に重なっているが、ところどころ不連続に切れている堤防形態をさす。この不連続の形態は、武田信玄（１５２１～１５７３）が「雁行する堤防を造った」と伝えられるように、古くから存在はしていたが、「霞堤」という言葉そのものは存在していなかった。明治時代に、急流河川として有名な常願寺川の治水のあり方が新聞などで民間人を交えて議論されるなかで生まれてきた言葉である。明治時代の常願寺川治水では、お雇い外国人のデ・レーケ（１８４２～１９１３、１８７３年来日）が不連続の霞

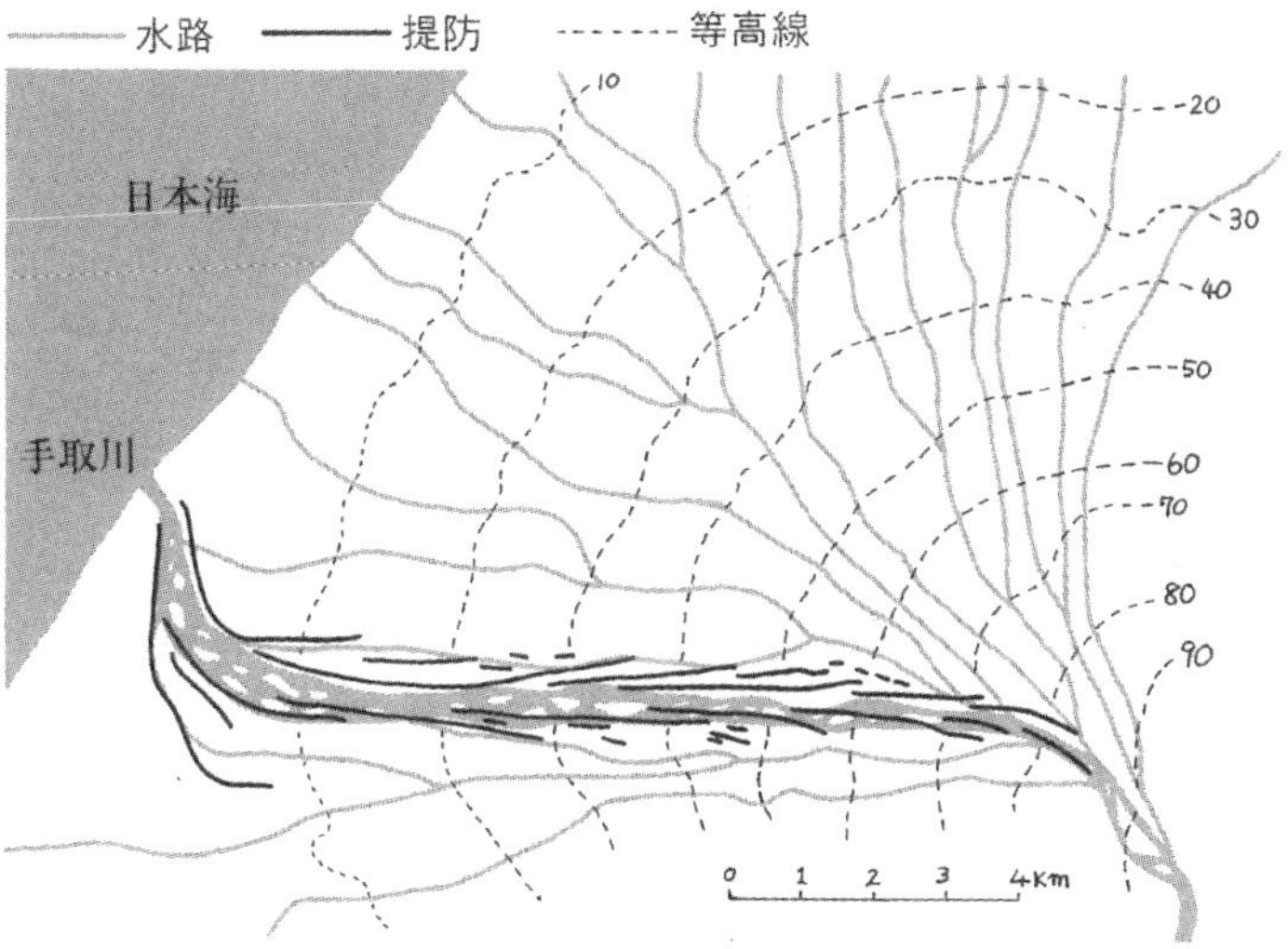

図6　手取川の扇状地と霞堤
原図：明治42（1909）年測図5万分の1地形図より作成
出典：大熊孝『川がつくった川、人がつくった川』ポプラ社、1995年、57頁

堤を積極的に採用している。日本のほかの河川の治水では、連続堤防を主眼としており、常願寺川の治水方針とは大きく異なっていたことは注目に値する。

霞堤は、洪水時にはこの不連続なところから洪水が逆流して滞留することから、洪水調節の効果があると誤解されがちであった。しかし、霞堤が存在するところは河床勾配が数百分の1より急な扇状地河川に造られており、その不連続空間に逆流し滞留する水量はたかが知れており、洪水ピークの低減効果はほとんどない。霞堤の目的は、堤内からの排水や、上流で破堤氾濫した時に被害が拡大しないように氾濫流をできるだけすみやかに河道還元することにあった。ただ、この洪水の逆流空間は、実は濁流渦巻く洪水時の魚類の避難場所となっており、魚にやさしい工法となっているのである。このことをデ・レーケが認識していたかどうかは定かではないが、川沿いの住民は経験的に熟知しており、洪水時に霞堤部分に行って投網を打つ習慣があったとのことである。

⑨牛枠と蛇籠［図7］

牛枠《うしわく》は、長い木材を四面体状や台形状に組んだものの総称で、流れの勢いを弱めるために川の中に置かれる。浮きやすいので流されないように土嚢や蛇《じゃ》籠《かご》を重しとして置かれる。その形が二本の角をもっているようで、その呼び名がある。主として、河床が石礫で杭が打ちにくい扇状地河川で用いられてきたが、地方によって組み方に差異があり、呼び名も

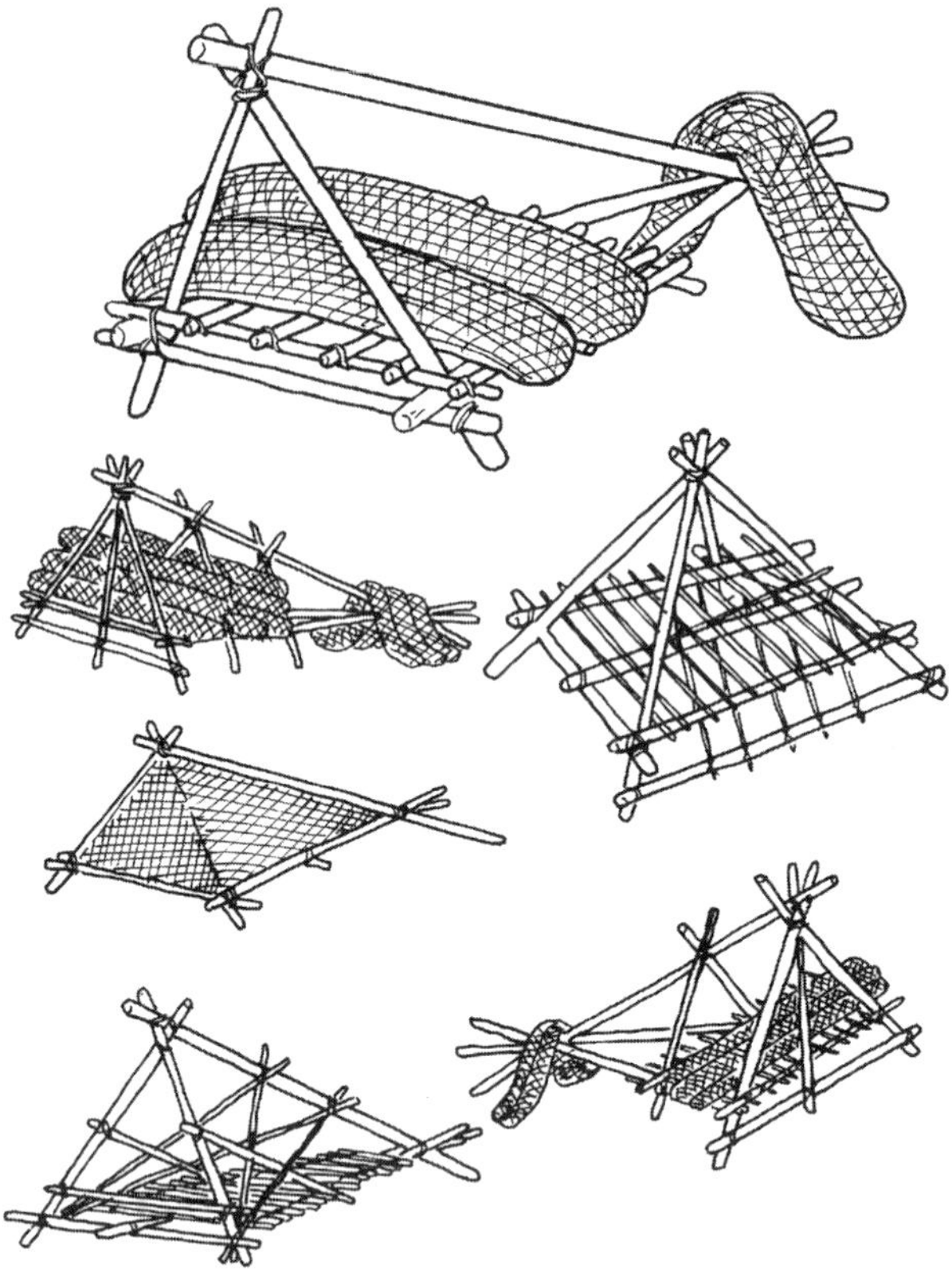

図7　牛枠類のいろいろ
最上段：牛枠
右列上より：菱牛、川倉
左列上より：聖牛（せいぎゅう）、鉄線猪子、越中三叉
原図：宮本武之輔『治水工学』修教社書院、1936年、205～209頁から抜粋作成
出典：大熊孝『川がつくった川、人がつくった川』ポプラ社、1995年、78頁

いろいろである。

こんな牛枠を川に入れて、洪水の流勢に対抗できるかと不安に思われるかもしれないが、正三角形に近い正面を洪水の流れに向けると、流れの方向などを転じることができる。この流れの方向を転ずるものを総称して「水制」と呼んでいる。

蛇籠は、竹や鉄線で細長い籠を編み、その中に石を入れたもので、牛枠類を押さえる重しに使われたり、堤防の法面《のりめん》に並べて洗掘防止をはかったりした。なお、現代では、堤防法面の洗掘防止にはコンクリート護岸が多用されている。

⑩TPとは？

日本の地形標高は、東京湾の霊岸島で1873年から1879年の間に観測された潮位の平均を東京湾平均海面（Tokyo peil：T.P.、東京湾中等潮位ともいう）と定義し、それを標高0ｍとしてTP○○ｍと表現されている。地形標高や川の水位などは基本的にTPで表現されるが、明治時代の初めに導入されたほかの基準で表現される場合もある。たとえば、利根川ではYP（Yedogawa peil：Y.P.、YP0ｍはTPマイナス0・84ｍ）、荒川ではAP（Arakawa peil：A.P.）、淀川ではOP（Osaka peil：O.P.）が使われている。なお、Peilはオランダ語で水位・基準面を意味する。

⑪雨量と洪水流量の測り方［図8、図9、図10］

雨量は直径20㎝の筒状の雨量計で計る。1か所の雨量計で数十㎢の面積の雨量を代表するわけで、誤差は大きい。この点で測られた雨量を流域の面積雨量に換算するには、雨量計間の二等分線を利用して分割するティーセン分割法と等雨量線法がある。

洪水流量は浮子《ふし》を流して、その流下速度を測定して、川の断面積に乗じて求めるが、川岸や川底の流速は遅く、表面流速は速く、断面の平均的流速を推定しなければならず、川の断面積も土砂の堆積や洗掘で変化があり、正確な流量を求めることは至難である。なお、夜は浮子の頭に光を灯す。

近年レーダー雨量計や音波流速計などが開発されているが、雨量や洪水流量は基本的にこのような誤

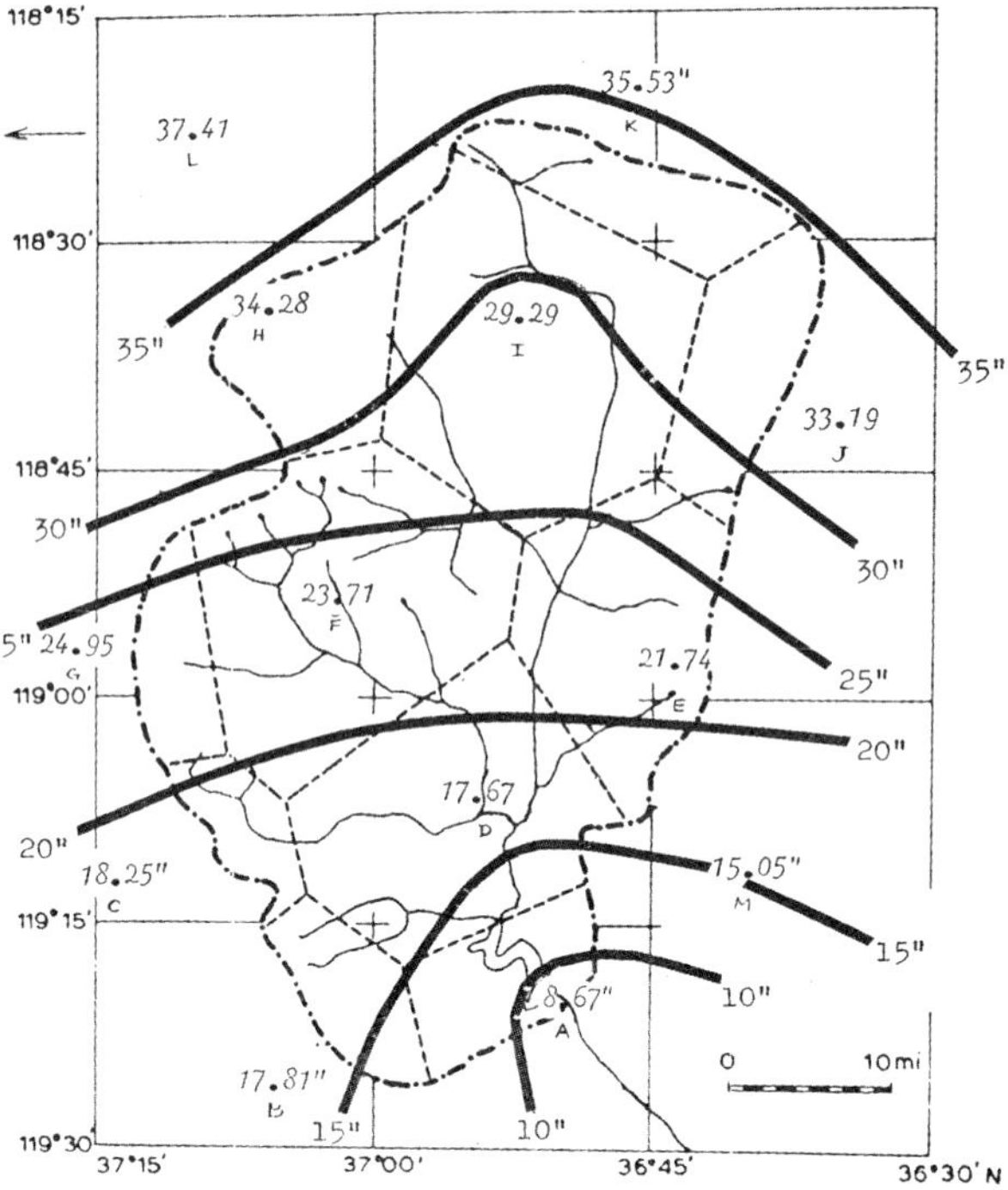

図8　地点雨量の面積雨量への変換（・が雨量観測所）
ティーセン分割法：観測所間の二等分線で分割して、観測所が代表すべき区域を決定する
等雨量線法：黒い太線
出典：PROBLEMS IN APPLIED HYDROLOGY by E.F.Schulz WATER RESOURCES PUBLICATIONS Fort Collin, Colorado80521, U.S.A 1973, p129

図9　雨量計

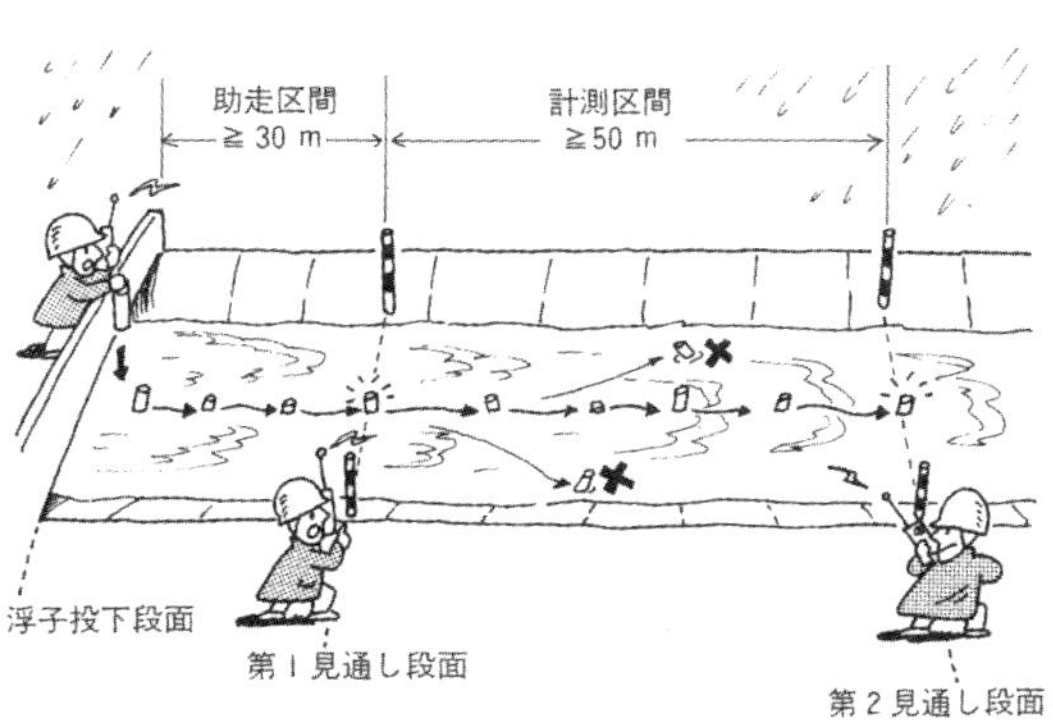

図10　浮子による流量観測方法

原図：建設省水文研究会『水文観測』全日本建設技術協会
出典：大熊孝『川がつくった川、人がつくった川』ポプラ社、1995年、71頁および73頁

差の多い方法で求められたものであることを認識し、その数値が絶対的でないことを理解しておくべきである。

⑫基本高水と計画高水流量
——治水計画の立て方［図11］

ある川の治水計画を立てる作業は複雑である。まず計画対象とする洪水を決めなければならない。川が山間から平野に出るところなど治水計画上重要な地点を「基準地点」と定め、その地点に流出してくる洪水（ハイドログラフ、予備知識・川の専門用語⑤参照）を想定して、それを「基《き》本《ほん》高《たか》水《みず》」と呼び、治水計画上の対象洪水としている。

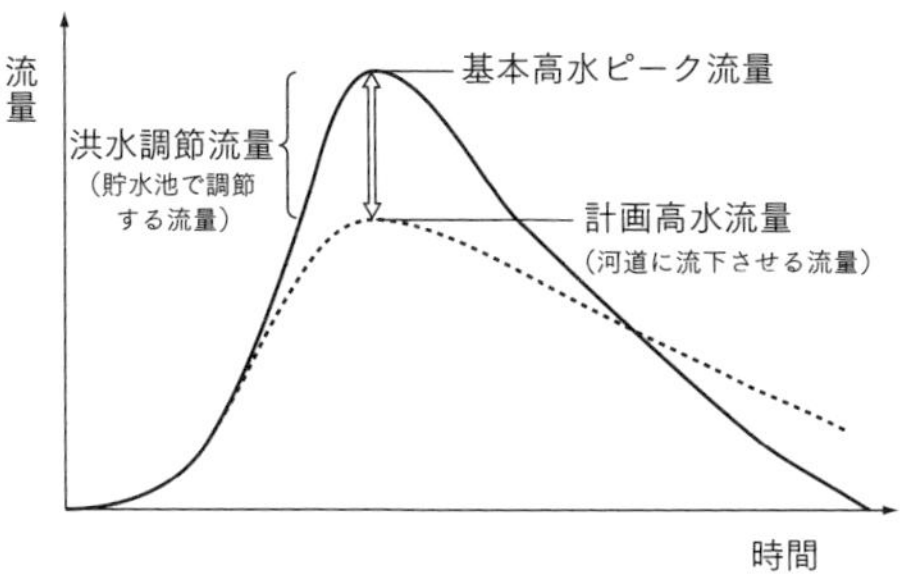

図11　基準地点における基本高水の処理方法

「基本高水」の定め方は、まず、基準地点上流域の過去の雨量データから統計的に解析し、川の重要度に応じて、数十年から２００年に一度の頻度で発生するような何百㎜（確率雨量）という計画雨量を選定する。その降雨の継続時間は流域面積の大きさなどから、数時間から数日を対象としている。その際、雨量データが１００年を超えて存在することは少なく、多くの場合１００年未満のデータから、それを超える期間に対する雨量を確率的に求めている。ここに一つの問題があるが、工学上、データのない場合はこういう方法をとらざるをえない。そして、その計画雨量は総量が決められたとしても、流域のどこに多く降るのか、また時間的にどのように集中するのか、さまざまな地域分布と時間分布がある。そこで、実績豪雨のさまざまなパターンをモデルとして、降雨総量が計画雨量となるように引き伸ばし、それらの降雨群から基準地点に流出してくる洪水群を算出し、そのなかから治水対象とする「基本高水」を選定する。その選定の仕方はいろいろあるが、多くの河川で最大規模の洪水を「基本高水」

としている。

この基本高水が定まると、基準地点より上流でダムや遊水地を計画し、それによってどれくらい洪水調節できるかを計算する。ダムや遊水地によって洪水は低減されるが、その低減された洪水が河道を流れてくるわけであり、それを海まで無事に流せるように堤防や護岸など河道を設計することになる。河道の設計では最も大きいピーク流量が流せればいいわけであり、ダムや遊水地によって低減された洪水のピーク流量を「計画高水流量《けいかくたかみずりゅうりょう》」と呼んでいる。

なお、基本高水の呼び方であるが、(社)土木学会編『土木用語大辞典』(技報堂出版、1999年)では「きほんこうすい」とルビがふられているが、技術者間では「きほんたかみず」と呼びならわされている。

⑬河道断面用語と計画高水位、余裕高〔図12、表1〕

堤防が造られている川の断面に関する用語を図12に示す。この図は下流を向いた形状で書かれており、左右岸、堤内・堤外なども示してある。計画高水位《けいかくこうすいい》は計画されている洪水流量(計画高水流量)が流れるときの、計算された最高水位である。余裕高は、その計画高水位から堤防天端までの高さで、計画洪水流量の大きさに対して表1のよう

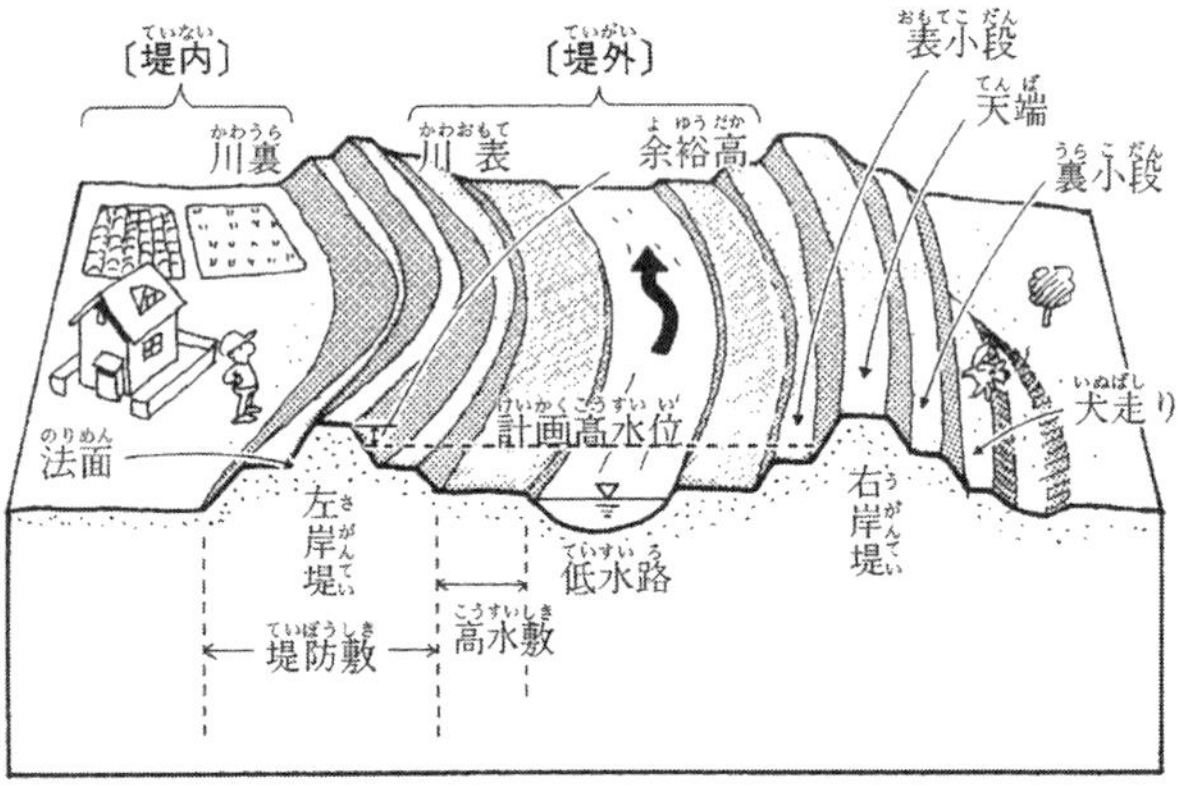

図12　河道断面用語と計画高水位、余裕高
出典：大熊孝『川がつくった川、人がつくった川』
ポプラ社、1995年、63頁

表1　堤防の余裕高

計画洪水流量（m^3/s）	余裕高（m）
＜200	0.6
200 ～ 500	0.8
500 ～ 2,000	1.0
2,000 ～ 5,000	1.2
5,000 ～ 10,000	1.5
10,000＜	2.0

出典：建設省河川局監修『建設省河川砂防技術基準（案）計画編』（社）日本河川協会編・発行、1976年、98頁

に段階的に決められている。しかし、川幅や河床勾配に関係なく定められており、科学的根拠があるとはいえない。

「犬走り」は独特な表現であるが、堤内地の堤防に沿った地盤に凹凸があるときに、堤防の法尻《のりじり》を整えるために設けられるものである。

⑭ダムとは［表2］

河川を横断する構造物は、梁、堰、水門、床固め、砂防ダム、ダムなどいろいろあり、「堰堤《えんてい》」とも呼ばれてきた。ダムの定義は、国際的には国際大ダム会議（1928年創設、88か国加盟）で「堤高が5m以上かつ貯水容量が300万m^3以上のもの」を「ダム」としている。そのうち高さが15m以上のものを「ハイダム」、それに満たないものを「ローダム」と呼んでいる。日本では、1964年の河川法改正以後、基礎地盤から堤頂までの高さが15m以上ものを「ダム」と定義している（河川法第44条の1、119頁参照）。しかし、高さが15m以下でも、河川法で定義される以前に造られた堰などがダムと呼ばれており、また、土砂をためることを目的とした「堰堤」は「砂防ダム」と通称されている。

ダムの構造的種類としては重力式コンクリートダム、アーチ式コンクリートダム、ロックフィルダム、アースフィルダムなどがある。

ダムの目的としては、農業用水、発電、都市・工業用水などの利用水ダムと、洪水調節を目的とした治水ダムなどがあり、これらの目的を複数もつ多目的ダムがある。洪水調節を目的としたダムは、普段はダムを空にして待機させ、洪水を貯留した後は、次

表2　世界と日本のダム比較

	着工年 完成年	形式	高さ 堤長	貯水容量	ダム地点 年間流量
フーバーダム (コロラド川)	1931年 1935年	コンクリート アーチ	221m 379m	367億m^3	約150億m^3
グランドクーリーダム (コロンビア川)	1934年 1942年	コンクリート 重力式	168m 1,272m	118億m^3	
水豊ダム（鴨緑江）	1937年 1944年	コンクリート 重力式	106m 900m	120億m^3	
豊満ダム*（松花江）	1937年 1953年 （1945年本体87%完成）	コンクリート 重力式	91m 1,100m	108億m^3	
三門峡ダム（黄河）	1957年 1960年 （1964～1972年改造）	コンクリート 重力式	106m 713m	354億m^3 （改造後103億m^3）	約420億m^3
三峡ダム（長江）	1993年 2009年	コンクリート 重力式	185m 2,309m	393億m^3	約4,500億m^3
アスワンハイダム (ナイル川)	1960年 1970年	ロックフィル	111m 3,600m	1,570億m^3	420～ 1,510億m^3
イタイプダム (パラナ川)	1975年 1984年	重力・フィル・ アーチ	196m 7,900m	290億m^3	
佐久間ダム （天竜川、発電）	1953年 1956年	コンクリート 重力式	155.5m 293.5m	3億2,680万m^3	
小河内ダム （多摩川、水道用）	1936年 1957年	コンクリート 重力式	149m 353m	1億8,910万m^3	
奥只見ダム （阿賀野川、発電）	1953年 1960年	コンクリート 重力式	157m 480m	6億100万m^3	
田子倉ダム （阿賀野川、発電）	1953年 1960年	コンクリート 重力式	145m 462m	4億9,400万m^3	
黒部ダム （黒部川、発電）	1956年 1963年	コンクリート アーチ	186m 492m	1億9,930万m^3	
徳山ダム** （揖斐川、多目的）	1971年 2008年	ロックフィル	161m 427m	6億6,000万m^3	

＊豊満ダムは第二次世界大戦中に日本が建設したものであるが、2019年直下流に新ダムが建設され、旧ダムは解体された

＊＊徳山ダムは日本で最大の貯水容量をもつダムである

に発生する洪水に備えてできるだけ早く放流して空にする必要がある。一方、利水ダムは、渇水に備えるため普段できるかぎり貯留して、常に満水になる方向で操作され、洪水調節の義務はない。洪水調節と利水を目的とした多目的ダムの場合、この矛盾する目的を共存させるため、水位を定めて容量を使い分ける方法がとられる（予備知識・川の専門用語⑰参照）。

洪水調節を含む多目的ダムは、もともと水資源開発のダムの費用負担を軽減することを主眼に計画されてきたが、近年では、水資源開発の必要性が低減し、治水目的単独で造られるダムが多くなっている。しかも、洪水時のゲート操作が必要ない「穴あきダム」（予備知識・川の専門用語⑱参照）として建設されることが多くなっている。

参考までに、世界と日本の大きなダムを比較した表を示した（表2）。日本のダムの貯水容量はかなり小さいことが分かる。

⑮維持流量と正常流量［図13］

維持流量は、川の主要地点で通常時において決められた流量で、利水以外の川のさまざまな機能を保全するために必要であるとして、総合的に勘案して定められた流量を意味する。そのさまざまな機能には、舟運、漁業、景観、河口部の塩害防止、河口閉塞の防止、河川管理施設の保護、地下水位の維持、動植物の保護、流水の清浄の保持などが含まれる。

正常流量は、維持流量と、水利権などで利用が認められた利水流量の両方を満足する流量のことを意味する。利水目的のダムを造る場合、計画対象とする渇水年の流量に対して、この正常流量が日々確保されるようにダムの容量が決定される。その意味で、「正常」とは自然的なものではなく人為的に決められたものである。

ダムや堰を造る場合、普段流れている流量を全量取水してしまうと下流が枯渇してしまう。枯渇させないために、ダムや堰から下流に放流することが義務付けられる流量も維持流量と呼ばれている。ダムや堰の下流に利水の水利権がある場合は、維持流量に水利権流量をプラスした正常流量を放流する必要がある。

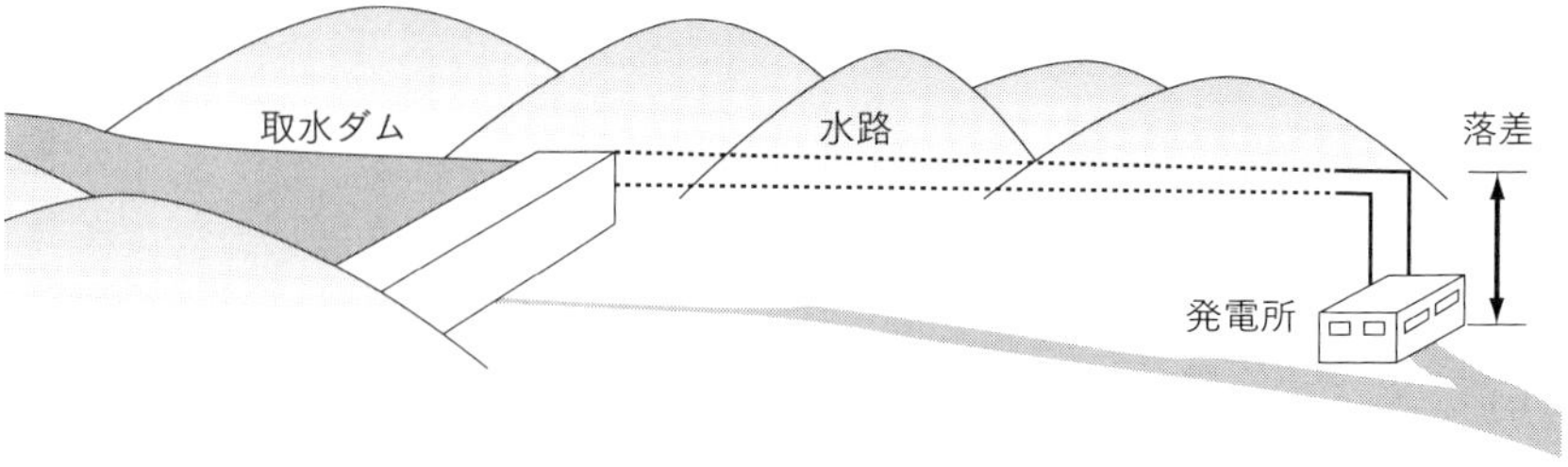

図13　水路式ダム発電の概要図
水力発電量は流量と落差に依存する。落差を稼ぐために、ダムで取水した後、遠方まで導水される。そのため、ダムの直下流は水量が不足することになる

しかし、維持流量の考え方が整理されていなかった時代に造られたダムも多く、ダム下流に一滴も維持流量を流していないダムも多い。そこで、建設省は１９８８年に「水力発電取水ダムからの維持流量ガイドライン」という通達を出し、「発電取水口における流域面積１００㎢当たり０・１～０・３㎥／s程度を維持流量として放流する」ことを定めた。ただ、この通達がすぐにすべての発電取水に適用されたわけでない。発電水利権は普通30年間認められているが、その期間更新時に変更されてきた。２０１８年でその30年が過ぎ、すべての発電ダムで維持流量が定められたことになる。しかし、実は、この通達には特例があり、ダム下流10km以上にわたって枯渇している場合だけ適用されるもので、10km未満の場合は、維持流量を放流しなくてもいいことになっている。これも早く改善して、すべてのダムで維持流量が定められるべきであると考える。

⑯堰と水門の違い［写真１］

川を横断する構造物として、ダムのほかに高さの

低い堰や水門がある。堰には固定堰と可動堰がある。固定堰は洪水時には水没してその上を洪水が流下するが、可動堰はゲートを有しており、洪水時にはゲートを開放する。この可動堰と水門は構造的にはほとんど差がなく、見た目には区別がつけにくいが、その機能に大きな違いがある。しかし、このことが河川工学の教科書には意外と書かれていない。

　可動堰は、普段はゲートを閉めて流水を塞き上げているが、洪水時にはゲートを開放して洪水をスムーズに流下させる。水門は、普段はゲートを開放しているが、洪水時にはゲートを閉めて堤防の代わりになりうるものである。

　堰や水門は、われわれの流水に対する要求が普段と洪水時で異なり、その要求に応じて流水を自由にコントロールするために必要とされるものである。その堰と水門が最も必要なところは川の分派点である。江戸時代までは、固定堰で何とか流水をコントロールしようとしたが、うまくいかないことが多かった。明治時代中期になって、近代的技術の導入によって、ゲートを有した可動堰や水門を分派点に

写真1　信濃川と中ノ口川分派点における構造物
出典：国交省信濃川下流河川事務所パンフレット

築造して、自由に流水をコントロールできるようになった。

写真1は信濃川下流の中ノ口川分派点における中ノ口川水門と蒲原大堰である。蒲原大堰は洪水時には完全に開放されるが、中ノ口川水門は今の操作規定では洪水時でもゲートが一定開度で開けられている。しかし、水門ということは、ゲートが完全に閉じられ、堤防となりうることを意味している。

なお、利根川の江戸川分派点では、江戸川の方には関宿水《せきやどすい》閘門《こうもん》があるが、利根川本川の方には構造物がない。この経緯には足尾鉱毒事件の影響が考えられるが、現時点での問題点をあげれば、利根川洪水が計画どおりに江戸川に分派できずに、利根川本川に流れやすく河床低下が進み、江戸川に洪水が流れにくくなっていることである。

⑰多目的ダムの容量配分と洪水時の予備放流・事前放流・緊急放流（ただし書き操作）［図14］

多目的ダムは、洪水調節や水資源の確保、発電など複数の目的をもつダムである。しかし洪水調節のためには豪雨に備えて普段はダムを空にしておきたいが、利水目的側からは可能な限り水をためておきたいというように、多目的ダムの容量の確保には矛盾がある。そこで、容量確保のためにさまざまな工夫が凝らされている。

まず、洪水が発生する夏場には夏期制限水位というのを設けて治水容量を大きく確保するが、冬場はその必要がないので、常時満水位まで水位を上げて利水容量を確保する。もしかしたら、冬場にも洪水調節の必要があるかもしれないので、常時満水位の上に洪水時満水位（サーチャージ水位ともいう）を設ける場合もある。近年では、年間を通じて治水容量を確保できる、このサーチャージ方式が増えている。

さらに、利水容量をできるだけ確保するために、豪雨が発生しそうなとき、天気を予想して水位を下げて治水容量を確保する方法もある。この治水容量を確保するための放流が「予備放流」と呼ばれている。ダム建設の初期の時代にはダム建設費を少しでも効率的にするため、この予備放流方式のダムが多かった。しかし、天気予報の精度が悪く、高度経済成長期を迎えたころから予備放流方式を備えたダム建設はほとんどなくなった。図14は、利根川水系片品川の薗原ダムの容量配分図であるが、図中の「夏期制限水位」から「低水位」の間が予備放流による治水容量にあたる。ちなみに薗原ダムは、利根川水系のダム群のなかでは唯一予備放流方式で治水容量の一部を確保する事例である。

　しかし、2000年代に入ると天気予報の精度が高まり、また地球温暖化で豪雨の頻度も高まってきた。こうしたなか洪水調節容量をできるだけ確保するために、利水側と緊急に相談して「事前放流」が行なわれるようになった。これは、計画的に治水容量を確保するものではなく、あくまで利水側に支障を与えない範囲で行なわれるものである。ただ、天気予報がまだ完全でなく、事前放流したが、後で利水容量分が回復しないこともあるので、利水側に義務付けられたものではない。

　さて、実際洪水が発生すれば、ダムへの流入量に対して放流量を少なくして、洪水をため込んでいく

図14　薗原ダム（利根川水系片品川）の容量配分図（ダム地点流域面積439.9㎢、1965年竣工）
出典：建設省関東地方建設局利根川ダム統合管理事務所
『利根川上流ダム群の概要』（パンフレット）、1996年

のであるが、計画以上の大洪水が来て、治水容量を使い果たし、流入量＝放流量でゲート操作をしなければならない事態も発生する。これは操作規定の特別の場合で、「ただし書き操作」などと呼ばれてきたが、最近では「緊急放流」と呼ばれるようになった。

近年、計画を超える豪雨の発生が多く、緊急放流する事例が増えている。緊急放流の場合、ダム下流側では、それまでは洪水調節が行なわれていたので川の水位は徐々に高くなってきたわけであるが、緊急放流になると急に水位が上昇し、避難の時間的余裕がないなどの問題が発生している。

⑱穴あきダム【写真2】

穴あきダムはダムの底部に洪水を流すための穴が空いている治水専用のダムであり、流水型ダムとも呼ばれている。穴の大きさは1辺1・3～5mの四角の穴が多い。洪水になると、流量が小さい間は穴から自由に流れるが、穴で流しきれない流量になると洪水調節が始まり、ダム上流に洪水がたまりはじめ、次第に水位が上昇していく。水位の上昇とともに圧力がかかり、穴から出ていく流量も多くなるが、洪水が次第に低減してくると、貯水位も下がり、穴から出ていく流量も減ってくる。このように自然に洪水調節を行なうダムであり、その想定する最大洪水流量と調節したい流量によって穴の大きさが決められる。ゲートがないので人為的操作がなく、ゲート操作の失敗などはないことに特長があるが、穴が流木や土石で塞がる危険性はある。

穴あきダムは、普段は上流からの流量がそのまま下流に流れるので、魚類の遡上や降下を妨げないといわれている。しかし、現実には堤幅が広く、また流水量の少ない時期などコンクリート上の薄い流れとなり、それが難しいことが多く、それぞれのダムの条件で異なってくる。また、洪水も自然に流下していくので、貯水池に土砂が溜まらないといわれているが、洪水時に水位が上昇してダム上流に貯水されると、ダム湖の末端付近は流速が低下して土砂が堆積することになる。

穴あきダムは当初砂防ダムなどに採用されてい

たが、本格的な穴あきダムは2005年に完成した島根県の益田川ダム（堤高：48m、穴のサイズ：H〈高さ〉3・4m×W〈幅〉4・45m×2門）が最初である。その後、利水目的が消失して治水専用となって、穴あきダムに計画変更されるダムが多くなっている。たとえば、山形県の最上小国川ダム（同41・0m、同H1・6m×W1・7m×2門、2020年完成）、福井県の足羽川ダム（同96m、現在建設中）、長

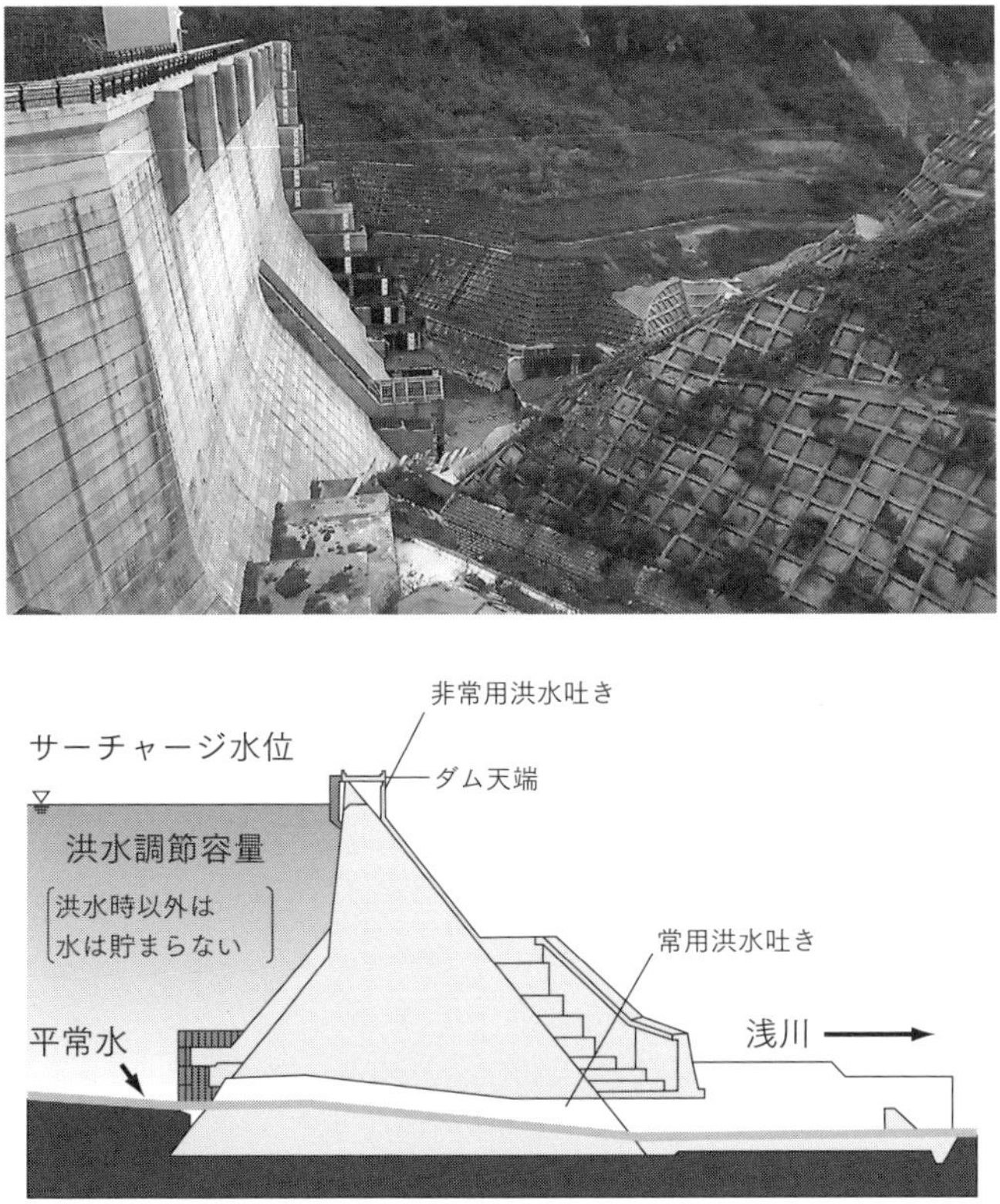

写真2　浅川ダムの上流側写真とその断面図
浅川ダムの洪水吐きの穴の大き：H1.45m × W1.3m
撮影：大熊孝、図出典：『長野県浅川ダムパンフレット』

野県の浅川ダム（同53m、同H1・45m×W1・3m、2017年完成、156頁参照）、石川県の辰巳ダム（同51m、H2・9m×W2・9m×2門、H4・5m×W4・5m×1門、2012年完成）、熊本県の立野ダム（同90m、同H5m×W5m×3門、現在建設中）などがあげられる。なお、（社）土木学会編『土木用語大辞典』（技報堂出版、1999年）には「穴あきダム」は収録されておらず、最近になって登場したダムであることが分かる。

番外――水害調査心得【写真3】

私は今まで多くの水害調査をしてきた。そのたびに水害をどう軽減したらいいのか、多くを学ばせてもらった。その水害調査に臨んで、私が注意してきたことを書いてみる。第4章で書かれていることは、この調査心得をもとに調査した結果である。

これから、水害調査をされる若い人の参考になれば幸いである。

2万5千分の1地形図入手＝どこかで水害が発生したというニュースを聞いたら、まず、その地域の2万5千分の1地形図を手に入れ、水害発生場所を確認する。地図は、大きな書店に行けば手に入るが、全国すべてのところを網羅している店は限られている。私は、かつては地図専門店を利用していたが、今はジュンク堂を利用している。もっとも、最近はインターネットで簡単にデータを取得できるので、便利になった。

明治時代の地形図は開発履歴を知るうえで有効＝次に、できるだけ古い地形図を手に入れる。これも最近ではインターネットで手に入るようであるが、明治時代の5万分の1地形図であれば、国土開発の進む前の、江戸時代以来の自然な状況を確認できる。現在の地形図との比較で、水害を受けた地域がどのように発展してきたかが理解でき、「本家の災

写真3　安達太良川での越流状況の判別（2019年11月2日）
この写真は2019年10月13日に台風19号豪雨で氾濫した福島県本宮市の安達太良川に約20日遅れて調査に行って撮影したものである。左手が上流で、右手が下流である。右岸の堤防天端のススキは倒れておらず、越流していないことが分かるが、堤防天端が泥で汚れており、水が越流しそうになったことが判断できる。対岸の左岸はススキなどの草が倒れており、越流したことがはっきりと確認できる　撮影：大熊孝

害」か「分家の災害」かの予想がつく（第3章66頁参照）。

報道や河川事務所などから情報収集＝可能なかぎり、新聞報道などから水害の状況を入手する。雨量や川の流量、水位が分かれば、それを入手する。これも最近では国交省の河川事務所や県の土木事務所のインターネットからかなりの情報を得ることができる。

水害・改修履歴を探す＝水害を起こした川の流域面積や基本高水、計画洪水流量などを収集し、その川の水害履歴や改修履歴を探す。最近では、行政のホームページである程度探すことはできるが、詳しくは水害を起こした地域の郷土史や河川改修史などに書かれているので、それを入手する。郷土史は、東京大学の図書館であれば全国の郷土史が蔵書されているが、水害調査に行ったとき、その地域の図書館に行けば、閲覧することができる。

できるだけ早く現場へ向かう＝以上のような準備のもと、現地に赴くことになるが、できれば水害発生直後に現地調査に入りたい。いろいろな都合で、

時間をおいて調査に入ることもあるが、現地で水害状況を肌で感じることが重要であり、現地調査なくして発言権なしである。

聞き込み調査での留意点＝現地では、被害に遭った人などを中心に聞き込み調査を行なう。その際、まず、被害に遭われた方は、関係者に亡くなられた方もおり、また復旧に忙しいので、そのことに十分配慮しながら、水害の発生状況を教えてもらう。

ただ、住民からの聞き込みで注意すべきことは、その人が経験しなければ語れないことを聞き分けることである。近年では、少し遅れて調査に入ると、すでにさまざまな報道などで先入観や特殊な専門用語が入っていたりするので、住民の意見とはいえ鵜呑みにしないことが必要である。さらに、行政担当者の説明も、潜在的に水害の責任を回避したいという思いがあり、消極的な発言になるので、そのことに留意する必要がある。

破堤状況の確認＝堤防が切れた場合、越流破堤なのか洗掘破堤なのか、その破堤状況とその発生時刻を確認しておくことが重要である。とくに堤防が一気に壊れたのか、時間をかけて徐々に壊れたのか、またその発生が昼間であったのか夜間であったのかなどに注意しておく。被害の状況は昼間か夜間かで大きく異なる。のちに水害裁判などで利害が絡んでくると、水害発生状況について証言が異なってくることもあるので要注意である。近年ではスマートフォンによる写真や録画もあり、それらを譲り受けておくといい。

草の倒れ方にも注目＝堤防が切れて氾濫した場合、流水がどう流れたかを、草などの倒れ方から確認しておく。1、2週間遅れて調査に入ると、倒れた草が元に戻っており、流水の流れた方向が確認しにくくなる。（写真3参照）

水防活動の実施状況を知る＝水防活動がどのように行なわれたかを確認しておく。多くの場合、堤防の上に土嚢を積んだ跡などが残されている。その水防活動がどのように始まり、どこまで洪水に対応できたかを聞き込んでおく。

被害の詳細はどうだったのか＝被害状況を、床下浸水、床上浸水、半壊、全壊などに注意しながら調査する。とくに死者が出ている場合は、どういう状況で発生したのかを確認しておく。また、浸水痕跡が壁などに残されているので、それを確認しておく。

被害は家屋の築造年で異なることが多い＝被害状況は、古い家と新しい家では異なることが多い。古い家では、過去の経験から土台を高くして、水害に遭わないような工夫がされていることが多い。

浸水に人々はどう対応したか＝家が浸水した時、家族はどのように対応したかを確認しておく。私の若い頃の調査では、家が流されたり、壊されたりしないかぎり、男手は家に残っており、水の引きぎわに箒《ほうき》で氾濫水を攪拌して、泥やゴミが床上に残らないようにしていた。今では、家族全員で避難して、水が引けた後に戻ってきて、床上に泥が数十㎝もたまっており、その除去に難渋していることが多い。災害後は、さまざまな清掃のため水道使用量が急増するので、水道担当者は要注意である。昔は、自分の住んでいるところの自然条件を理解して、命を落とすようなことがないかぎり、避難などは自分で考えていた。今は、行政の指導のまま、避難している。しかし行政も万能ではなく、避難場所が浸水している場合もある。

昔と今で異なることは、１９９５年の阪神大震災以降ボランティア活動が盛んになったことである。このお陰で、床上にたまった泥の排除が事後でもなんとか処理できるようになっている。

また、稲が冠水した場合、穂ばらみ期でなければ、少々冠水しても稲は生きているが、泥でまみれると収量は激減する。昔の農民は、氾濫水位が低下していくときに、稲の穂をゆすって泥を落として、被害をできるだけ減らすことを行なっていた。最近では、兼業農家のせいもあるが、このような活動はほとんど行なわれなくなっている。

水害と開発との関係＝水害地の開発と被害の関係性を見抜く。これは経験を積まないと難しい。たとえば、鉄道と道路では、おおむね鉄道は浸水しないが、道路は浸水する場合が多い。それは、明治時代に鉄道路線を決めるとき、ていねいな調査のもと、氾濫地域であったとしても、鉄道が浸水しないように盛土したり、路線選定に気を使ってきたからである。しかし、宅地などの開発とともに、その地盤高に合わせて道路が造られることが多く、宅地とともに道路が浸水していることが多い。

浸水地域の土地利用歴は＝近年の水害では、かつて氾濫地域であったところが、無防備に市街地開発されたところが浸水に遭うケースが多い。かつて、その浸水地域がどのように使われていたのかに注意する必要がある。多くの場合、元は遊水地であったりする。また、霞堤が締め切られ、氾濫水の逃げ場がなく、古い家屋でも浸水していることもある。

ダムはどのように機能したか＝水害地の上流にダムがある場合、ダムがどのように機能したのかを確認する。一般的にダムができると「もう安全である」というダム神話が生まれるが、多くの場合、ダムの洪水調節機能には限界がある。ダムがあっても下流で水害が発生したり、ダムの操作による急激な放流で避難できなかったりすることがある。ダムに対して全幅の信頼をおかずに調査に入ることは心得として重要である。

河道の洪水痕跡への注目＝河道の洪水痕跡は、ゴミが樹木に引っ掛かっていたり、堤防法面に残されているので、それを確認しておく。

役場や河川事務所への確認＝最後に、水害地の市町村役場に行って、浸水家屋数や氾濫面積など、被害の全容を教えてもらう。また、一級河川の場合は国交省の河川事務所、二級河川の場合は県の土木事務所などで、公共物の被害状況を教えてもらう。

なによりも大切な被災者の尊重＝以上の調査は、死者が出ないように、水害を可能なかぎり軽減することを目標に行なうものであり、被災者の立場を尊重して行なうことが肝要である。

II

水害の現在と治水のあり方

第４章

近年の水害と現代治水の到達点

近年の水害で最も問題であるのは、床上浸水で寝たきり老人が逃げられずにそのまま溺死することである。これを強く意識させたのが２００４年７月の新潟水害であった。その後、２０１６年８月の岩手県小本川水害、２０１８年７月の西日本水害、そして２０１９年10月の台風19号水害などで多くの老人が寝たきりのまま溺死している。想像してほしい。ひたひたと水が押し寄せてくるなかで、逃げる手立てのないまま水位の上昇とともに溺れるのである。どんなに苦しいか、どんなに悔しいか、どんなに悲しいか、長く生きた人生をこんなかたちで息絶えねばならないのである。こんな地獄を誰が出現させてしまったのか？　それが問われなければならない。

むろん、前述した共同体的段階での対応ができず、水害時に老人を避難させられないということに問題があるのかもしれない。しかしその前に、そんな浸水が起こりうるところに老人を住まわせて、何ら対策がなされていないということに問題があると言わねばならない。たしかに家を建てることは私的問題である。だが、そのような場所を開発し、建築許可を出したということにおいて、公共的段階においても問題がある。このような事態をどうして引き起こしてしまったのか、強く反省する必要がある。
まず、そのはしりであった２００４年の新潟水害から、最近の水害の実情を見ていこう。

—１— ２００４年７月　新潟水害と福井水害

破堤と越流による被害の違い

２００４年7月13日、新潟では信濃川の右支川で越後平野に流れ出す刈谷田川（流域面積約２４０㎢）と五十嵐川（同約３１０㎢）の流域を中心として集中豪雨があり（図４－１参照）、３００㎜以上（30時間雨量）降った区域が１０６５㎢にも及んだ。この雨量の発生確率は３００年に一度といわれたが、この豪雨で両河川とも大洪水になった。

各所で堤防越流や破堤があり、三条市（五十嵐川の信濃川合流付近）と中之島町（刈谷田川左岸地域）を中心に、死者15人、全壊家屋30棟、半壊家屋１２９棟、床上浸水家屋６９００棟、床下浸水家屋６３３２棟、非住家（公共施設など）被害６９００棟、氾濫面積53㎢という大きな水害が発生した（図４－２参照）。死者の15人のうち、12人が70歳以上、13人が溺死であり、寝たきりのままや階段途中で溺死している者がいた。刈谷田川、五十嵐川ともに、第一番に守るべき家屋密集地点で急激に越流破堤して、強い氾濫流で家屋を壊し、避難する時間的余裕のない状況で死者を出したのであった。

刈谷田川の事例を見ると、写真４－１のように、４００年前に立地していた寺院が、厚さ１ｍのコンクリートベタ基礎がひっくり返る状態で全壊していた。破堤箇所は川が右方向に向かって大きくカーブして、遠心力によって右岸側に大きく越流していたが、左岸側にも水が溢れて、その左岸堤防が破堤した。高さ5m程度の堤防だが、一気に壊れたもので、その破壊力は3・11の東日本大震災の津波と同じと考えていい。仮に一気に破堤せずゆっくり越流破堤した場合は、破壊力も小さく、氾濫量も少なく、床上浸水になってもそれほど深くならず、死者もほとんど出ない。

この2004年7月の豪雨では、この前線が南下して、同月18日に福井県の足羽川でも左右岸が越流氾濫して、福井市街地が大きな被害を受けた。しかし、破堤したのは左岸の春日地点の1か所だけであった。この破堤の仕方は、一気に壊れないで、90分ほどかかって徐々に破堤していった。

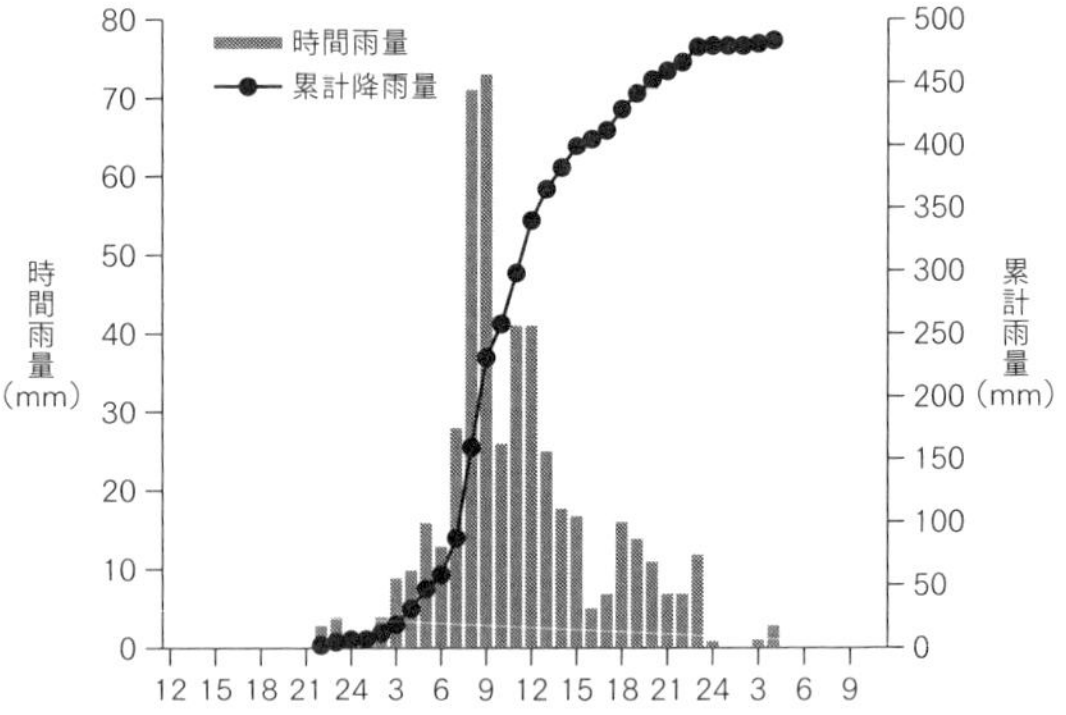

図4－1　五十嵐川上流笠堀ダム地点の時間雨量
出典：新潟県提供

図4－2　五十嵐川・刈谷田川の破堤氾濫概要図
出典：新潟県提供

写真4－2をよく見てほしい。堤防が徐々に削られ、壊れかかっているのが分かるであろう。新潟のように一気に壊れたのと比較して、90分かかって壊れたので破壊力が小さく、氾濫量もかなり少なくなった。実際この破堤箇所の脇の家は全壊ではなく半壊で、氾濫量も少なく、堤防脇の家は床上浸水になったが、床上10㎝程度でおさまっていた。この程度の浸水であれば、寝たきり老人でも枕をあてがえば溺れることはないのである。実際、福井水害では死者は出ていない。堤防が壊れるにしても、ぐずぐずゆっくり壊れるか、急に壊れるかで被害程度が全く異なるということである。堤防を造るとき、こういうことに十分配慮して設計すべきである。

写真4－1　新潟水害・刈谷田川中之島（左岸）の破堤
上：破堤直前、下：破堤直後
撮影：石橋栄治

写真4－2　福井水害（7月18日）足羽川左岸・春日破堤地点
出典：朝日新聞社

写真4－3　新潟水害で被害のなかった水倉と被害が出た工場（三条・曲淵）　撮影：大熊孝

ところで、刈谷田川では400年前に立地した寺院が破壊したので、これは「本家の災害」で〝天災〟とみるべきなのか？　残念ながら、この破堤はやはり〝人災〟に分類せざるをえないのである。実は、刈谷田川では、かつて上流でしばしば破堤氾濫しており、この寺院付近の堤防は壊れたことはなかった。上流での破堤氾濫を繰り返すなかで、護岸され、堤防が強化され、破堤しなくなってきた。その結果、下流まで大きな洪水が流下するようになり、この寺院地点で破堤するに至ったということである。良かれと思って行なわれた上流での河川改修工事が、結果的に下流の洪水を大きくし、被害を大きくしたという矛盾である。私が学生時代に、高橋裕の「河川工学」の講義で教わった、「河川改修すればするほど、洪水流量が増え、被害が大きくなる」という典型事例である。

ついでに写真4－3を見てほしい。ここは五十嵐川左岸地区で大きな氾濫を受けたところである。写真奥の3階建てコンクリートの建物は石油ストーブで有名な会社の工場であるが、1階が完全に水没して、数十億円という被害を出した。しかし、右に建っている民家は、土盛りをした水倉《みずくら》（他水系では水屋《みずや》、水塚《みづか》などと呼ばれている）であり、玄関先に水が少し来ただけで、被害はなかった。この五十嵐川左岸地区は、江戸時代から何度も氾濫を受けてきたところであり、古くから立地していた家は、このように土盛りをしており、被害を受けない構造となっているのである。この水害は、「本家の災害」でなく、「分家の災害」と言わざるをえないのである。

ダムの治水機能の限界

刈谷田川の上流には刈谷田川ダム（支配流域面積24・0㎢、洪水調節容量３２５万㎥）、五十嵐川上流には笠堀ダム（同面積70・0㎢、同容量８７０万㎥）と大谷ダム（同面積56・2㎢、同容量１３７５万㎥）が存在していた。これらのダムは水害軽減に役立ったのかどうか？　このダム群の洪水流入・放流操作記録を図化したものが、図4－3である。この図は横軸に時間がとってあり、縦軸は右が流量（㎥／s）、左が貯水位（m）になっており、ダムへの流入量と放流量、そしてダムでの貯留状況が時間を追って知ることができる。

　ダム地点と破堤地点の距離は、五十嵐川の場合は2ダムとも約26㎞、刈谷田川の場合約30㎞であり、洪水到達にそれぞれ2時間半、3時間はかかると思われる。破堤はいずれも13時頃であり、ダムではその2時間半前、3時間前には流入量に対して放流量はかなり絞られており、洪水調節機能は果たされており、下流の氾濫量を軽減したといえる。

　しかし、多くの被災者から「ダムがあるのにどうして水害になったのか？」、とくに五十嵐川では「2つもダムがあり、もう洪水は起こらないものと安心していたのに…」と疑問が多く寄せられた。こうした疑問はダムの機能を過大評価していたことの裏返しであり、ダムの威容やダム建設時の説明などに過大評価を招く要因があったものと考える。ダム地点の洪水を全量ため込めるわけではなく、ましてやダムの下流で起こる洪水まで貯留することはできない。ダムの治水機能には限界があることを、ダム下流の住民は理解する必要がある。

　ダムの洪水調節機能を、それぞれの川で発生した全洪水量に対する貯留率を概算すると、五十嵐川で20％、刈谷田川で4％以下であった。とくに刈谷田川の場合、図4－2に見られるように見附市の平野部に出る前でかなりの破堤氾濫があった。これらの破堤氾濫の時刻を特定することはできなかったが（おお

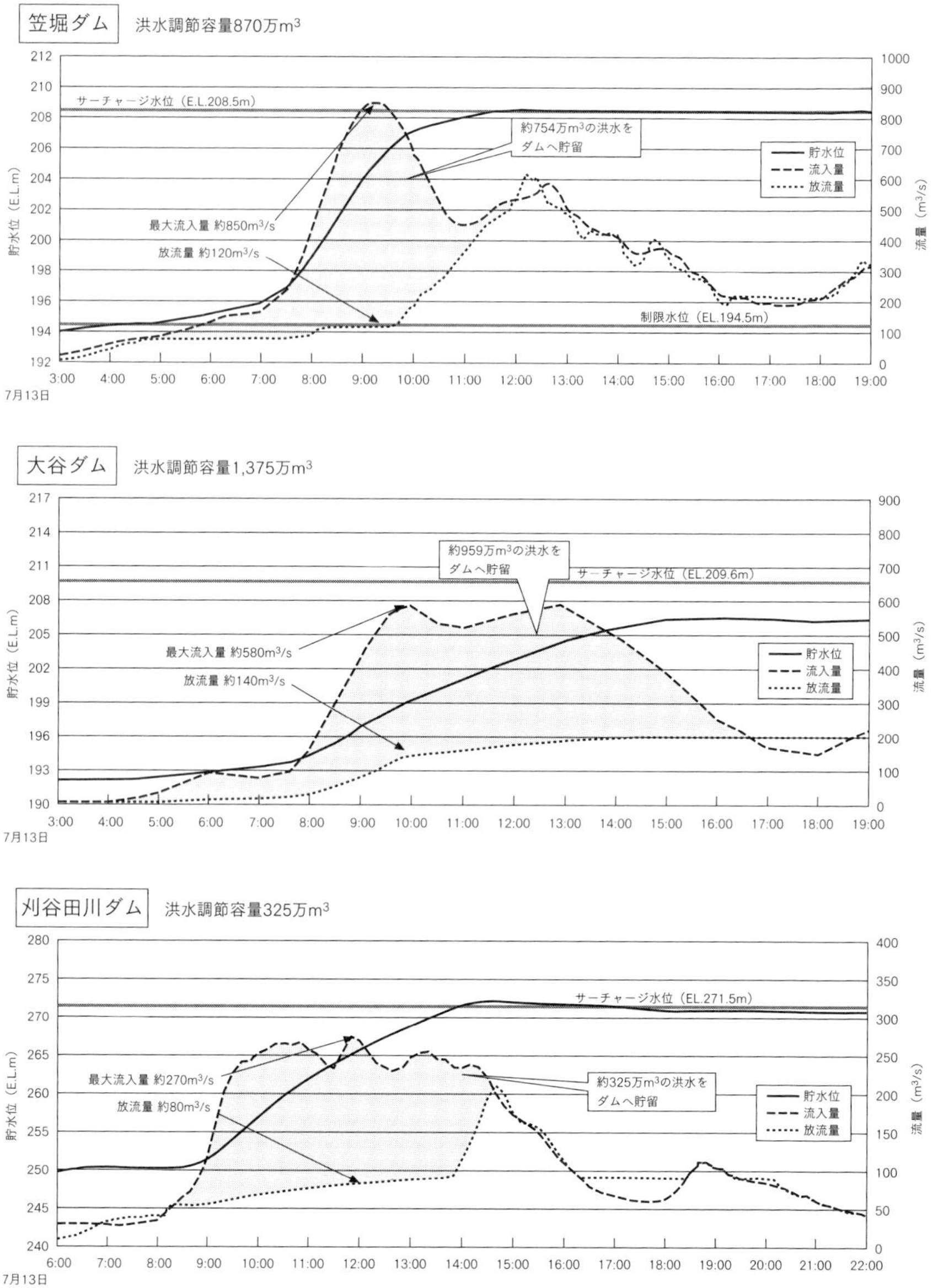

図4－3　2004年7月13日洪水における笠堀ダム、大谷ダム（五十嵐川）、刈谷田川ダムの流入・放流関係図
出典：新潟県提供

むね11時00分頃から12時30分頃）、この氾濫はその下流にとってはダムと同じような洪水調節効果がある。この氾濫の時間帯によっては、刈谷田川ダムでの洪水調節は下流の破堤地点から見れば帳消しになっていたかもしれない。要は、計画を大規模に超える洪水の場合、ダムによって水害が少しは軽減されたかもしれないが、防ぎきれなかったということであり、その限界は明確に認識しておくべきである。

とくに、大谷ダムの場合、洪水調節容量は１３７５万㎥であるが、ゲート操作をしない自然調節方式であり、約９５９万㎥を貯留したが、満杯にならず、約４００万㎥の余裕を残していた。刈谷田川ダムの洪水調節容量よりも多い量が使われなかったことになる（図４－３参照）。また、大谷ダムの計画上の流入ピーク流量は７９０㎥／ｓであるが、今回の最大流入量は５８０㎥／ｓであった。降雨は計画をかなり上回っていたが、ピーク流量や総流出量は計画の１００年確率流出計算値より小さいことになる。さらに、五十嵐川の基《き》本《ほん》高《たか》水《みず》（予備知識・川の専門用語⑫参照）は１００年確率で３６００㎥／ｓであるが、今回のピーク流量は、ダムの調節がなく、氾濫がないとした条件下で、約２６００㎥／ｓと解析されており、降雨規模と流出規模で齟齬があるといわねばならない。今後、流出計算の精度を高める必要があると考える。要は、全流域に対して支配面積の小さく、洪水調節容量も小規模なダムでは、治水機能に限界があることを肝に銘ずべきである。

なお、これらのダムの１００年間の計画堆砂量に対する堆砂率を見ると、２００４年7月洪水後で笠堀ダム92％（完成後40年）、大谷ダム34％（同11年）、刈谷田川ダム１０７％（同24年）であり、いずれ土砂で満杯になることを考えると、長期的にはダムに依存する治水から脱却することが求められる。

２００４年から7年後の２０１１年7月末、五十嵐川と刈谷田川のほぼ同じ流域に累計３００㎜以上の雨が約６０００㎢にわたって降るという豪雨が再来した。２００４年に３００年確率だといわれたが、それをはるかに超える雨量が降ったのである。このとき、新潟で一番多いところで２０００㎜（76時間雨量）ほど降って、新潟もついに紀伊半島並みの降り方になったと思った。地球温暖化による気象の変化は受け入れざるをえないと思った次第である。このときの被害は五十嵐川の未改修区域の上流で被害が出たが、２００４年後の災害復旧で行なわれた河道改修や遊水地の設置、そして堤防強化のおかげで越流しても破堤せず、２００４年7月のような大きな被害にはならなかった。未曾有の豪雨であったが、適切な対応がとられていれば、大きな被害に至らないということである。

ダムによる堰上げの影響

なお、この２０１１年7月の豪雨は福島県の只見川沿いにも大きな災害をもたらした。この水害に関しては、被害者20人が原告となって、東北電力株式会社と電源開発株式会社を被告として損害賠償裁判を起こしたが、２０１９年3月15日の判決で原告が敗訴となり、ダムの設置者にはお咎めはなかった。しかし、河川法第44条の１（１１９頁参照）では、ダム設置者に対してダムを造る前の〝従前の河川の機能を維持する〟ことが義務付けられている。

細かい議論をすれば膨大になるので、私の感想を簡単に述べておく。只見川には図２－１のように発電専用ダムばかりで、洪水調節用ダムはないが、この被害は発電用ダム群による洪水の堰上げ現象が影響したと考えている。仮に、これらのダム群が造られていなければ、まず、鮭や鮎が遡上・降下していたはずである。このことは水害と直接的な因果関係はないので、ここでは問わないこととするが、ダムがなければ洪水は自然に流下し、被害はほとんど発生しなかったと私は考えている。

ダムができて、洪水時の水位はダムの高さの分は少なくとも堰上げられており、土砂堆積で河床も上昇しており、河川法第44条の１にいう「従前の機能」が維持されていたとは私には思えない。判決文では、深読みすれば、ダムがなくとも時間の経過で土砂が河床に堆積し、洪水位が高くなったと考えているようであるが、只見川の場合、その谷の形成から見て、河床は侵食傾向にあり、土砂の堆積はほとんどないものと考えている。私の目からすると、裁判官には「国家の自然観」しかなく、「民衆の自然観」への配慮はほとんどないものと言わざるをえない。

> 河川法第44条の１
>
> ダム（河川の流水を貯留し、又は取水するため第26条第１項の許可を受けて設置するダムで、基礎地盤から堤頂までの高さが15メートル以上のものをいう。以下同じ。）で政令で定めるものを設置する者は、当該ダムの設置により河川の状態が変化し、洪水時における従前の当該河川の機能が減殺されることとなる場合においては、河川管理者の指示に従い、当該機能を維持するために必要な施設を設け、又はこれに代わるべき措置をとらなければならない。

—２— ２０１１年９月　台風12号による紀伊半島・相野谷川水害

２０１１年９月２日から４日にかけて、台風12号によって紀伊半島でも未曾有の豪雨があった。３００㎜以上降った地域が１万㎢を超え、最も降ったところは３０００㎜（１４４時間雨量）にも達していた。紀伊半島ではそれまで２０００㎜ぐらいの雨は時々降っていたが、３０００㎜に達するようになった。これも

写真４－４　2011年９月台風12号、熊野川支川相野谷川・高岡輪中の災害
左：高岡輪中を相野谷川右岸から望む、右：崩壊した輪中堤
図出典：新潟日報2011年９月７日（水）朝刊、撮影：大熊孝

温暖化によるものかもしれない。これによって、熊野川・那智川などが大洪水になるとともに、山間部で急性地すべりが多発し、川を塞き止め、天然ダムが出現した。その全容を調査することはできなかったが、新宮《しんぐう》近くの熊野川左支川相野谷川《おのだにがわ》の高岡輪中の水害を見ることができたので、それについて報告しておこう。

まず、写真４－４を見てほしい。これは紀宝町高岡の高さ９・４ｍの輪中堤が壊れ、中の集落の家が壊された状況である。この輪中堤は、コンクリートのパラペット形式で、強化プラスティックの窓まで付けられた堤防である。私としてはこんな高価な堤防を見るのは初めてであった。この水害に関する報道記事を見て、早速2万5千分の1の地形図で位置を確認しようとしたのであるが、私の持っていた１９９０年修正測図の地形図にはこの集落は記されていなかった。普通、輪中堤というと古い集落を囲ったものが多いのであるが、ここは平成になって宅地開発され、２０１１年の水害を経験したのである。

この相野谷川の洪水は谷平野一杯に流れ、山裾に石垣で高く作られた家まで床上浸水しており、水田を宅地に変えた写真４－４の集落では、当然にも高さ９・４ｍの輪中堤を越流して堤内に洪水が入り、完全に水没したのであった。この輪中堤は川側の外水（予備知識・川の専門用語⑦参照）の水圧に対しては壊れないように設計されていたが、外水が低下すると、堤内の水が吐けないので、内側から水圧がかかり、パラペットの堤防が転倒して、その引き水で家まで破壊したということである。

私が調査に訪れたときは水害から約50日たっていたが、ここの集落には誰も住んでおらず、廃墟となっていた。様子を見に来ていた住民に聞いてみたところ、もうここには住めないと語っていた。要は、氾濫地帯に強引に住宅街を造ったが、20年余りで廃墟にしてしまったということである。こういう開発を見ると、開発をした者も、それに許可を与えた者も、そしてそれを知らずに購入した者にも、すべてに責任があるように思う。

実は、この相野谷川では１８８９（明治22）年に、今回の水位よりさらに高いところまで氾濫した洪水を経験しているのである。山沿いの石垣屋敷の住民にたずねたところ、１８８９年の氾濫水位のほうが今回よりさらに１ｍぐらい高かったと親から聞いたことがあるとのことであった。そうした土地の記憶をきちんと検証して、開発をしていればこのようなことにはならなかったはずである。現状では、土地を購入し家を建てたものだけに被害の責任が押し付けられている。行政は責任分担で、何とか少しでも補償すべきでないかと考える。

過去の経験を無視したという点でこれと同じようなことが、２０１１年3月11日の東日本大震災における福島第一原発事故でもあったことは肝に銘じておかねばならない。すなわち、８６９（貞観11）年の貞観地震で東日本大震災と同じような津波を経験しており、それに配慮して原子力発電所を造っていれば、あのような事故は発生しなかったのではないかということである。貞観地震に関する情報は前もって研究され、知らされていた。しかしそれを無視したため今回の事故を招いたのである。われわれは、目先の対応に追われ、１０００年に一度発生するような事象に対する歴史的時間感覚を忘れていたのだ。近代的科学技術が真理探究型学問に傾倒して、時間軸を尊重する関係性探求型学問が疎かになっていたといえる。

なお、この相野谷川水害で驚いたことがある。それは床上浸水した家に泥がほとんどなかったことだ。普通、川が氾濫して床上浸水すると、水が引いたあとの床に20～30㎝の厚さで泥が堆積しており、その除去に難渋するものである。前述のように、床上浸水の経験があるところでは、男手は避難せずに残り、水の引き際に、箒で水をかき回し、泥を引き水とともに排除する知恵をもっている。しかし、ここは新興住宅地で、そのような知恵をもっているわけでもないのに、泥がないのである。ということは、洪水はほとんど泥を含んでいなかったということになる。

２０００㎜を超え、３０００㎜に達する豪雨があり、その水が川に出てきたのであるから谷平野が完全に水没するのは当然と考えられるが、泥がないということは雨のほとんどが地表を流れずに、地中にいったん浸透して湧き出てきたとしか考えられない。仮説であるが、それは結局森林がきちんと生育しており、この流域では山の崩壊がなかったと考えるしかない。しかし、その後現地調査をすることができず、この仮説は検証されず、そのままとなっている。誰か若い方が解明してくれることを期待している。

―３―　２０１５年９月　利根川水系鬼怒川の破堤

２０１５年９月、利根川水系の重要河川である鬼怒川の真上に図４－４のような線状降雨帯が発生した。24時間雨量で、鬼怒川上流の五十里地点５５１㎜、日光の東にある今市地点５４１㎜を記録し、流域平均雨量（9月8～10日の72時間雨量）で５０２㎜という観測史上最多の豪雨となった。この豪雨による洪水で、９月10日午後12時50分頃には茨城県常総市三坂地点（利根川合流点から上流21㎞）で鬼怒川左岸が破堤した。また、若宮戸地点（同25㎞）の左岸の無堤箇所から午前6時過ぎ頃から洪水が溢れ氾濫した。利根川水系の破堤は、鬼怒川の東を流れる小貝川が１９８６年に破堤して以来、29年ぶりのことであった。

この洪水氾濫で常総市の約３分の１（40㎢）が浸水し、死者２名、建物被害は全壊53棟、大規模半壊１４５８棟、半壊３５２５棟、床上浸水１７１棟、床下浸水３０５５棟にのぼった（国交省関東地方整備局『平成27年9月関東・東北豪雨』に係る洪水被害及び復旧状況等について」２０１５年12月25日）。

ここの氾濫の問題点は、鬼怒川の治水計画を踏まえると非常に複雑であるが、三点に限って述べておこう。

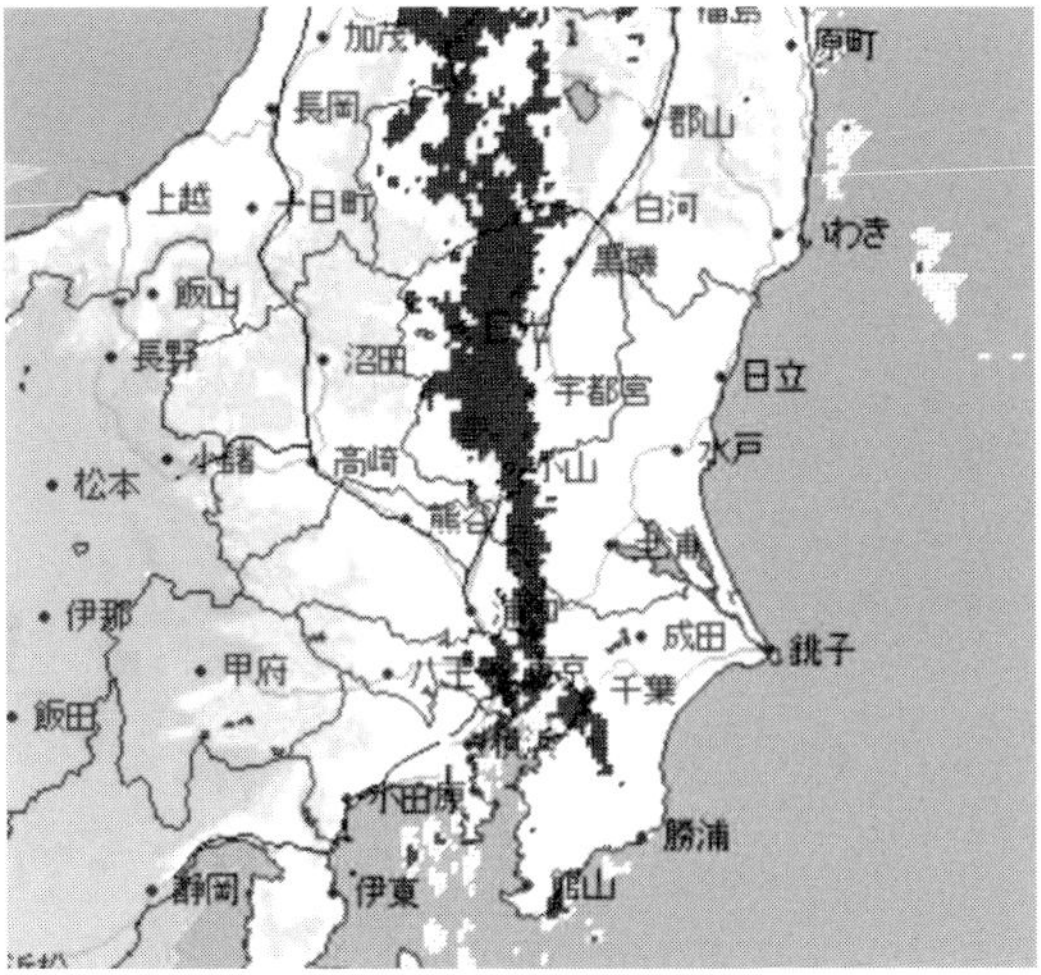

図4－4　2015年9月鬼怒川災害線状豪雨
出典：インターネットから

第一点は若宮戸地点の氾濫についてである。実はここには自然に形成されたいわゆる自然堤防（予備知識・川の専門用語③参照）が約１㎞にわたってあり、人工の堤防が造られていなかったところで氾濫が発生した。しかもその自然堤防は河川区域に指定されておらず、２０１４年３月頃から民間企業によってソーラーパネルが設置され、その際、自然堤防が大幅に削られたという。周辺住民や常総市からは対策の陳情がなされ、高さ１・６ｍの大型土嚢が積まれ、自然堤防の最も低かったところの高さ程度までには応急的な土嚢堤防が造られてはいた。しかし、ここから越流氾濫したのである。自然堤防が河川区域に指定されていなかったこ

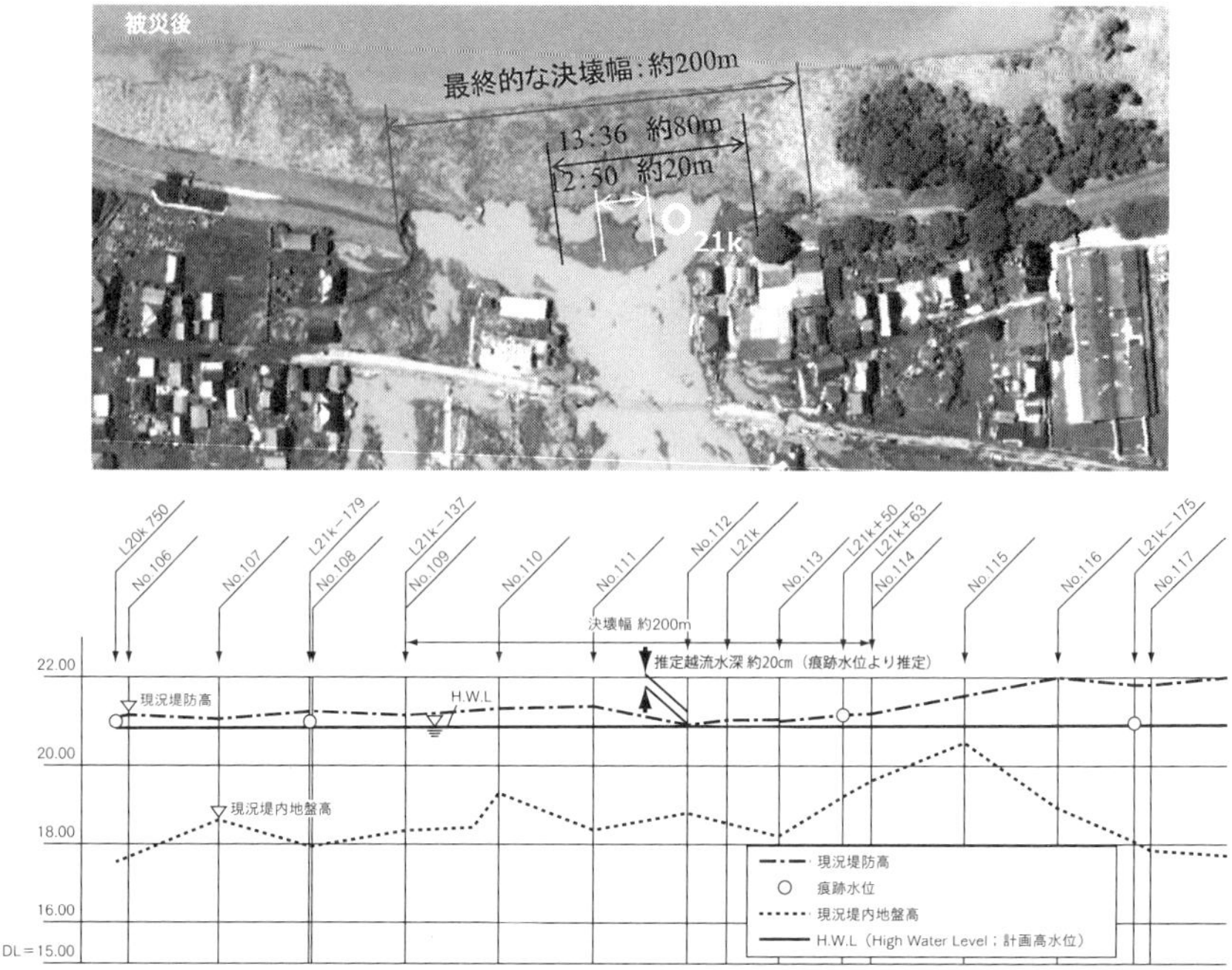

図4－5　鬼怒川常総市三坂地点破堤状況図
出典：国交省関東地方整備局「第1回 鬼怒川堤防調査委員会」（2015年9月28日）16頁、19頁

とも不思議であるが、その掘削にともなって、当然通常の堤防が造られるべきであったが、それがなされていなかったのだ。

　第二点は、下流の三坂地点の破堤であるが、図4－5のようにこの地点の堤防が前後と比較して低く、ここから20㎝ほどの水深で越流が起こり、最終的には約200mに及ぶ大破堤に至った。鬼怒川の下流部（利根川合流点から上流25㎞地点から利根川合流点までの区間）は、もともと川幅が300m程度と狭い区間であるが、河川改修工事が進んでおらず、堤防の整備も遅れていた。さらに、この破堤地点が地盤沈下などで低くなっていたというのだ。堤防が低いことは当然認識されていたことであり、ここだけでも早急に高めておけば今回のような水害にはならなかったはずである。なお、この下流部の河川改修工事の総予算は３２８億円であり、２０００年から２０１５年の間に約２２８億円が投入されていたが、破堤地点には改修工事が進んでいなかったのである。

第三点は、ダムの洪水調節機能についてである。鬼怒川の上流には、五十里ダム（鬼怒川支川男鹿川、流域面積２７１・２㎢、洪水調節容量３４８０万㎥、１９５６年完成）、川俣ダム（流域面積１７９・４㎢、洪水調節容量２４５０万㎥、１９６６年完成）、川治ダム（流域面積３２３・２㎢、洪水調節容量３６００万㎥、１９８３年完成、川俣ダムの下流にある）、湯西川ダム（男鹿川支川、流域面積１０２㎢、洪水調節容量３０００万㎥、２０１２年完成。五十里ダムの上流にある）の4ダムが完成しており、この4ダムの洪水調節容量は合計1億２５３０万㎥に達している。これらのダムで洪水調節は当然行なわれ、おおむね鬼怒川と男鹿川の合流点（川治ダムと五十里ダムのすぐ下流で鬼怒川と男鹿川が合流する）でピーク低減量は２０００㎥／ｓに達したと計算されている。しかし、下流の三坂地点での実際の水位低減効果は30㎝程度であり、破堤氾濫を防ぐことはできなかったということである。

なお、湯西川ダムは、鬼怒川上流で最も新しいダムである。五十里ダムの上流に重複して造られ、１９９８年着工で２０１２年に総額１８４０億円で完成している。この総額のうち治水負担分は１１４４億円とのことである。ここで注意しておきたいことは、ダム建設工事費より、河川改修工事費のほうがかなり安いということである。五十里ダム、川俣ダム、川治ダムの完成は古く、工事費の比較はしにくいが、湯西川ダムは河川改修工事が行なわれているほぼ同時期に建設されており、ダム建設のほうに巨費が投じられていることが分かる。

河川改修工事とダム建設工事の比較は後述するとして、ここで指摘しておきたいことは、自然堤防への認識が甘く、きちんとした対策が取られていなかったこと、そして、堤防の低い箇所が部分的にあるにもかかわらず、その嵩上げがなされていなかったことである。この両者への対策費用は総延長が１㎞程度であり、数億円もあれば可能であったと考えられる。

私は川の土木技術者として、この鬼怒川の破堤は、堤防が低いままになっていたことや、自然堤防という自然条件をきちんと認識していなかったことなどは初歩的なミスであり、恥ずかしいことであると思う。この破堤氾濫の被害額は常総市だけで約１４００億円といわれており、２０１８年８月損害賠償請求として水戸地方裁判所に提訴されたが、現在まで何ら責任がとられていない。そこにも問題があると言わねばならない。

—4— ２０１６年８月　岩手県小本川水害

２０１６年８月30日、台風10号が岩手県に上陸した。１９５１年に気象庁が統計を取り始めて以来初めて東北地方の太平洋側に上陸した台風であり、岩泉地点で２１１㎜（24時間雨量）の豪雨があった。岩泉町の小本川《おもとがわ》では高齢者グループホーム「楽ん楽ん」が浸水し（写真４－５参照）、９人の老人が亡くなった。乙《お》茂橋《もとぼし》（写真４－６参照）が１９９３年に造られ、それまで河川敷だったところが開発され、そこに老人ホームが立地された（図４－６参照）。この乙茂橋に流木が引っ掛かり、洪水が橋の袂の盛土部分を破って老人ホームの方に流れた。老人ホームは平屋で逃げ場所がなく、年寄りたちが亡くなったのである。「分家の災害」の典型である。

この小本川の災害では、乙茂橋にかぎらず、小本川に架かるほとんどの橋で流木などが引っ掛かり、それが原因で両脇に洪水が溢れて大きな被害が発生していた。仮に、橋があったとしても欄干がなければ、流木の引っ掛かりが軽減され、被害は格段に小さくなるはずである。橋の造り方に問題があると言わねばならない。たとえば、欄干が洪水時に外せるようになっていれば、流木の引っ掛かりは少なくなり、洪水は流下しやすくなり、それだけでも被害は軽減する。スイスでは洪水時に、欄干を外す橋や、橋全体がせり上がって高くなる事例がある。

スイスのように橋に設備を施すのは建設費が高くなるが、いわゆる潜《もぐ》り橋（潜水橋、沈下橋ともいう。写真4－7参照）にすれば比較的安く建設できる。潜り橋は、鉄筋コンクリート橋であるが、河床すれすれに低く設置され、欄干がなく、洪水時には完全に洪水をかぶってしまう構造で、潜り橋そのものは流されず、よほど大きな洪水でないかぎり破壊されることはない。潜り橋は、第二次世界大戦後の1960年頃からコンクリートが安くなったことで、山間部の橋梁に多く設置されるようになった。

写真4－5　浸水被害を受けた「楽ん楽ん」
周囲の建物は高層であるが老人ホームだけが平屋
撮影：大熊孝

写真4－6　流木が引っ掛かっている乙茂橋
撮影：大熊孝

図4－6　岩手県岩泉町乙茂の小本川河川敷開発の経緯
出典：上・国土地理院発行2万5千分の1地形図「岩泉」
下・国土地理院撮影の空中写真（2016年撮影）に一部加筆

写真４－７　潜り橋（錦川細利大橋）
撮影：大熊孝

しかし潜り橋は、洪水のたびに渡れなくなる。四万十川（高知県）や吉野川（徳島県）、錦川（山口県）などには潜り橋はよく見かけるが、その他の川では不便だということであまり造られなくなった。たしかに小規模洪水でも渡れなくなり不便であるが、四万十川などでは観光の一つの目玉となっている。それは、潜り橋はコンクリートでありながら、何となく懐かしく感じられるからであると思う。そう感じる理由は、自然と共生していることが実感させられるからではないか。

これまでも、大きな橋では橋脚の間隔や橋下のクリアランスには注意が払われ、洪水時に流木などが引っ掛からないように建設されてきた。しかしすべての橋に対してそのような対策を施すことはできない。

ところで、今から約３５０年前に、この流木対策を巧妙に施した橋が造られ、現在まで維持されてきているので、それを紹介しておこう。

それは、山口県岩国にある錦川の錦帯橋《きんたいきょう》である。錦帯橋は１６７３年に完成した全長約１９６ｍの５径間木造橋であるが、中央部の3径間はアーチ橋であり、両脇は反りのある桁橋である（写真４－８参照）。中央部のアーチ橋は径間が約35ｍあり、クリアランスが高く、ほとんどゴミや流木が引っ掛からない構造となっている。実際、この橋は１９５０年のキジヤ台風で基礎が洗われ崩壊するまで、２７７年間も洪水に流されることなく耐えてきていたのである。この１９５０年の流失後、再建されたが、木材の腐食などで

２００１年から２００４年にかけて新たに架け替えが行なわれた。この架け替えで、私は１９９７年から１９９９年まで錦帯橋修復検討委員会専門部会委員長として、橋梁の具体的な架け替え方法や練り石積み橋脚のあり方について検討した。その際、両脇の桁橋では、桁梁にホゾ穴があり、橋杭の頭部が先細りになっていたが、理由が分からないまま、それを踏襲して復元がなされたのである（写真４－９参照）。

ところが、２００５年９月台風14号で錦川は大洪水となり錦帯橋地点で約４１３０㎥／ｓの洪水が流れ、両脇の桁橋に流木が引っ掛かり破損してしまったのだ。ただし、橋杭がスポッと抜けて、反りのあるアーチ力で桁橋は流されずに済んだ。このことで、桁梁のホゾと橋杭の先端部の先細りの意味が判明したので

写真４－８　錦川・錦帯橋
撮影：大熊孝、2005年11月19日

写真４－９　錦川・錦帯橋の桁梁のホゾ穴と、先細りになっている橋杭先端
出典：岩国市錦帯橋みらい構想検討委員会「錦帯橋みらい構想」2007年3月、14頁

ある。

橋を架けるとき、川の状況や地形によって、どのような橋にするか考えるが、多くの場合、予算が乏しく、大径間でクリアランスの高い橋は造りにくい。その場合、小さな橋げたの多い、クリアランスの低い、流木の引っ掛かりやすい橋にするか、いっそのこと潜り橋にしてしまうか、もっと真剣に考えるべきであると思う。中途半端な橋を架けて大洪水時に洪水の疎通を害して大災害を受けるか、潜り橋にして小規模洪水で時々渡れなくなる不便を受容するか、そのどちらかの選択である。

現在では、台風で新幹線や電車の運行を見合わせることはしばしば発生しており、学校や会社を休まなければならないことが頻繁に発生している。洪水時も同じように考えて、時々の不便は甘受して、大災害は回避するということも十分選択肢の一つであろう。それを地域住民に提示して意見を求め、治水方針を練るべきであると考える。

―５― ２０１８年７月　岡山県倉敷・小田川水害

２０１８年7月6日（金）から7日（土）、愛媛・広島・岡山・兵庫・京都にかけて線状降水帯豪雨が発生し、土石流・山崩れ・河川氾濫が頻発し、死者２２６人、行方不明10人（8月10日時点）という甚大な災害に見舞われた。この全容を調査・研究したいところであったが、私も年をとり、病気明けで体力も資金もなく、現地調査はできなかった。だが、災害から１か月後の8月7日に、今本博健・京都大学名誉教授（１９３７〜）と嘉田由紀子・元滋賀県知事（現参議院議員、１９５０〜）の私的な合同調査に１日だけ同行させてもらい、倉敷市の高梁川《たかはしがわ》水系小田川での破堤災害を視察できた。この水害からは、歴史的観点を含め、現

写真4－10　倉敷市真備町の小田川・高馬川合流点の破堤氾濫状況
画面右側の樹木が生い茂っているところが小田川である。高馬川右岸堤と小田川左岸堤の破堤がよく分かる　出典：時事

在の治水状況を認識する重要な要素が多く読み取れるので、少し長くなるが、それについて報告しておきたい。

倉敷市の高梁川水系小田川で写真4－10のような破堤氾濫があり、約1200ha、約4600棟が浸水した。その多くの家が2階まで浸水し、51人の死者を出した。そのうち42人が住居内で溺死（1階での溺死者は22人）、45人が65歳以上であり、昼間の出来事であった。同じように老人が溺死したケースは2004年7月新潟水害や2016年8月小本川水害ですでにあったが、それらが全く教訓となっておらず、さらに溺死者数が増える結果となった。この近代文明の時代に、何でこんな死に方を強いられなければならないのか。「河川工学」を専門としてきた私は慙愧に堪えない。こうした悲劇をなくすためには、それぞれの土地の歴史を踏まえ、いざという時の対応を前もって肝に銘じておく必要がある。以下では、小田川流域の開発の歴史を振り返りながら、水害の原因について見ていきたい。

小田川水害の特徴

倉敷市の小田川流域の水害も、たしかに近年稀にみる異常豪雨に起因するものであった。しかし、この水害は典型的な「分家の災害」である。個人的・共同体的・公共的段階のすべてにおいて起こりうる災害への備えが不足していること、近年発展してきている技術手段の適用がなされていないということ、この二点に総括できる。

図４－７は１８９７年の同地域の地形図であるが、平野のほとんどが水田地帯で、集落は自然堤防に限定的に立地し、輪中堤で囲まれている。小田川の堤防も左岸側は高梁川合流点から上流に伸びるが、丘陵に突き当たる、いわゆる「山突き堤防」となっており、その上流は無堤となっている。しかし現在は、１９９９年の井原鉄道井原線の開通などによって倉敷市のベッドタウンとして開発され、今回の水害では浸水家屋は４６００棟にも及んだ。この地域は１９７２年７月（３９６ha浸水、床上６２５棟・床下３２２棟）と１９７６年９月（３８９ha浸水、床上８７３棟・床下１０３４棟）にも水害を受けている。それを踏まえるならば最低限、学校や病院など公共的建物は浸水対策を練っておくべきであったが、それが全く等閑視されていたのである。

地震対策は、１９９５年の阪神・淡路大震災以降、個人住宅を含め、学校・病院を中心とした公共的建物、橋梁、高架橋など徹底した対策が全国的に行なわれてきた。２０１８年９月６日の北海道胆振東部地震では、震度７でありながら、建物被害は全壊１０９棟、半壊１１９棟（２０１８年９月13日新聞報道による。２０１９年１月28日内閣府公表によると、全壊４６２棟、半壊１５７０棟である）であり、厚真町の山崩れによる住宅破壊と札幌市清田区の宅地造成地における液状化被害を除けば、ほとんどの建物は崩壊せず、役場などの公共的建造物は災害救助・復旧活動に機能していた。

しかし、水害対策に関しては、前述の新潟水害や小本川水害を含め、全国的に見てほとんどの建築物で浸水対策がなされておらず、大きな災害が繰り返されている。私は、氾濫の危険性のあるところでは越流しても、前述の福井水害のように破堤に時間がかかったり、破堤しなければ、大きな被害にならないので、破堤しにくい堤防への強化を１９８４年頃から提案してきた（これについては第6章で述べる）。しかし、公共的段階でそれが実行されてこなかった現状においては、私的段階における個々の建物の浸水対策が早急に進められるべきであると考える。

小田川のもう一つの問題点は河川改修事業がなかなか進まなかったことである。

高梁川はかつて図４－７のように二派（西派川と東派川）に分かれており、小田川はその分派付近に合流していた。高梁川は南北に流れ、比較的急流であるが、小田川は東西に流れ、緩勾配の河川である。これが、１９０７（明治40）年に始まる河川改修事業では、図４－８に見られるように、分派直後の西派川の山間部分の河道を廃して、そこには貯水池を造り、東派川は分派直後の蛇行部を生かして、その下流を西派川に繋げるような形で、１本にまとめられた。この河道整理はたしかに複雑であり、この改修に対してなぜ２本あったものを１本にしたのか、高梁川が蛇行して洪水が流れにくく、その影響（いわゆるバックウォーター現象）が小田川にも及び、小田川の洪水が流下しにくくなるなど、不適当な改修であったという批判があった。

しかし、私は当時の技術では最善の方法でなかったかと考えている。

高梁川・小田川流域の地質はいわゆる花崗岩（鉄分を１％ほど含む）のマサ地帯であり、吉備真備（６９５～７７５）の台頭に象徴されるように、古代からタタラ製鉄の盛んなところであった。砂鉄と薪炭の採取で山はほとんどがハゲ山になり、千年以上にわたって土砂流出の激しい河川であった。それは、花崗岩マサ地帯はいったんハゲ山になると、冬の凍結融解で植物の根がつかず、ハゲ山が継続するからである。今の倉敷市の中心街は江戸時代初めには海であったが、その土砂流出によって陸化し、高梁川は東派川と西派川に分かれ、倉敷の平野が形成されたのであった。明治時代はその土砂流出が最も激しい頃であり、洪水のたびに土砂が分派点のどちらかに堆積し、洪水の流下が阻害され、被害が拡大したという。

そこで明治時代の技術者は、川幅を制限して水深を深くすると、土砂を押し流す「掃流力」が高められるので、いわゆる「一川主義」を採用した。むろん当時、山地を大幅に掘削する土工機械力はすでに淀川の改修工事や信濃川の大河津分水工事などで使われており、小田川合流点直下流の山地を掘削して、二川に分ける方法もありえたといえる。しかし、当時、すべての河川にその土工機械力を配備することは財政

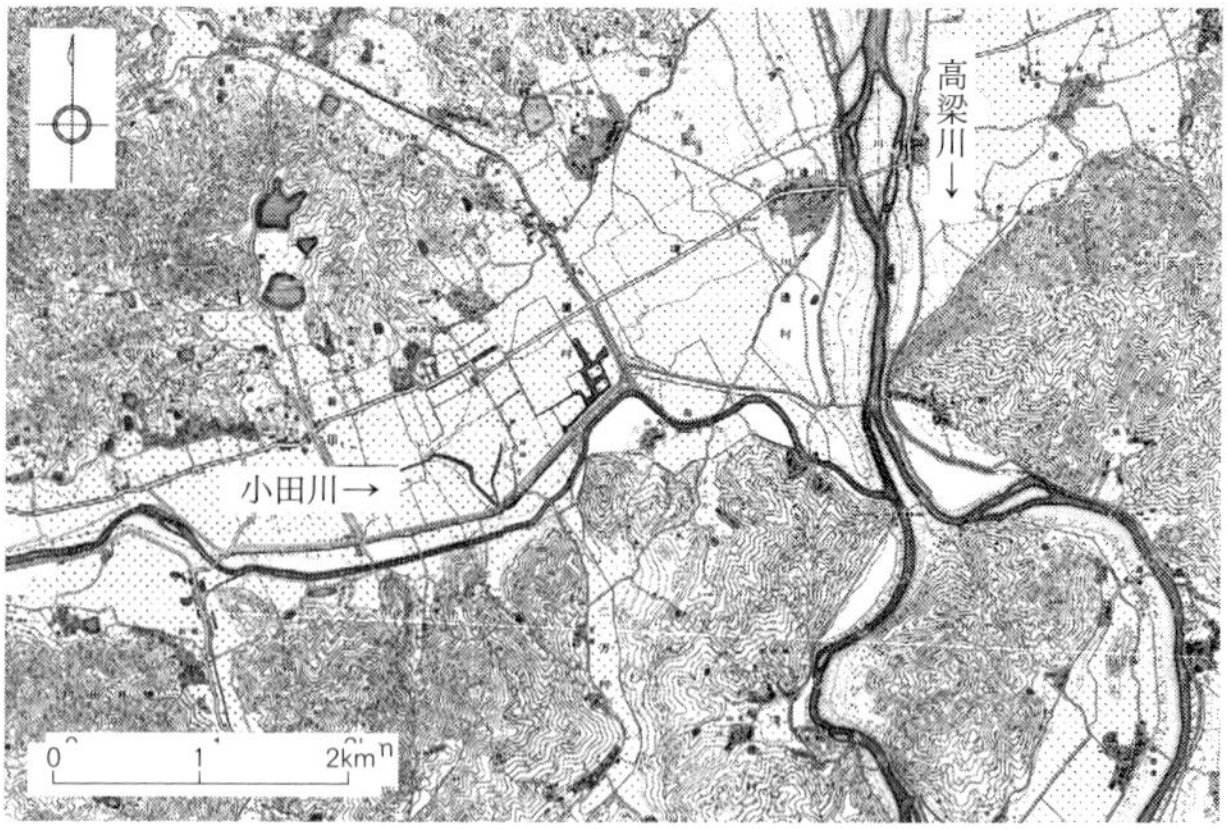

図4 － 7　1897（明治30）年の真備町地形図

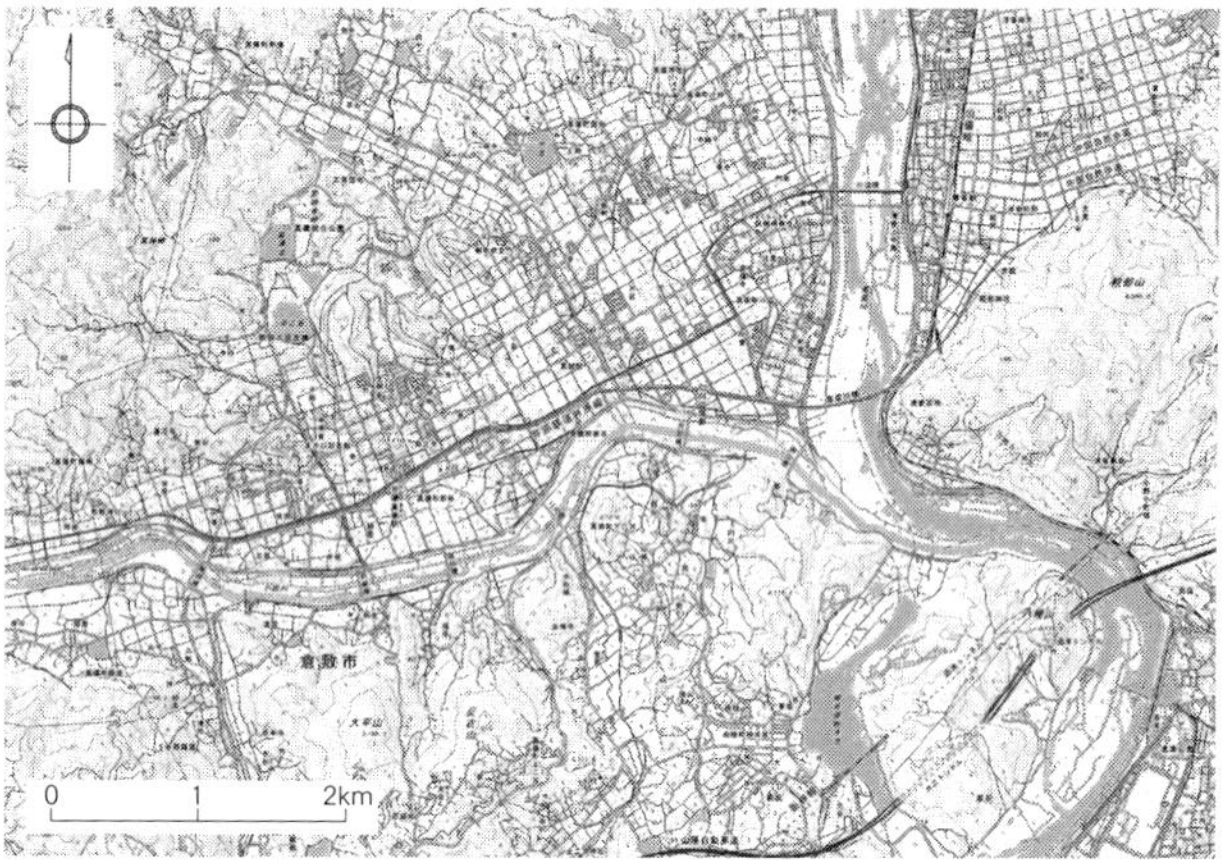

図4 － 8　1907（明治40）年の河川改修事業を経た後の小田川
出典：国土地理院発行２万５千分の１地形図「箭田」（2016年調整）を加工

的にも技術者的にも困難であり、高梁川には適用できなかった。高梁川では、山間部の掘削土量を極力減らし、そのうえで土砂を堆積させず海まで押し流すには、「一川主義」を取るしかなかったといえる。

こうして、すでに発達してきている倉敷の市街地を護ることを至上命題に、倉敷方面に流れていた東派川は最上流部を残して締め切られ、その下流は大きく蛇行させて西派川の方に付け替えられたのである。そして、後述するが、大規模洪水に対して、小田川沿いの水田地帯を遊水地としたのであった。

なお、「一川主義」は他の河川改修でも採用されている。たとえば、濃尾平野では明治時代初頭木曽川・長良川・揖斐川の三川が互いに干渉しあうかたちで乱流しており、洪水が平野に出ると土砂をまき散らし、水害が頻発していた。こうした状況は平野が造成されるという点ではいいのだが、すでに多くの集落が発達しており、水田耕作もされていたので、明治政府としては、土砂をできるだけ速く海に突き出すことを主眼に「一川主義」を採用して、木曽川・長良川・揖斐川の三川分離を実行したのであった。信濃川河口でも、新潟港への土砂堆積を防ぐため、海に突き出る突堤を造り、できるだけ土砂を海に突き出す方針が採用されている。

そうした河道整備の一方、明治時代以降、土砂流出抑制のためハゲ山への植林が、西日本の花崗岩マサ地帯を中心として徹底的に行なわれた。１９７０年代には西日本一帯でほぼハゲ山は見られなくなり、高梁川・小田川の土砂流出量も激減した。その結果、粒子の細かい泥のみ流され、河床勾配の緩い小田川の河川敷には泥が堆積し、１９８０年代頃から河川敷に樹木の繁茂が見られるようになった。今回の災害を受ける直前では、河川敷が森林化しており、地域住民からは伐採が要望されていたとのことである。この樹木が、上流から流れてきた流木やゴミを引っ掛け、洪水の疎通を害したことは想像に難くない。

なお、私が８月７日に現地視察に行ったとき、この森林化した樹木が写真４－11のように一気に伐採さ

写真4－11　小田川河川敷の樹木皆伐状況
撮影：大熊孝、2018年8月7日

れていた。実際に実施しようと思えば、今は優れた土工機械力があり、短期間にそれが実行できることを示している。このことは手段的段階の発展が著しいことを示しており、その適用のタイミングの重要さを示している。このことは、本節の最後でもふれることにする。

小田川支川への逆流現象と堤防の脆弱性

小田川における堤防の被害状況は図4－9のようである。小田川本堤で2か所、支川で6か所破堤しているが、今回の被害を極端に大きくしたのは、高馬川合流点直下流の小田川左岸堤3・4km地点（小田川の高梁川合流点からの距離）の破堤である（図4－9❸の箇所、写真4－10参照）。この堤防がもっと強固で、破堤するにしても時間を要してぐずぐず壊れるならば、氾濫に時間がかかり、氾濫量そのものも少なく、急激な床上浸水がなく、今回のような死者を出すことはなかったのではないかと考える。

堤防強化の技術は、伝統的な水害防備林のほか、建設省が開発した耐越水堤防や、連続地中壁工法、鋼矢板による強化法、CSG（Cemented Sand & Gravel）工法などこの30年ほどでさまざまな工法が開発されており、いずれもダム建設と比較して安価に適用できるものである。これが適用され、堤防が強化されていれば、写真4－10に見るような大破堤は避けられたに違いない。手段の発展段階とともに、採用すべき治水思想も変わっていくべきである。

ちなみに、ダムの建設費は、高さ50m級の小規模ダムでも１００億円はかかり、八ッ場ダム（利根川水系吾妻川）のような巨大ダムでは数千億円もかかる。一方、今回破堤氾濫した真備町を取り巻く高梁川右岸と小田川左右岸の堤防延長は約20kmであり、堤防強化費を１００万円／mとすれば、約２００億円で済む。

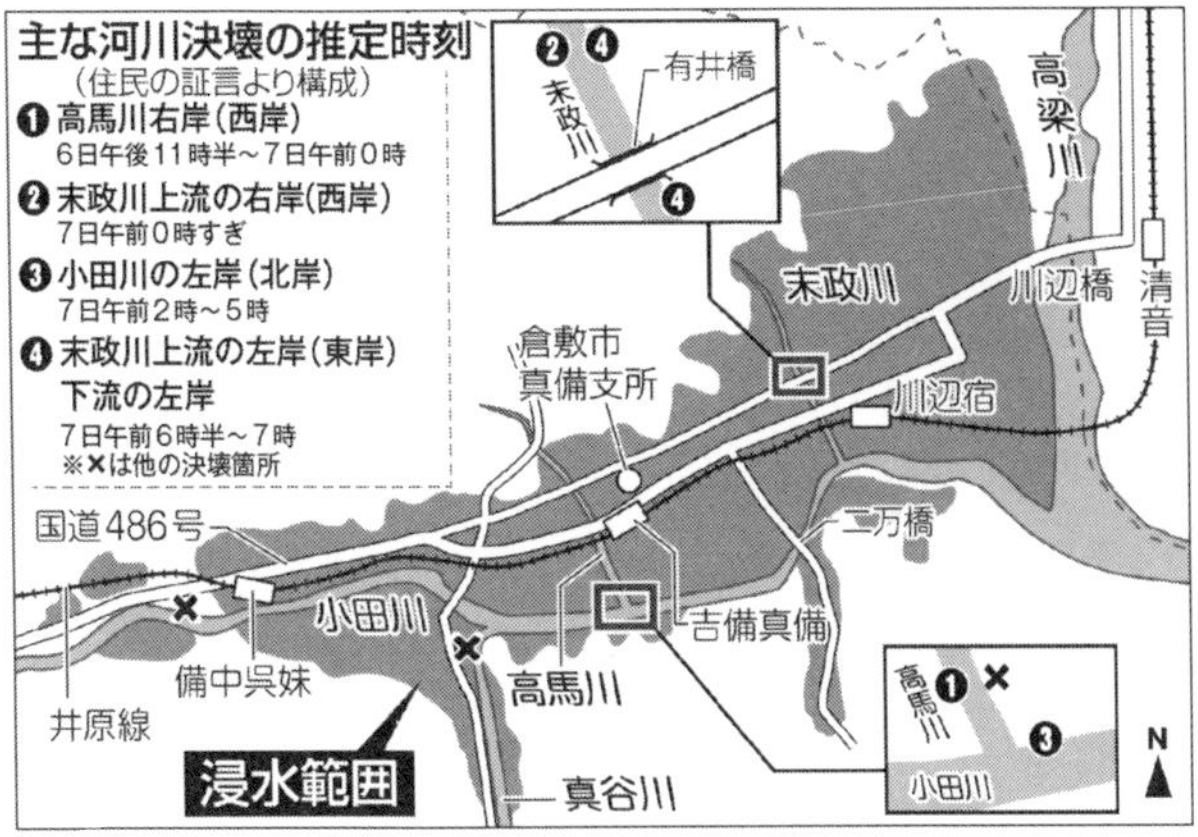

末政川下流❹の越流氾濫は、筆者の聞き取りでは７日午前０時頃である

図4－9　小田川の破堤状況　出典：山陽新聞、2018年7月27日、一部改変

今回の真備町の浸水家屋は４６００軒であり、２階まで浸水した家屋が多いので、１軒当たりの被害を１０００万円とすれば、被害額は４６０億円となる。その他の被害もあるので、真備町の被害総額は１０００億円を下らないであろう。それと比較すれば堤防強化費は安いものといえる。

小田川氾濫のもう一つの問題点は、支川の末政川や高馬川へ小田川洪水が逆流し、越流破堤したことである。

小田川の堤防高は標高ＴＰ16m前後であり（ＴＰは予備知識・川の専門用語⑩参照）、これに合流する支川の堤防も緩流河川であるので同じ高さにすべきであるが、高馬川も末政川も堤防標高は小田川堤防より１m以上低い状態であった。とくに低いところはＴＰ14m強しかなく、両支川とも7月6日24時頃小田川から逆流してきた洪水がそこから越流し、破堤に至っている。

ここでは紙数の関係で高馬川を例に述べることにする。高馬川の小田川合流点付近の堤防天端高の標高は図４－10のようである。小田川の水位がピークになった6日24時頃（図４－11参照）に、高馬川右岸の堤防の標高14ｍ強の低いところから越流破堤している（図４－９❶の箇所）。破堤状況は、右岸側が完全に破堤し、左岸側はかろうじて全断面破堤は免れている（写真４－12参照）。

一方、高馬川合流点直下の小田川左岸３・４㎞地点の破堤は、聞き取りによれば7日3時半頃とのことである。この破堤も公式発表は越流破堤であるが、小田川の水位は下がりはじめており、それまでの高馬川への激しい逆流現象によって侵食され、それが拡大して大破堤したのではないかと考えている。

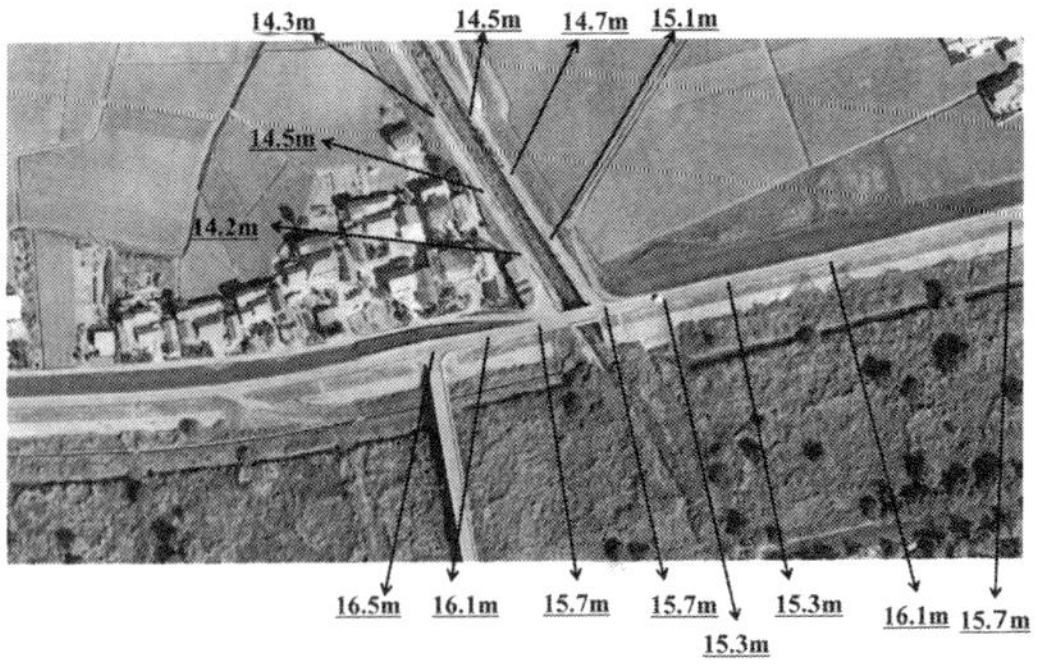

図４－10　小田川と高馬川合流点付近の堤防天端の標高
国土地理院Webの航空写真より判読

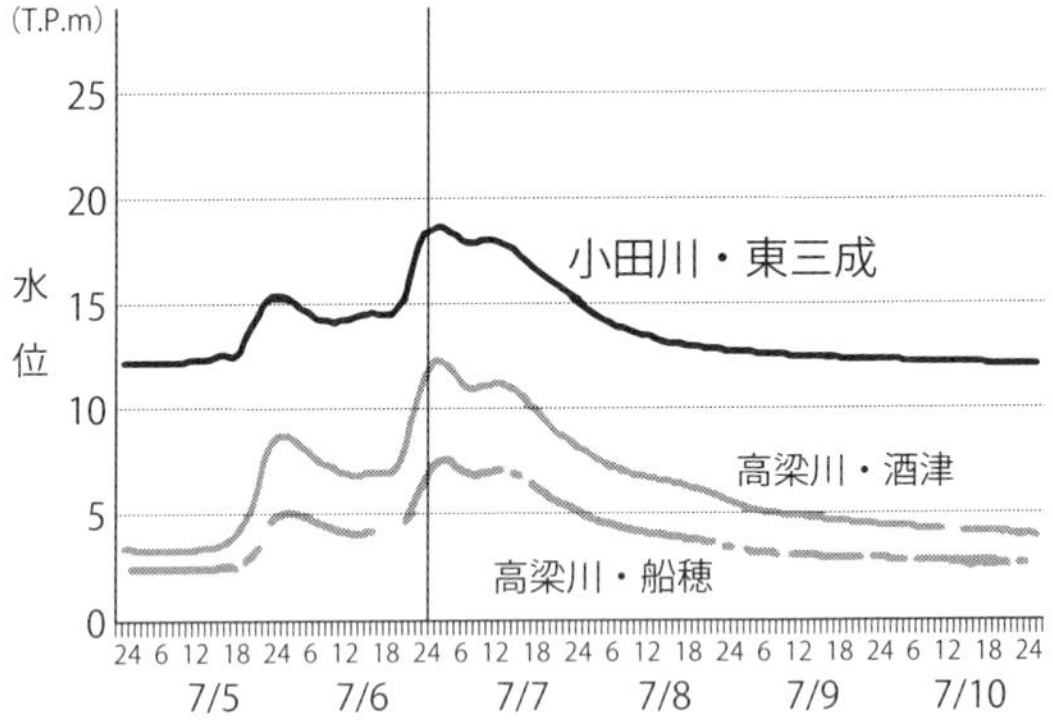

図４－11　高梁川と小田川の水位変化
出典：国交省水文水質データベースから今本博健氏作図

なお、8月7日の現地視察の際、国交省の担当者の説明によれば、3・4㎞地点左岸破堤は越流破堤とのことであったが、その根拠はあるのかと尋ねたところ、「対岸の小田川右岸で越流していたから」という間接的な回答であった。この小田川右岸3・2㎞地点の堤防天端の標高は約14・8mであり、前後の堤防より低くなっている。小田川左岸3・4㎞付近の堤防高はTP15m強でそれより高く、ここが越流破堤したという根拠にはならない。

ここで越流したかしないかにこだわるのは、従来の河川工学では「越流したら破堤する」が常識であり、越流破堤であれば技術的に免責されてきたが、それを反省したいからである。たしかに、土でできた堤防は越流したら破堤の可能性は高くなる。しかし、越流したからといってすべての堤防が破堤するわけではない。むしろ、越流しても破堤しない堤防のほうが距離的に長いのである。越流で破堤する箇所は、地肌がでていて洗掘しやすいなど、何らかの弱点があるものである。逆に、そういう弱点を補強すれば、土堤防といえども簡単に壊れるものではない。そのことを「河川工学」として再認識して、堤防強化を推進すべきであると考えている。

写真4－12　高馬川の小田川合流直上流の破堤状況
高馬川を下流から望む。右岸は破堤しているが、左岸はかろうじて堤防が残されている　撮影：草島進一

死者の大半は高馬川から東の小田川左岸区域で発生しており、小田川左岸の大破堤によって大量の氾濫水が流入し、一気に氾濫水位が上昇し、避難が困難であったからではないかと考えている。この氾濫水はさらに7日未明、すでに越流破堤していた

末政川を横断して、末政川左岸地域にまで達している。末政川左岸にある「まび記念病院」の浸水は、看護士の証言によれば7日7時40分頃から始まったとのことであり、末政川左岸地域の氾濫も、末政川そのものの越流氾濫より、小田川左岸３・４㎞地点破堤が大きく影響したと考えられる。

なお、これらの破堤氾濫に対して、土嚢積みなどの水防活動が行なわれたかどうかであるが、１か月後の現地調査ではその痕跡を見ることはできず、人づてに水防状況について教えてもらったが、ほとんど水防活動は実行されなかったとのことである、残念ながら、小田川に限らず、全国的に水防活動はほとんど実行されない状況になりつつある。これも、地域住民の自然離れが原因でないかと感じている。

改められるべき治水のあり方

この氾濫で問題なのは、高馬川や末政川など小田川に合流する支川の堤防の高さが小田川堤防の高さよりおおむね１ｍ以上低かったことである。高馬川や末政川も勾配の緩い河川であり、これらの堤防の高さは合流先の小田川の堤防高さに合わせるべきである。それが低かったということは、小田川の水位が上がれば、支川に逆流して溢れることを是認していたことになる。

これは難しい問題であるが、かつてこの区域は水田しかなく、溢れたとしても大きな被害が出るところではなかった。そこで、ここをいざという時の遊水地の役割として位置づけられていたのではないかと考える。ここで溢れてくれたら、小田川の洪水が低減し、下流の高梁川の洪水位も下がり、倉敷などの市街部の安全性は高まる。治水を歴史的に眺めれば、平等原則は成り立たない。地形や土地の開発状況を考慮して、できるだけ被害が低く抑えられるような方策をとるものである。しかし、時の経過とともに宅地開発され、洪水を溢れさせてはならない地域に変貌していったのである。支川群の堤防を改修するには、下

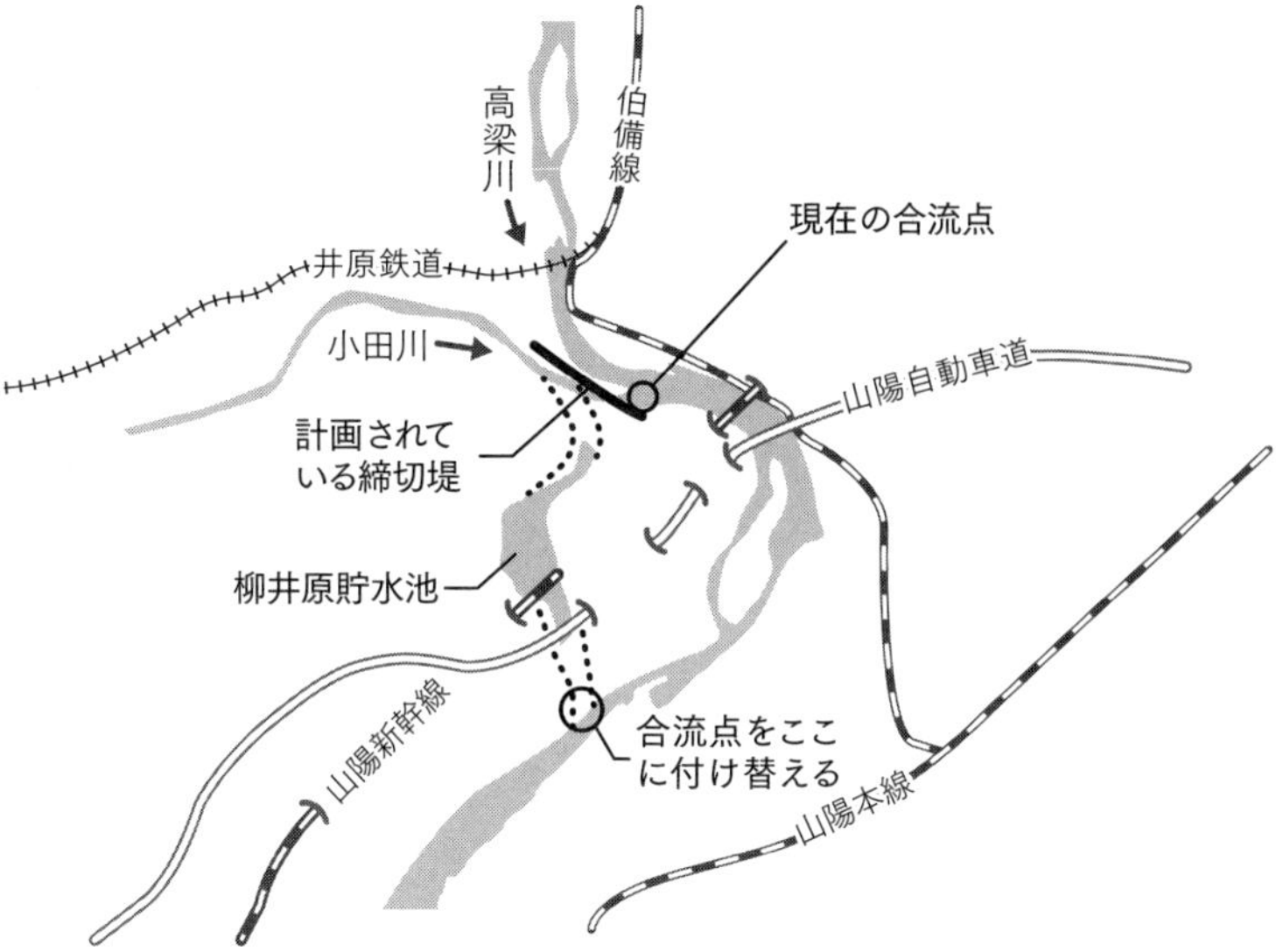

図4－12　現在の高梁川・小田川合流点付近の様子と改修計画（概略図）
出典：大熊孝「ダムよりも堤防強化が命を守る」『季刊　地域』2019年、No.36、69頁

流の安全性が高まらなければならなかった。その下流の安全性を高めるには、やはり高梁川の改修を先に行なう必要があったのである。

実は、図４－12に見られるように、締め切られ貯水池にされていた西派川の頭の部分を再度河道に戻し、小田川の合流点を約４・６㎞引き下げる計画が進行していたのである。そして、この計画は２０１０年に策定され、２０１８年の秋には工事着手されることになっていた。この小田川の合流点引き下げが完成すれば、小田川の洪水位は約４・２m低下すると計算されている。この工事がもっと早くに着工され、完成していれば、今回のような死者を出す大被害は避けられたに違いないと考える。その工期は約10年、工事費は約２８０億円とのことであったが、２０１９年6月に河川激甚災害対策特別緊急事業に指定され、工期５年間、総工費３８０億円で実施されることになった。工費が約１００億円増えたが、それでもダム建設などと比較して、工期はかなり短く、費用も安いといえるのである。

かつて土工機械力が質的・量的に十分発達していなかった時代には、堤防を造るにも土砂の掘削・運搬が難しく、長大な堤防築造よりダムによる洪水調節に依存するほうが得策であるという考え方があった。とくに、第二次世界大戦後、水資源開発と連動して、ダムによる洪水調節が脚光を浴び、１９６０年代以降ダム建設ラッシュ時代となった。しかし、１９９０年代頃からの土工機械力の発展は目覚ましいものがあり、一工事現場に何百台も投入できるようになり、それまでの河道改修のあり方に変革がもたらされていた。しかし、その適用が遅れたということである。

この数十年、河道改修よりダム建設に予算が割かれてきたのは事実であり、そのことが今回の災害の遠因ということもできる。ダム事業は費用がかさむとともに、長い年月を要する。一方、河道の改修事業は、１９９０年代の土工機械力の質的・量的発展によって、速く安価にできる技術段階に達している。このことをもっと深く認識して、思想的段階を変革しているならば、予算の配分も異なっていたであろう。すなわち、手段的段階の発展があったのであるが、思想的段階の変革が遅れ、間に合わなかったという図式である。換言すれば、現在は、その思想的変革が徐々に進みつつある段階であるが、過去のいきさつのなかで一気に変革できないで喘いでいるともいえる状況にあるのだ。

現代の治水事業の進め方における矛盾――熊本・白川を事例に

こうした状況を参考までに、阿蘇山塊から流れ出る熊本の白川の立野ダム事業とその下流の河道改修事業で見ておこう（図４－13参照）。

立野ダムは１９８３年に着手され、２０１８年８月５日にダムの本体着工に入ったダム計画で、建設費用は総額９１７億円であるが、すでに約６００億円が使用済みである。このダムは、いわゆる穴あきダムで洪水調節のみが目的であるが、その洪水調節能力は約２００㎥／ｓと計画されている。２０１６年４月の熊本地震で、このダムサイトは大きく崩れ、すでにできていた転流工（ダム本体を工事するため白川の流れをトンネルで付け替える工事）も土砂で埋没した（写真４－13参照）。

一方、白川は２０１２年７月に洪水に見舞われ、熊本市内の未改修地区では大きな被害が発生した。そこで、河川激甚災害対策特別緊急事業に指定され、２０１２年から5年間で河道改修が行なわれることになった。この緊急事業は、２０１６年４月に熊本地震に見舞われ、工事は1年延びたが、２０１８年に約

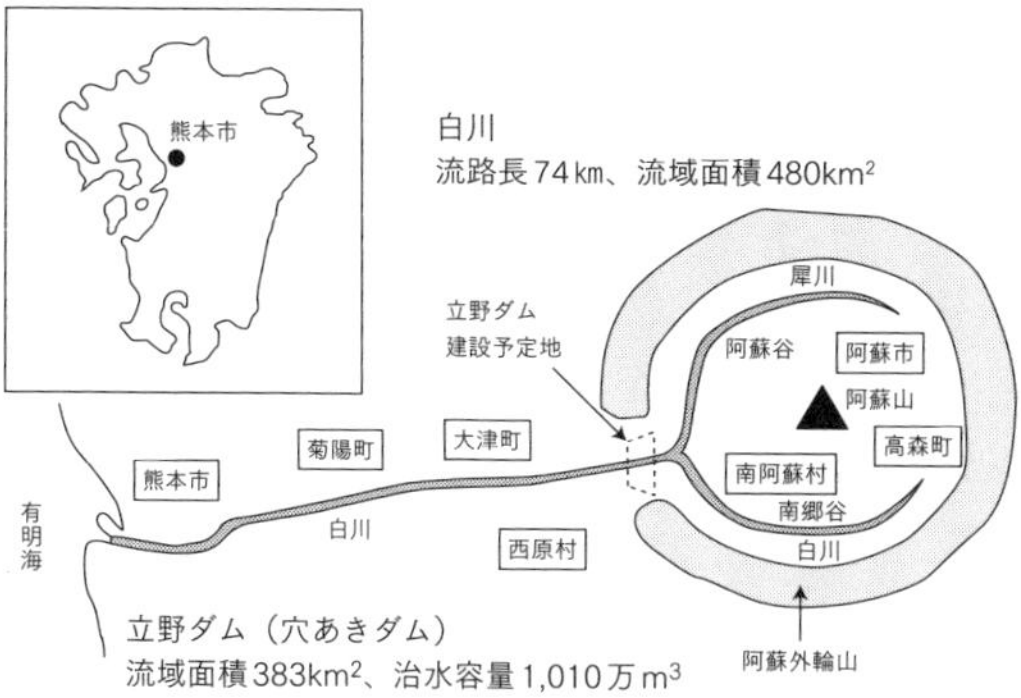

図4－13　熊本白川流域の概要
出典：立野ダム問題ブックレット編集委員会・
立野ダムによらない自然と生活を守る会編
『世界の阿蘇に立野ダムはいらない』花伝社、2012年、6頁

写真4－13　立野ダムサイトの熊本地震による崩壊状況
左・地震前、右・地震後
提供：立野ダムによらない自然と生活を守る会

６０５億円で完成しており、堤防天端での流下能力が２０００㎥／ｓなかった未改修地点でも、同流下能力は３０００㎥／ｓあまりに増やされている。

ダムの洪水調節能力（２００㎥／ｓ）と河道改修事業による流下能力の増大分（１０００㎥／ｓ）を比較して、私は熊本地震が起きた直後、ダムサイトは地質的に危険なところであり、ダムを中止するよい口実ができたと考えていた。しかし、ダム工事はそのまま続行されたのである。この経過に今の国交省が尋常でないダム依存体質にあることを思い知らされた。思想を転換することは、短期間には困難で、時間を要することだと理解するが、河道改修事業は、すでに強力な土工機械力を手にしており、比較的短期間で安価に達成できている。このことを深く認識し、ダムによる治水思想を脱却すべき時期にあると考える。

—６— ２０１９年10月　台風19号広域水害

２０１９年10月の台風19号豪雨（図４－14参照）で、また広域で深刻な水害が発生した。現地調査は延べ５日間に過ぎず、資料収集も不十分であるが、この水害の特徴を報告しておきたい。

その被害の概要は表４－１のようである。死者は90人、行方不明は５人である（２０１９年11月12日新潟日報記事）。そのうち60歳以上がおよそ7割とのことであり、90歳を超える人が４人、１００歳を超える人が２人いた（２０１９年10月22日新潟日報記事）。またもや多くの高齢者が犠牲となった。また、車の中で死亡が確認された者が23人とのことであった（２０１９年11月12日ＮＨＫ報道）。車の中での死者が初めて問題になったのは１９８２（昭和57）年の長崎水害であったが、車への依存症がさらに深刻化している。車での避難の危険性を徹底周知させる必要がある。

この水害も基本的に「分家の災害」であり、もともと洪水が氾濫しやすいところを、そのことを無視して都市開発したがゆえに水害に遭っているケースがほとんどである。行政も、設計者も、買い手も地形条件に無関心で、いわば「自然バカ」に陥っているのである。今回の災害は、報道では地球温暖化に原因が求められていたが、土地の低い所に、住宅やマンションを建て、美術館や図書館まで作って、無策のまま浸水被害に遭っている。せめてマンションの買い手は浸水実績を調べ、そのリスクに対して買値を「値切る」ぐらいのしたたかさが欲しいものである。

従来、われわれの生き方として、20年から30年先は視野に入れて人生設計を立ててきた。しかし、もっ

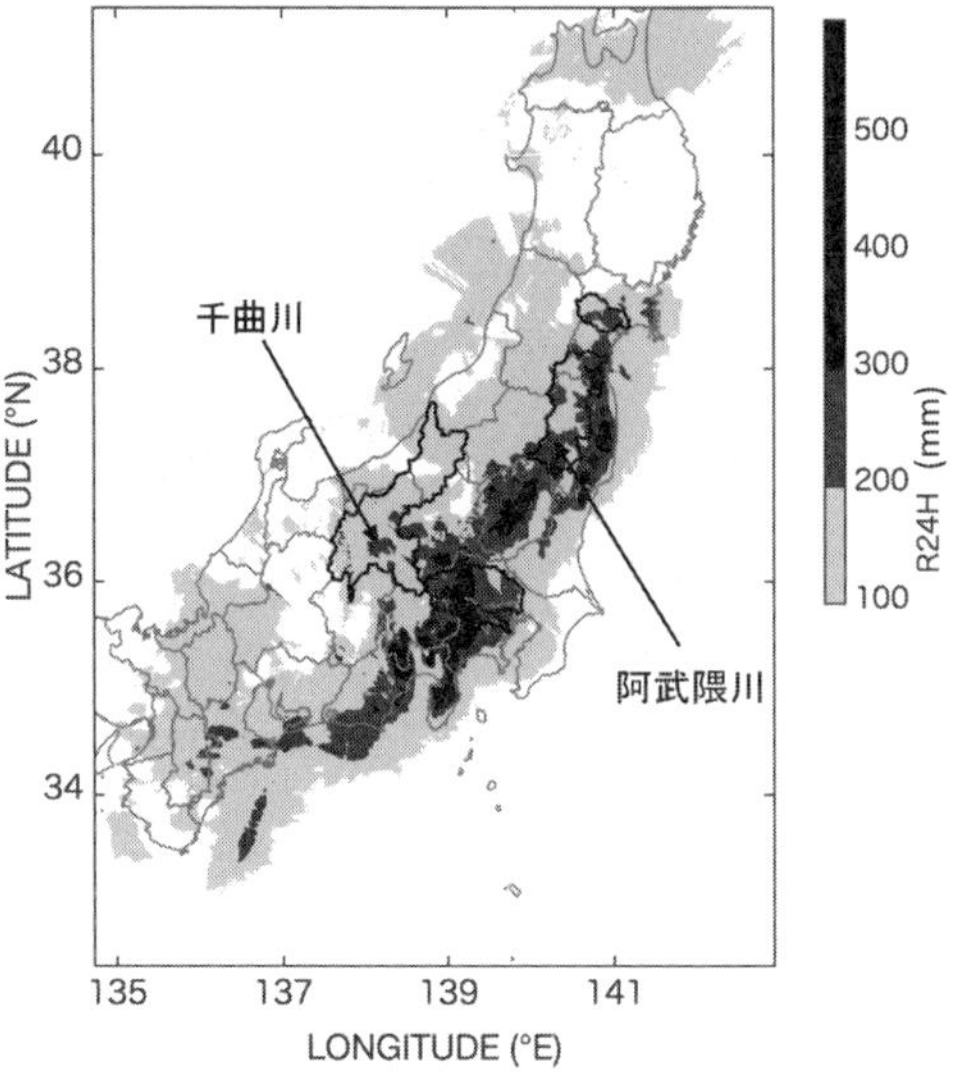

図4－14　台風19号による各地の24時間雨量
出典：防災科学技術研究所Web公開

表4－1　台風19号による被害

死者	90人（13都県）
行方不明	5人
住宅被害	
全半壊	11,685棟（16都府県）
一部損壊	11,906棟（27都道府県）
床上浸水	29.998棟（17都県）
床下浸水	34,306棟（20都県）
浸水面積	約28.5㎢（16都県）

2019年10月22日および11月12日新潟日報朝刊掲載

と１００年、２００年のスパンでものごとを考えるべきでないかと思う。２０１１年3月11日の東日本大震災では原子力発電所で大事故が発生した。８６９（貞観11）年7月（新暦）に発生した貞観地震の大津波を無視して設計されたことに、その原因があると指摘されている。この３・11以降は、１０００年オーダーでものごとを考える必要性が認識され始めている。水害についても数百年オーダーで対策を考えるべきである。今回の水害では、地球温暖化でたしかに豪雨の頻度は高まっていると思われるが、数百年スパンで見ると、今回の水害よりもっと甚大な水害に遭遇している。要は、普段忘れている自然と人の関係性についてもっと思い起こすべきであるということである。

なお、被害集計は当初比較的少ないようにみえたが、日を追うごとに増えていき、表４－１の結果となっている。集計に手間取ったということであるが、その理由は被害が広域に分散し、しかもそれぞれの地域で最も洪水に弱いところが局所的に激甚な被害を受けており、それが累積して大きくなったものと考えている。

台風19号の降雨状況と被害の特徴——寛保２（１７４２）年洪水との比較

台風19号は10月12日19時頃伊豆半島に上陸し、関東地域を縦断して、福島県沖に抜けた。これによる降雨の地域分布は図４－14のようであり、広範囲に豪雨がもたらされた。台風19号は海水温の高いところを発達しながら通過して日本に襲来したもので、たしかに地球温暖化の影響を受けていると考えていい。しかし、今回と同様な広域大災害として、江戸時代の１７４２（寛保2）年9月（新暦）の台風災害があったことを確認しておきたい。

寛保2年では、多摩川、荒川、利根川、千曲川などが大洪水となり、荒川や千曲川では既往の最高洪水位を記録しており、利根川でも史上最大ともいうべき大氾濫を起こしている。この災害直後、将軍・徳川吉宗（１６８４〜１７５１）は西国の大名にお手伝い普請を命じ、利根川の大々的な復旧工事を行なっている。

この寛保2年の大水害と比べて、今回の洪水では多摩川、荒川、利根川主流部、信濃川、阿賀野川では、明治時代以降の河川改修工事が効果を発揮し、何とか氾濫が押さえられ、大水害にならなかった。このことはほとんど報道されていないが、評価されるべきである。特に信濃川・阿賀野川では、渓谷部で史上最大級の甚大な被害を蒙ったが、平野部では堤防の越流も破堤もなく、何とか洪水を無事海まで流下させることができた。治水事業を採点するならば、１００点をあげたい。

信濃川は過去最高水位、阿賀野川は過去第2位の水位

信濃川での洪水位は、越後平野に流れ出す小千谷地点（流域面積９７１９㎢）で、計画高水位ＴＰ49・９３５ｍ（計画高水流量1万１０００㎥／ｓ）に対し最高水位ＴＰ50・19ｍ（13日10時20分）に達し（ＴＰについては予備知識・川の専門用語⑩参照）、大河津分水分派地点では計画高水位ＴＰ16・２８９ｍに対して最高水位ＴＰ17・06ｍ（13日15時10分）に達し、史上最大の水位を記録した。阿賀野川では、馬下地点（流域面積６９９７㎢）で計画高水位ＴＰ24・40ｍに対しＴＰ23・18ｍ（13日9時40分）であり、２０１１年7月洪水（馬下地点洪水位ＴＰ23・79ｍ、30日11時50分）に次ぐ洪水であった。

信濃川と阿賀野川が両河川とも大洪水になった事例として、１８９６（明治29）年7月に「横田切れ」と称される大水害があった。このときは越後平野全域が冠水し、浸水は12月まで長引いた。この水害から、信濃川・阿賀野川の両河川が大洪水になるという事例は２０１１年まで１００年以上出現していなかった。しかし、２０１１年以後、8年で今回の事例が出現した。やはり地球温暖化のせいがあるのかもしれない。

長岡市・浄土川での氾濫について

信濃川が小千谷で平野に流れ出した少し下流の新潟県長岡市では水害が発生し、それが大きく報道された。信濃川に架かるフェニックス大橋の直上流で、右岸から信濃川に流入する太田川の左支川・浄土川で内水氾濫し、浄土川右岸の今井町の新興住宅街が浸水した。床上浸水11棟、床下浸水111棟の被害が発生し、行政の対応が悪いなど多くの批判が浴びせられた。しかし、ここはもともと堤防が不連続な「霞堤」があったところで、信濃川の逆流の影響を受けるところである。そこが住宅地開発されたもので、多くの家が盛土や高床式にしており、氾濫水も信濃川の泥を含んだ外水でなく、泥の少ない内水であったため、他と比べて被害は軽微であったといえる。とくに、信濃川と浄土川にはさまれた大宮集落は、1911年の5万分の1地形図に記載されている古くからある集落であるが、車庫が浸水した程度で、14軒の住宅に浸水被害は発生していない（写真4－14参照）。

阿武隈川も過去大水害を経験している

東北日本の大河川は、盆地～狭窄部を繰り返しながら、地形上一番低いところを流れる河川が多い。阿武隈川もその典型であり、盆地に形成された都市が大きな被害をうけた。現地視察ができたのは11月2日に郡山と本宮だけであり、詳細な調査をしたわけではないが、簡単に報告をしておきたい。

まず、寛保2年の洪水ではどんな大水害を受けたのかと思ったのであるが、災害記録がなかった。その要因は、寛保2年台風のコースが静岡から本州を横断して新潟に抜けたようで、今回のコースと少し異なることにあったと思われる（参考文献・町田尚久「寛保2年災害をもたらした台風の進路と天候の復元」『地学雑誌』123巻3号、2014年、363～377頁）。しかし、1890（明治23）年8月と1941（昭和16）年7月に今回と変わ

写真４－14　信濃川と浄土川にはさまれた大宮集落
手前の小川が浄土川（左から右に流れる）。集落の後ろに信濃川の堤防が見える。水田は浸水したが、稲刈りが終わっており、泥も少なかったので被害はなかった
撮影：大熊孝、2019年11月7日

写真４－15　阿武隈川・本宮の大洪水實測標
明治二十三年八月出水ハ此標頂マテ達ス（標高約210.9m）　撮影・測定：知野泰明

らないような大災害を受けている。河川改修が進み堤防などが嵩上げされており、単純に比較できないが、今回の災害を地球温暖化のせいで片づけるのは早計であろう。

たとえば、本宮では左支川安達太良川が阿武隈川に合流しているのであるが、写真４－15は１８９０年水害時における最高浸水位を示すものである。この標頂はＴＰ約２１０・９ｍであり、今回氾濫した地域の最高標高より１ｍ以上高い。また、１９４１年水害では安達太良川への逆流氾濫とともに阿武隈川の左岸堤防（コンクリートのパラペット堤防）から越流氾濫しており、低いところでは屋根まで水没する状態であった（建設省東北地方建設局『阿武隈川上流改修史』１９６１年4月、３３０頁）。今回は、当時よりパラペット堤防が嵩上げされており、阿武隈川からの越流氾濫はなかったが、安達太良川への逆流・氾濫があり、低いところでは1階の天井付近まで浸水していた。ただ、阿武隈川からの直接的氾濫でなかったため、浸水地域における泥の堆積はほとんどなかった。

写真4－16　浸水を受けた新幹線車両基地
写真左手の高架橋が北陸新幹線本線であるが、写真の奥手から次第に下がってきており、この本線も水没した。本線が水没することは珍しい
撮影：大熊孝、2019年11月4日

写真4－17　千曲川氾濫による土砂堆積状況
かつてはこの泥が「花泥」と呼ばれ、肥料としてよろこばれたが、現代では除去に労力がかかり、被害を大きくするものとなっている
撮影：まさのあつこ、2019年11月4日

千曲川の穂保左岸堤の破堤について

千曲川では、長野市穂保の左岸堤防（新潟・長野県境から上流57・5km地点）が10月13日3時頃越流破堤した。破堤幅は70ｍに広がり、洪水が大氾濫し、住宅は無論のこと、リンゴ畑や北陸新幹線車両基地が水没した。氾濫水は泥を含んだ外水であったため、復旧にも手間取る大きな被害が発生した（図4－15、写真4－16、写真4－17、写真4－18参照）。

この破堤氾濫地域は、実は、かつて常習的な氾濫地域で、1918（大正7）年以来改修工事が鋭意進められてきたところであり、新幹線車両基地があるなど千曲川沿川で護られるべき最重要地域である。そこが破堤氾濫したという点では、この治水事業を採点するならば、残念ながら0点と言わねばならない。

破堤地点付近の千曲川の川幅は約1000ｍあるが、その下流約6kmからは川幅が120～210ｍの立ヶ花狭窄部が約10km続く（図4－16参照）。この狭窄部の存在によって洪水が塞き上げられ、過去、寛保2年洪水をはじめとして、写真4－18のような大きな氾濫を受けてきた。

今回もこの狭窄部で洪水が塞き上げられ、上流に影響して、57kmから58km地点にかけて左右岸ともに堤防を越流し、左岸は破堤

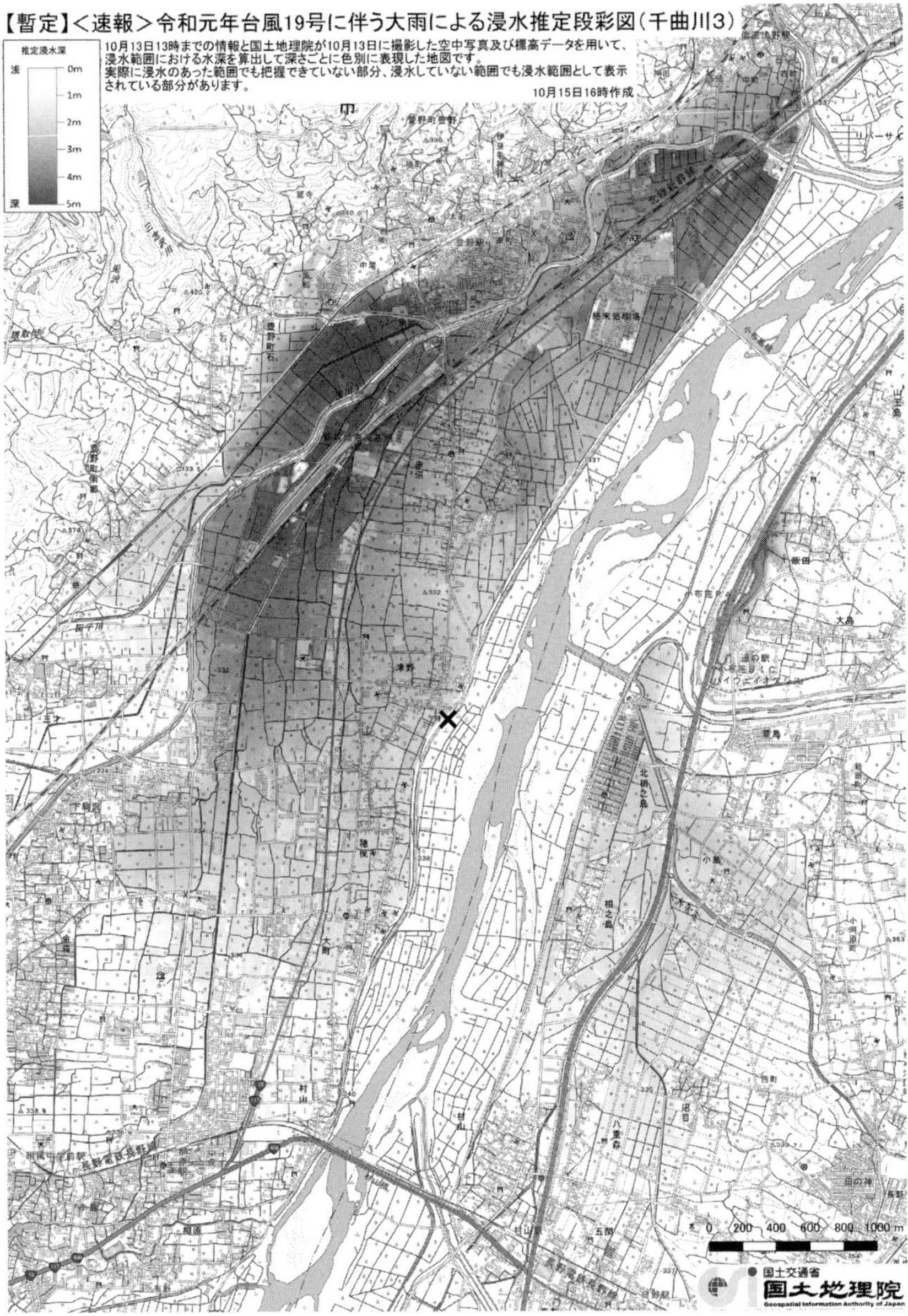

図4－15　千曲川左岸穂保の氾濫状況図
氾濫面積約9.5km²、浸水家屋約8,100棟
出典：国土地理院浸水実績図Web公開に加筆

するに至ったのである。

　写真４－18の千曲川大洪水水位標は、この地域で過去何度も大氾濫に見舞われたことを記録している。一番高い寛保２年水位はＴＰ３３６・29ｍであり、２０１９年の氾濫水位はそれより約80㎝低いが、第２位となっている。寛保２年洪水では左右岸の善光寺平全域に氾濫しての水位であり、２０１９年氾濫とは比較にならないほど大きい氾濫であったといえる。新幹線車両基地は内水氾濫などを考慮して地盤を約２ｍ嵩上げしていたとのことである。２０１９年の浸水位が新幹線の車両の窓下近くまで来ており、氾濫水深は４・５ｍ程度と推定されている。妙笑寺の地盤標高はおおむねＴＰ３３３ｍ程度であり、新幹線車両基地の元地盤高はそれより約２ｍ低い。

　現地視察で、破堤幅は約70ｍであったが、１㎞以上にわたって越流していたことを草などの残存物で確認できた。また、破堤箇所の前後数か所で堤防からの漏水や法崩れが発生しており、破堤箇所を含め堤防

写真４－18　千曲川大洪水水位標

この水位標は穂保破堤地点から約100m下流左岸堤沿いの妙笑寺にある。2019年氾濫で妙笑寺も大きな被害を蒙った。その水位が②である。②の水位標高はかつて測定された下記のその他の水位標高から推定した
撮影：野池元基、2020年3月18日

①寛保2年（1742）8月2日（新暦8月31日）、336.29m
②令和元年（2019）10月13日、335.49m（推定）
③明治29年（1896）7月21日、334.70m
④弘化4年（1847）4月13日（新暦5月27日）、334.62m
⑤明治元年（1868）5月23日（新暦7月12日）、334.06m
⑥明治43年（1910）8月11日、333.68m
⑦明治44年（1911）8月5日、333.59m

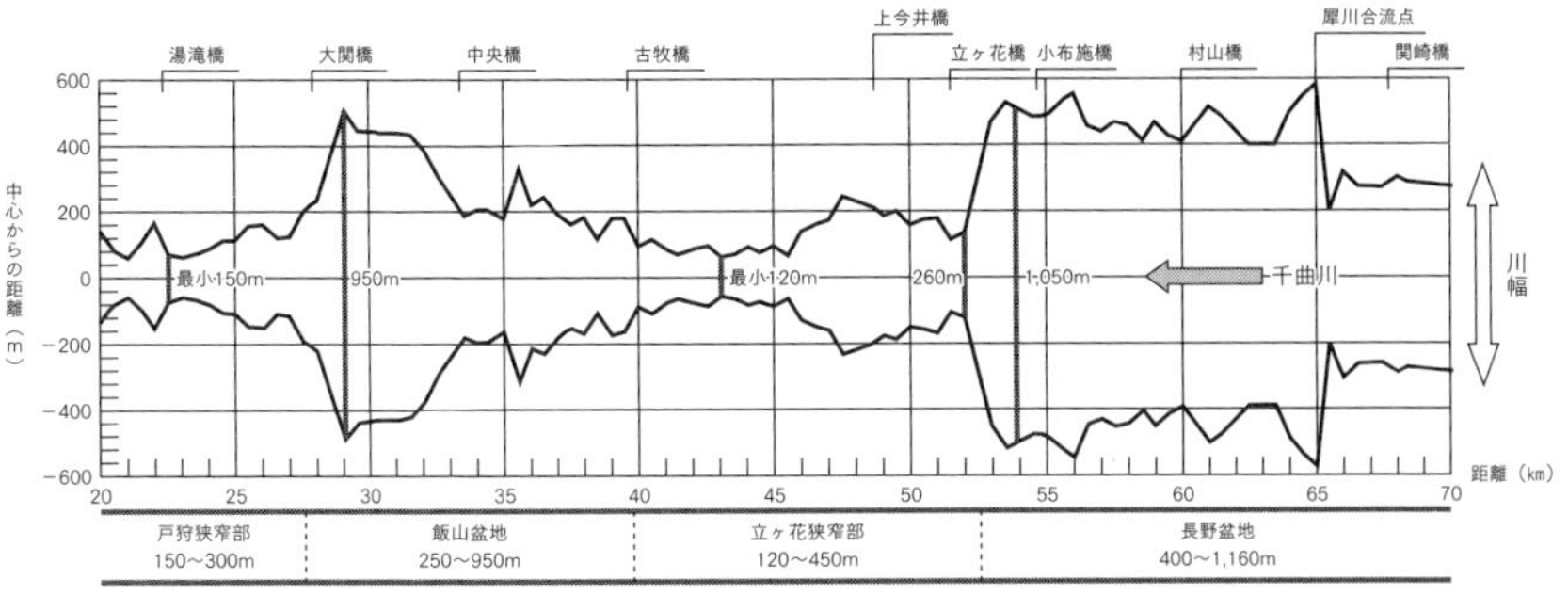

図4－16　千曲川下流部における川幅の変化概念図
出典：国交省北陸地方整備局「第2回 千曲川堤防調査委員会資料」（2019年11月13日）

土質がどのようなものであったのか検証する必要がある。ここの堤防は大正以来基本的に川沿いの土砂を材料として築いてきたはずであり、粒子の細かいシルトからやや粒子が大きくなる砂質に近い土質でないかと想像する。この堤防に対して、今までどのような強化が行なわれてきたのか、それも検証する必要がある。

破堤箇所には監視カメラが据え付けられており、越流した映像がテレビで流されていた。国交省千曲川河川事務所副所長・万行康文は、「堤防の高さが他よりも数十センチは低いところだった」と証言している（２０１９年10月14日新潟日報記事）。右岸堤の越流は、破堤には至らなかったが、右岸堤沿いの北相之島・新興住宅団地が水没したことで確認されている。しかし、左岸の破堤氾濫による水害と比べ、越流だけだと堆積泥も少なく被害は軽微であった。

破堤地点から約８００ｍ上流（おおむね58・２㎞地点）の堤防天端高さは、１９９５年作成の２万５千分の１地形図では「三角点」で示され、標高はＴＰ３３８・２ｍとなっている。なお、２０１５年作成の２万５千分の１地形図では同地点は「標高点」となり３３８ｍとなっている。しかし、国土地理院のＷｅｂ公開の地形図から同地点の堤防天端高の標高を確認するとＴＰ３３９ｍ弱である。同地点対岸の右岸堤防天端高もおおむねＴＰ３３９ｍ弱の高さである。破堤地点直上流の58㎞地点の計画高水位はＴＰ３３７・15ｍである。計画高水流量５０００～１００００㎥／ｓに対する堤防余裕高は１・５ｍであり、それを加えると、計画堤防高はＴＰ３３８・65ｍである。この近辺の堤防天端高は左右岸とも、これより高かったことになる。これを越流したわけである。万行副所長の証言はどこと比較してのことなのか明らかではないが、今回の洪水は計画高水位をはるかに超えたわけであり、洪水流量が計画高水流量を超えたかどうかが問題となる。

立ヶ花地点（県境から約52㎞地点、流域面積６４４２㎢）の基本高水ピーク流量は１万１５００㎥／ｓ、計画高水流量は９０００㎥／ｓ、計画高水位10・75ｍである。今回の洪水位記録は12・46ｍ（10月13日3時40分）であり、計画高水位を１・71ｍ超える大洪水であった。しかし、今回の洪水流量は計画高水流量を下回っていたと考えられるのである。

立ヶ花から約40㎞下流の西大滝ダム地点（流域面積７０２０㎢、新潟・長野県境から約13㎞地点、東京電力）の最大流量は、８８７１・９㎥／ｓと発表されている（２０１９年11月1日新潟日報記事。少数点以下の数値は誤差で無意味といえる）。今本博健（１９３７～）・京都大学名誉教授（河川工学）は、水位・流量曲線などから、立ヶ花地点付近の流下洪水流量は約８５００㎥／ｓと推定している。西大滝地点の流域面積７０２０㎢と立ヶ花地点流域面積６４４２㎢を比較すれば、西大滝ダム地点８８７０㎥／ｓに対して、立ヶ花地点洪水流量が８５００㎥／ｓ程度であることは首肯できる。

これらから今回の最大洪水流量は、計画高水流量９０００㎥／ｓを下回っていたと考えられる。破堤地点の堤防高は計画高水位より１・５ｍ以上高いのであるから、本来溢れないはずである。しかし、溢れたわけであり、その理由は、この数十年で河川敷に土砂が堆積し、洪水を流す河道断面積が減少しており、相対的に堤防が低くなっていたと考えるしかない。河道断面積についての検証が必要である。

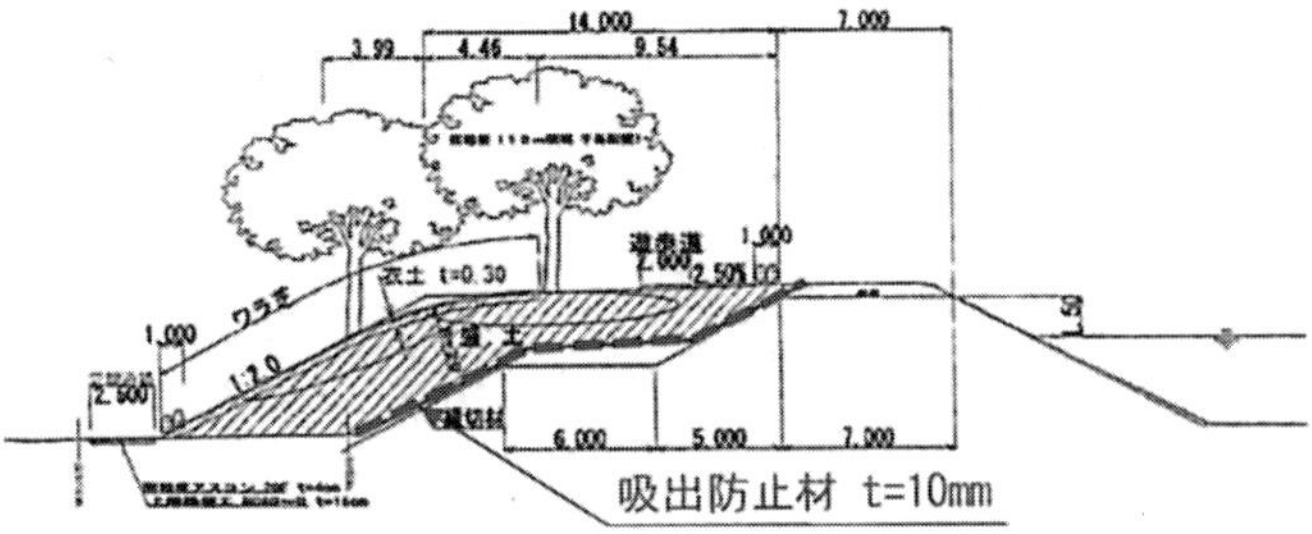

図４－17　千曲川桜づつみ工事標準断面図
出典：国交省北陸地方整備局「第２回 千曲川堤防調査委員会資料」（2019年11月13日）

なお、破堤地点前後には図４－17のような「桜づつみ」が２００５年度から２００７年度にかけて造られていた。桜づつみと堤防本体は、桜の根などが堤防に影響を与えないように、縁切りのため「吸出防止材」が設置されていた。今回の破堤で、この桜づつみは堤防強化には役立たないことが明らかになったといえる。今後、桜づつみを造る場合、「吸出防止材」などを工夫して堤防強化につながる方策を考えるべきであると思う。

〔追記〕　２０２０年２月27日に国交省千曲川河川事務所は台風19号洪水による立ヶ花地点の最大流量を８１００㎥／ｓと発表した。

破堤地点57・４㎞地点の計画高水位はＴＰ３３６・６ｍであり、その地点の越流水位はＴＰ３３９ｍとのことであった。計画高水位以上の洪水流下断面積は、その水位差約２・４ｍに川幅約１０００ｍを掛ければ約２４００㎡となり、洪水の表面流速を少し遅めに評価して２ｍ／ｓとすると計画水位以上で流れた洪水流量は約４８００㎥／ｓと推算される。とすれば、計画高水位以下で流れた洪水は８１００－４８００＝３３００㎥／ｓ程度ということになる。計画洪水流量９０００㎥／ｓを目標に長年河川改修工事を進めてきたことに鑑みて、あまりに流下能力が小さいと言わねばならない。

浅川ダムについて

今回破堤した箇所の少し下流で千曲川左支川・浅川（流域面積68・0㎢、流路延長17・0㎞）が合流する。氾濫水は千曲川左岸堤防と浅川右岸堤防で挟まれた地域に湛水することになる。この氾濫水をどのように千曲川に戻したのか、その排水方法を明らかにしておくことも重要である。

浅川ダム（流域面積15・2㎢）は、長野オリンピック（１９９８年開催）と関連しながら、まさにこの地域の氾濫を防ぐことを目的に「穴あきダム」（予備知識・川の専門用語⑱参照）として建設されたものである。浅川ダムにおける洪水調節計画は、最大流入量１３０㎥／sに対して、１００㎥／sを洪水調節し、下流に30㎥／sを流す計画である。しかし、今回の浅川ダムへの流入量は最大約7・8㎥／sであり、放流量も流入量をそのまま放流したもので、平常時より少し多めの流量が「穴」を通過しただけであり、洪水調節は全くなされなかったと考えていい。

立ヶ花狭窄部開削論について

今回の千曲川破堤氾濫を受けて、立ヶ花狭窄部開削論が長野県側から要望が出るものと考えられる。明治時代以降、この開削が提案され、立ヶ花直下流・今井の蛇行部の開削などが部分的に行なわれてきた。ここが開削されると下流への洪水が流下しやすくなり、下流に洪水流量増大の負担が強いられる。今回も下流信濃川では、既往最大の洪水となった。飯山市や新潟県側からは、この狭窄部の開削論には強い反対論が出るであろう。私は原則論として、毎年のように発生する常習的水害は克服すべきであると考えているが、数十年に一度発生するような大洪水に対しては、与えられた自然条件は甘受して、そのなかで治水対策を立てるべきであると考えている。

立ヶ花狭窄部上流の氾濫常襲地帯は、その地形条件を前提として土砂が堆積し、肥沃な大地が造成されてきた。そこに人の営みが形成されてきたわけであり、川の害と恵みは裏腹であり、与えられた条件のなかで努力するしかないと考える。現代では、その氾濫常襲地帯も堤防を造成することによって、数十年に一度の氾濫となっている。ただ、堤防を造成し、川の氾濫を抑えたため、洪水は河道内にとどめられ、土砂が堆積しやすくなっている。河道断面積が減った場合、堤防を高くするか、土砂を浚渫・掘削して河道断面積を確保する必要がある。しかし、堤防を現在以上に高くすることは、破堤した場合の危険度増大や環境・景観面などから得策とはいえない。土砂の浚渫・掘削も、その土捨て場の確保が至難である。その意味で、立ヶ花狭窄部上流の氾濫対策は、たとえ越流しても破堤しない堤防にしていくしかないと考えている。たとえば今回浸水被害を受けた新幹線車両基地も地盤が２ｍ嵩上げされており、越流しても、破堤しなければ、大きな氾濫は起こらず、浸水被害は免れたのではないかと想像する。

なお、西大滝ダムが川幅を狭め、河床をあげて建設されており、西大滝ダムのバックウォーターが上流の氾濫の原因とする意見もある。しかし、西大滝ダムのゲートを開けると、洪水が越流するクレスト頂部は標高約２８７ｍであり、破堤地点付近と西大滝ダム間（約45㎞）の落差は40ｍ以上あり、今回の破堤に西大滝ダムが影響したとする議論には無理があるように考える。

以上、台風19号災害の全容ではないが、その特徴をつかめたのではないかと考える。すなわち、地球温暖化で豪雨の頻度は高まっているようであるが、数百年オーダーで過去の災害を振り返れば、歴史上最大級の災害は過去に発生しており、その経験を踏まえれば、被害をかなり軽減できるということである。

なお、この豪雨で利根川の八ッ場ダムが完成まじかの試験湛水中で、計画されている洪水調節容量より大量の貯留をして利根川の洪水低減に役立ったと喧伝された。その点については、本章の「8　ダムは水害を克服できたか?」の最後で検討したい。

7　現代の治水計画における問題点

基本高水とダム計画の乖離

ここまで、現代における水害の事例を見てきた。その水害は、歴史的には氾濫を受けてきた地域を新規開発して、それまでの堤防が急激に破堤氾濫して、急激な水位上昇で家屋内に溺死者が発生するというものが典型的であった。水害の原因は、むろん豪雨にあるが、土地開発や堤防の質に問題があったわけである。それなら開発の前提となる治水計画がどうなっていたのかが問われることになる。

現在の治水計画は、川が山間から平野に出てくるところなどを治水計画上重要な地点として「基準地点」と定め、その地点に流出してくる洪水を想定して、それを「基本高水」と呼び、治水計画上の対象洪水としている（予備知識・川の専門用語⑫参照）。

基本高水が定まると、次はその洪水をどのように処理するかであるが、河道に流す分と、上流のダム群で洪水調節する分に分ける。川に流す分は、堤防で囲んで川から溢れさせないように海までできるだけ早く排出させるという方針がとられている。たとえば、利根川では、図4－18のような治水計画が立てられている。この図はたいへん複雑で分かりにくいが、おそらく世界の河川のなかで最も複雑な治水計画でないかと私は考えている。少し解説しておこう。

図の左端にある八斗島《やつたじま》（群馬県伊勢崎市内、流域面積約5150㎢）というところが、利根川の基準地点の一つ

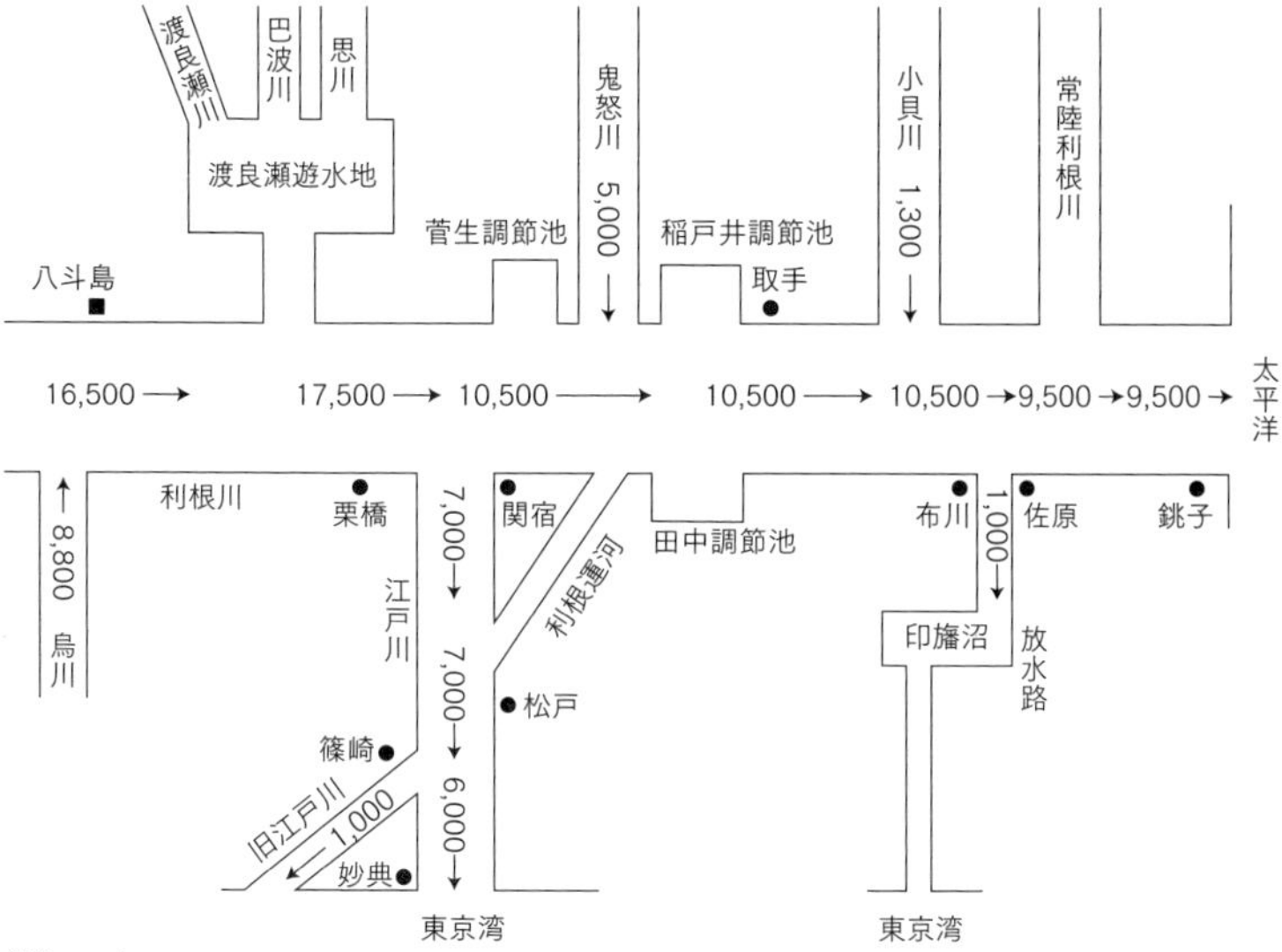

単位：m³/s

図４－18　2006年策定の利根川の治水計画図
出典：国交省関東地方整備局資料

で、利根川が関東平野に流れ出したところである。この八斗島の基本高水は２００年に一度の確率（３日間で３１９㎜、１９４７年カスリーン台風豪雨相当）で求められ、そのピーク流量（基本高水ピーク流量）は１９８０年12月に２万２０００㎥／ｓと定められた。１９８０年当初は、このうち５０００㎥／ｓ分を上流のダム群で洪水調節してため込み、残りの１万７０００㎥／ｓを河道に流すという計画であったが、２００６年に５５００㎥／ｓ分をダム群でため込み、残りの１万６５００㎥／ｓを河道に流すという計画となった。河道に流す計画流量のことを計画高水流量とよぶが、それは流れ下るにつれ、支川群からの合流や遊水池での貯留で変化し、さらに江戸川や印旛沼を通る放水路（この放水路は未完成）に分派されるという具合でたいへん複雑である。

一方、上流で５５００㎥／ｓ分の流量をため込むためには、総容量で約5億４０００万㎥のダム群が必要であるとされている。しかし、現在の既

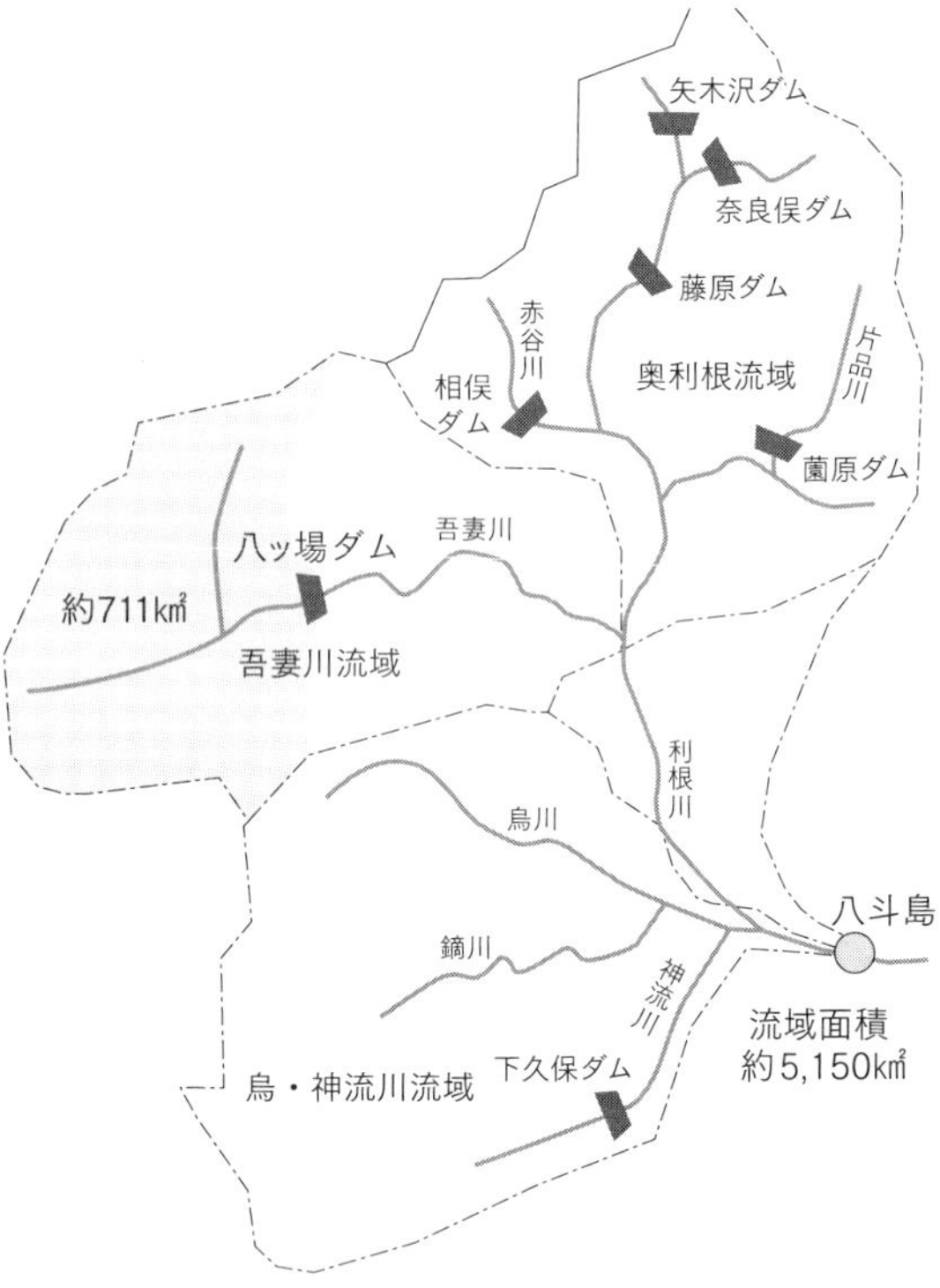

図4－19　利根川上流域のダム配置概念図
出典：国交省関東地方整備局資料に加筆

設ダム群（矢木沢ダム、奈良俣ダム、藤原ダム、相俣ダム、薗原ダム、下久保ダム）の洪水調節総容量は１億１４８４万㎥にすぎず、八ッ場ダム（１９５２年調査着手、１９８６年着工〜２０２０年完成、洪水調節容量６５００万㎥）を加えたとしても、約3億６０００万㎥が不足している（図4－19参照）。そして、今後、この残りの容量を確保するためのダム群の建設は、八ッ場ダムで苦労してきたように、ほとんど絶望的である。換言すれば、この治水計画は絵に描いた餅にすぎないのである。

なお、この基本高水の計算にはさまざま問題があるが、その一例を示すならば、八斗島地点の基本高水ピーク流量は当初カスリーン豪雨に対して2万６０００㎥／sが考えられていた。これはあまりに高いピーク流量であり、私の博士論文（１９７４年）やそれを著書とした『利根川治水の変遷と水害』（東京大学出版会、１９８１年）で批判したところであるが、沼田市を水没させる沼田ダム（別名・岩本ダム、総貯水量８億㎥、洪水調節容量２億５０００万㎥）の構想が背景としてあったといえる。ピーク流量が高ければ高いほどダムを造りやすいと考えられるからである。

沼田ダムは、電力王といわれた松永安左エ門（１８７５～１９７１）の主宰したシンクタンクである「産業計画会議」が首都圏の水資源確保を主眼として構想されたものであるが、沼田市の水没家屋があまりに多いので１９７２年に建設大臣・木村武雄（１９０２～１９８３）から中止宣言が出されていた。しかし、関越自動車道や上越新幹線の路線を見ると、沼田市の水没地域を避けており、沼田ダム計画はかなり本気度が高かったのではないかと考えている。なお、沼田ダムができていれば日本最大の容量をもつダムとなっており、淀川における琵琶湖に相当するものとして期待されていた。淀川は琵琶湖があることで、治水・利水的に利根川より対応しやすい河川といえるのである。

この基本高水とダム計画の実現性の乖離は、利根川だけの問題かといえば、日本のほとんどの河川で、あと何年たっても完成の目途が立っていない治水計画ばかりなのである。たとえば、利根川と接する日本海側の信濃川でも、小千谷地点の基本高水流量１万３５００㎥／ｓのうち２５００㎥／ｓを上流ダム群で貯留し洪水調節することになっている。しかし、そのための必要総容量３億２０００万㎥に対して、既設では大町ダム（２０００万㎥）、三国川ダム（１８００万㎥）、破間川ダム（１２６０万㎥）しかないのである。計画されていた清津川ダム（流域面積１９３㎢、総貯水容量１億７０００万㎥、高さ１５０ｍ）は中止（これについては後述する）、千曲川上流ダムは凍結されており、これまた完成の目途は立っていない。

このような治水計画ばかりで、いったい「河川工学」という学問はこれにどう対処すべきなのか、と私は問い続けてきたのであるが、いまだ回答に接していないということである。

ダムの堆砂は排出できるのか

さらに問題なのはダムには土砂が堆積するということである。仮にこれらダム群が完成したとして、計画上は１００年とか２００年という時間が考慮されているにしても、下流における沖積平野の形成を考えれば、遅かれ早かれ１００年もたたずして土砂で満杯になってしまうダムがほとんどということである。そうなれば当然、洪水調節機能はなくなってしまう。また、貯水池の末端は土砂が堆積して河床が上がり、水害が頻発するようになる。最近やっと、ダムの底に土砂吐け用の穴をあけたり、ダムをバイパスするトンネルを造って、土砂をダムの下流に流す工夫が始まっているが、黒部川の宇奈月ダム・出し平ダムや天竜川水系三峰川の美和ダムなどまだ数基しかなく、抜本的対策にはなっていない。

なお、黒部川の宇奈月ダム（国交省、２０００年完成、流域面積６１７・５㎢、総貯水量約２４７０万㎥）と出し平ダム（関西電力、１９８５年完成、流域面積４６１㎢、総貯水量約９０１万㎥）は、上下に直列的に存在しており、連携して排砂が行なわれている（図４－20参照）。

この排砂の発端は、１９９１年12月に、出し平ダムが黒部ダムの放流量を使って、その掃流力で土砂を排出したことに始まる。この排砂では、完成から6年間ためられていた落ち葉などが酸欠状態でヘドロ化したものが富山湾に流れ出し、多くの魚介類が死に、大問題になった。

問題解決のために富山県は１９９２年に「黒部川出し平ダム排砂影響検討委員会」を設置し、私もその委員に任命された。また宇奈月ダムができてからは、連携して排砂する必要があり、国交省主催の「黒部川ダム排砂評価委員会」に引き継がれ、私も継続して委員（１９９８年3月〜２０１７年3月）として連携排砂

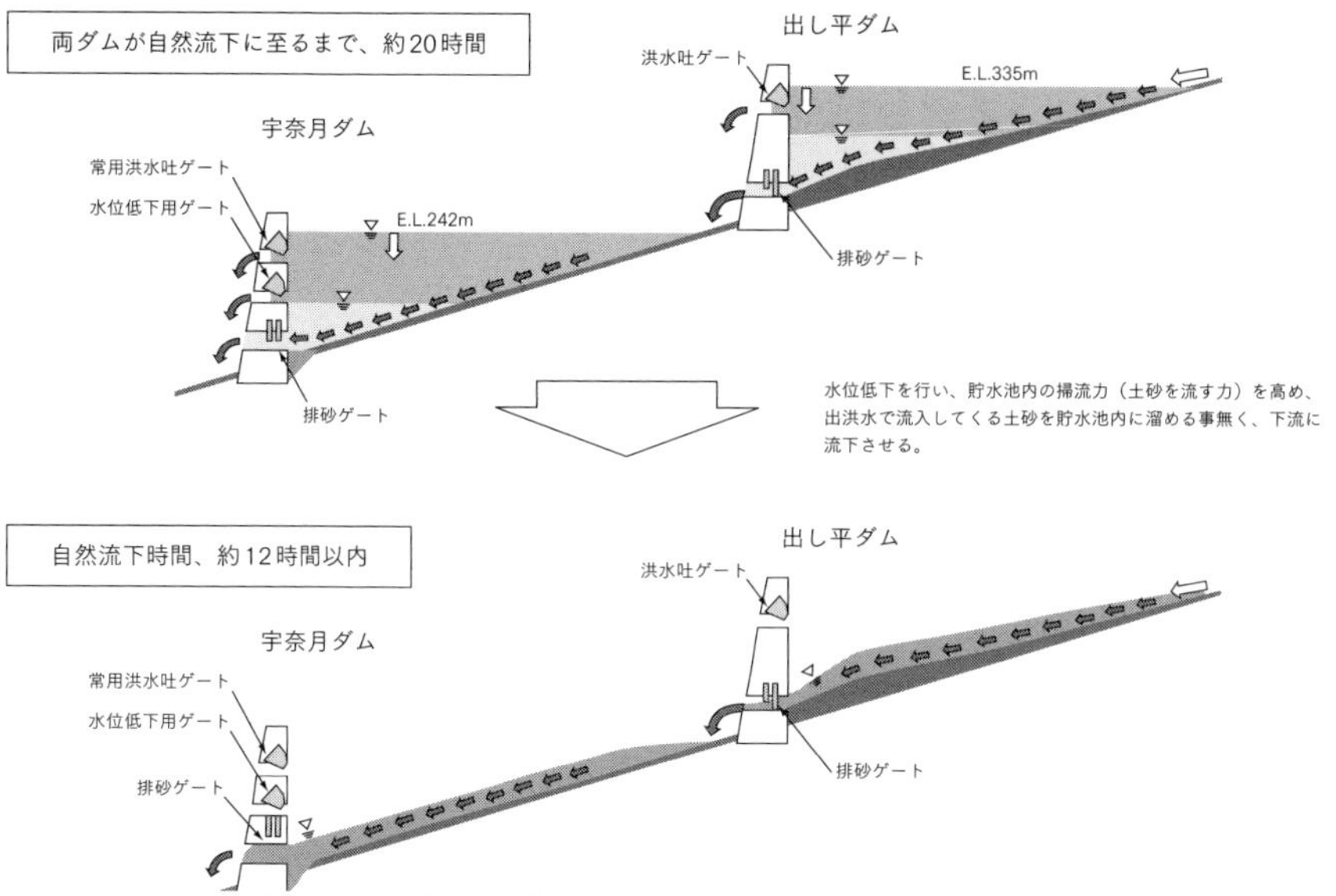

図4－20　黒部川の宇奈月ダムと出し平ダムの連携排砂方法
出典：黒部川ダム排砂評価委員会資料より

の方法を検討してきた。被害に遭った漁民からは、「大熊はダム反対を主張しているのに、何故この委員会に加わり、ダムの存続に加担するのか」という批判を浴びた。しかし、私としては、すでに多くのダムで堆砂問題があり、その解決方法の一つとして黒部川における排砂は重要な方法であり、河川工学者としてこれを研究する必要があると思い、この委員会に参加したのであった。

その方法は、洪水時の流れの掃流力を利用して排砂するものであり、洪水のピークを過ぎてから、土砂吐けゲートを開き、貯水位を下げ、ダムを空にして、洪水の掃流力で土砂を押し流し、土砂吐け用の穴から排砂し、洪水の終わり頃にゲートを閉めて貯水位を回復する。この方式によって、出し平ダムでは、２０１６年までに累計約９００万㎥の排砂が行なわれており、仮にこの排砂をしなければ、すでに出し平ダムは土砂で満杯となっていた。

このやり方は、当然、土砂吐け用の穴が整備されていないダムでは実施できないが、川の洪水規模とダムの容量がうまくマッチしないと適用できない方法でもある。たとえば、上流の黒部ダム（関西電力、１９６３年完成、流域面積１８８・５㎢、総貯水量約１億９９２８万㎥）のような大規模ダムでは、洪水流量に対して、ダムの規模が大きすぎ、いったん空にすると貯水位の復元を数日で行なうことは無理であり、この方式を適用することはできない。

現在、土砂の堆積が進んだダムでは、土砂吐けの穴をもたないダムが普通であるので、機械力で浚渫して、土砂をダムから排除する方法がとられるようになっている。しかし、土砂の運搬や土砂の捨て場に限界があり、恒久的な対策とはなっていない。なんとも間の抜けた計画であるが、ダムも原子力発電と同じように、「トイレのないマンション」のようなものである。こうしたダム建設や原子力発電計画の根本的問題は、日本に限らず世界でも同じことであり、真理探究型学問の目的さえ達成されればいいという倫理観のなさに由来するものでないかと考えている。換言すれば、表面上は理想の治水計画を掲げているが、現実の地形条件や歴史的経緯を無視して、完成までの時間とそれに必要な財源を無視しているということである。

このような治水計画のなかで、現実には、堤防が予測できないところで越流破堤し、強い破壊力と膨大な氾濫量で、家屋の破壊や急激な床上浸水が発生し、多くの溺死者を出すに至っている。こうした状況に対処するためには、どうしたらいいのであろうか？　すでに日本の河川ではある程度治水計画が進み、平野部では堤防がそれなりにできている。今後地球温暖化で今までにない豪雨が来るかもしれず、堤防を越流する可能性は高い。そこで大切なのは、越流しても簡単に壊れないように堤防を強化することである。仮に破堤を食い止められなくても、時間がかかってゆっくり壊れるならば、氾濫量を少なく抑えることができる。越流氾濫で床下浸水はあるかもしれない。しかし、床上浸水は発生させず、溺死者を出さない工夫が必要なのである。

このような治水策は、実は、日本では古くから多くの地域で実行されてきた。私は「究極の治水策は４００年前にある」と繰り返し発言してきた。今までの発言と重複があるかもしれないが、大事なことなので、第5章ではそれらを見ておこう。ただ、第5章に移る前に、洪水調節用のダムが、ほんとうにうまく機能しているのか検証しておこう。

—8— ダムは水害を克服できたか？

ダムは、農業用水、水力発電、都市用水、洪水調節などを目的として、全国で約３０００基あるといわれている（砂防ダムを含めると10万基に及ぶ）。この３０００基のうち、複数の目的を兼ねるダムは多目的ダムと呼ばれている。洪水調節用ダムは、多くは利水と兼ねた多目的ダムとして造られてきたが、最近、利水の需要が少なくなり、洪水調節単独のダムが増えはじめている。洪水調節目的をもった多目的ダム数はおおむね５６０基あり、治水単目的ダムを加えると、洪水調節用のダム数はおおむね５８０基であるが、これらのうち約５４０基が既設であり、約40基が現在建設中ないし計画中である（予備知識・川の専門用語⑭参照）。

さて、この洪水調節用ダムが水害軽減にどこまで役立ってきたかである。

上述の２００４年の新潟の五十嵐川・刈谷田川水害や２０１５年の鬼怒川水害では、上流にダムが配置されていたが、水害を防ぐことができなかった。基本的にダムは、川の全流域のなかでかなり上流域に造られ、川の全流域に対してダムが支配できる流域面積は小さく、豪雨のときに本当に役立ったのかどうか判然としないというのが実態である。

洪水調節用のダムが治水計画上本格的に登場するのは利根川水系であったが、当初、ダムの建設位置が上流すぎるとともに地形条件に制約され洪水調節容量が小さいので、下流の洪水を本当に低減できるか懐疑的であり、なかなか実行には移されなかった。しかし、第二次世界大戦後、首都圏の水資源確保の必要性と、利水単独ではダム建設の費用を賄いきれないこともあり、治水目的が加わることで費用を分担する多目的ダムが推進されることになったのである。また、この時点では、ダムが土砂で満杯になることはあまり真剣に考慮されなかった。

そうしたなかで造られた洪水調節用ダムは、計画規模の降雨に対しては、土砂で洪水調節容量が減らないかぎり、それなりに機能を発揮しているといえる。しかし、計画を超えるような豪雨が来たとき、ダムは洪水で満杯となり、最終的には流入量＝放流量の「緊急放流」（予備知識・川の専門用語⑰参照）操作が行なわれ、洪水低減の役割を果たさないという事態が発生している。

２０１８年７月西日本豪雨での肱川における野村ダム・鹿野川ダムの挙動

たとえば、２０１８年７月の西日本豪雨に際して、愛媛県にある肱川《ひじかわ》では大洪水が発生し、野村ダム下流で５人の溺死者、約６５０棟の浸水、鹿野川《かのがわ》ダムの下流で３人の溺死者、約４６００棟の浸水という大水害があった（図４－21参照）。

両ダムとも、計画ピーク流入量（野村ダム１３００㎥／s、鹿野川ダム２７５０㎥／s）を大幅に超える流入があり、数時間で満杯となり、流入量＝放流量となるような緊急的な操作をしなければならなかった。野村ダムの操作状況を図４－22に示す。たしかに計画は大幅に超えたが、何とか流入量より放流量のほうが少なくダムとしての機能を最低限果たしているということもできる。しかし、仮にダムがなくそのまま洪水が流下していった場合と、ダムで操作した結果を比較すると、ダムがあるほうが洪水の上昇時間が短縮されており、避難するための時間が短くなってしまったといえる。

野村ダムの流入・放流状況を見ると、ダムへの流入量が３００㎥／ｓから１４００㎥／ｓに上がるのに

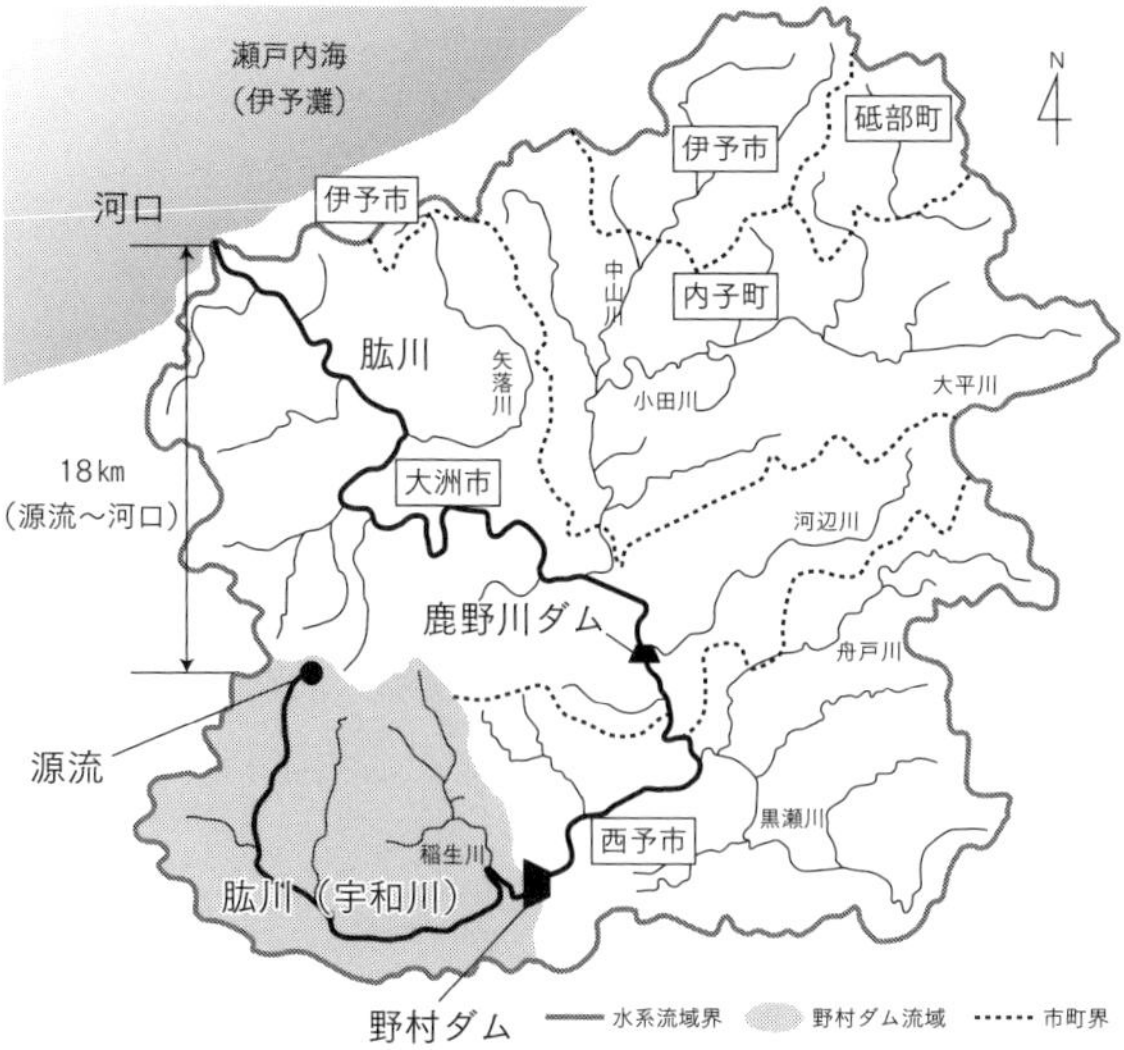

図４－21　肱川流域概要図
肱川流域面積1,210㎞^{2}、流路延長103㎞
出典：野村ダム管理事務所ホームページ

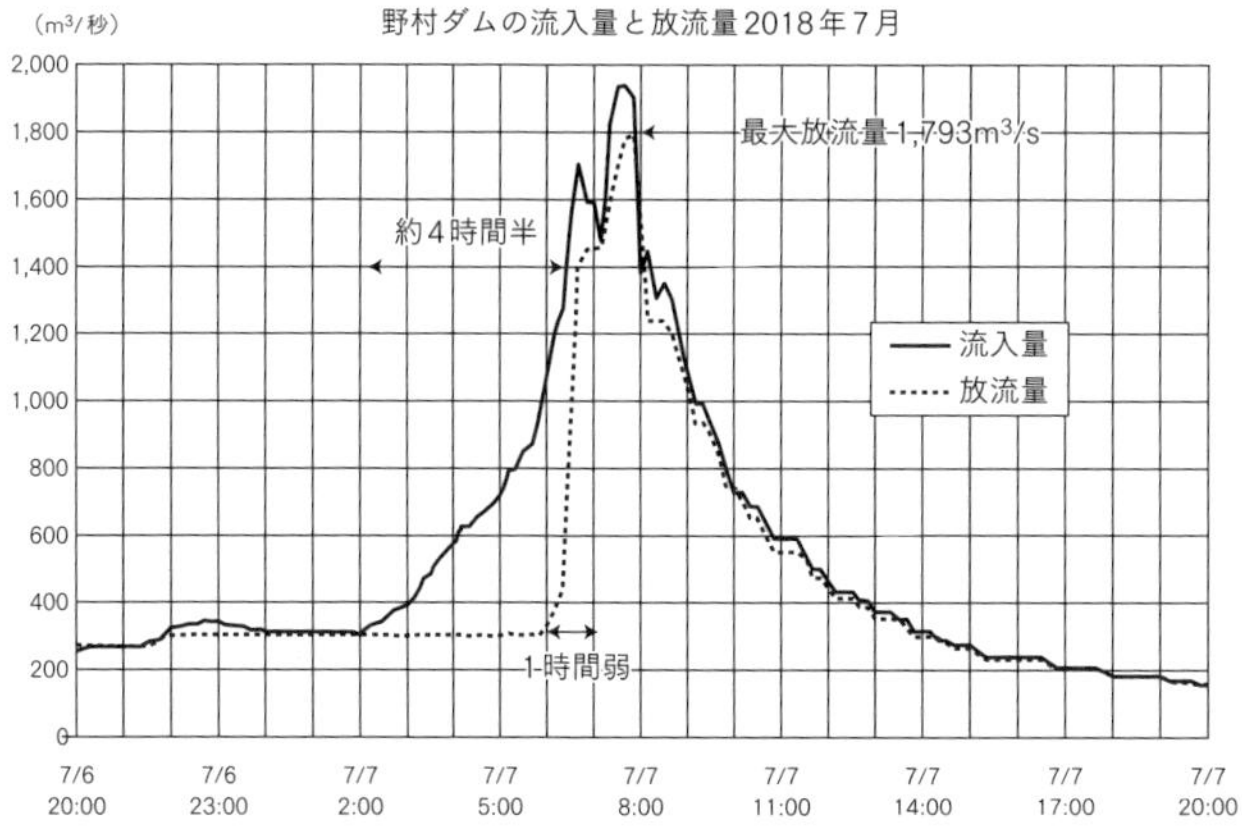

図４－22　野村ダムの操作状況図
総貯水容量1,600万㎥／有効貯水容量1,270万㎥／洪水調節容量350万㎥
（計画ピーク流入量1,300㎥/s）
出典：嶋津暉之作成に修正加筆

写真4－19　鹿野川ダム放流
出典：共同通信社、2018年7月9日

約4時間半かかっているが、ダムからの放流量は1時間足らずで３００m^3／sから１４００m^3／sまで急上昇している。鹿野川ダムに関しても同じことがいえる（写真4－19参照）。すなわち、ダムがあることによって、洪水流量が時間的に急激に増えているのである。これによって避難時間が大幅になくなったことは否定できない。ダムには、洪水のピーク流量の低減だけでなく、洪水流量の急激な上昇の緩和も求められるのであるが、計画を超えるような洪水で洪水調節容量を使いつくした場合、それができなくなり、危険な洪水波形になるということである。

ダムは巨大で、自然地形を大きく改変するため、これができるともう水害はないと流域住民は安心してしまう傾向があった。しかし、計画を超えるような豪雨が来ると、洪水調節容量を使い果たし、かえって危険になることがあるということである。

なお、私は１９６９年博士課程1年のときに、前橋にある建設省利根川ダム統合管理事務所に3か月ほど実習に行っていたが、その際、薗原ダムで洪水調節のゲート操作現場に立ち会ったことがある。上流からの流入量、そして下流の洪水状況に気を配りながら、操作規則どおりにゲート操作を行なったのであるが、たいへんな緊張を強いられる仕事であった。そのとき、将来土木の現場の仕事につくとしても、可能ならダム操作だけはしたくないと思った。それは大きな責任を背負うことになるからである。

前述の野村ダム、鹿野川ダムの操作では、おそらく猛烈な責任感と緊張感のもとに操作が行なわれたことであろう。しかし、下流では死者を出してしまった。だが、ダムの操作担当者に責任を課すべきではないと思う。このような危険をはらんだ治水計画を立ててきた、河川工学自体に責任があると考える。近年の洪水調節用ダム計画では、ゲート操作の必要ない穴あきダム（予備知識・川の専門用語⑱参照）が計画されるようになってきているが、私は根本的にダムによる治水はやめるべきだと考えている。すでにあるダムにしても、洪水調節容量が、ダム地点の計画洪水全量を貯留でき、ほとんど操作の必要のないダムでないかぎり、すべて撤去すべきでないかと考えている。しかし、ダム地点の計画洪水流量を全量貯留できるダムは、ナイル川のアスワン・ハイダムなど、世界では多く造られているが、日本では皆無である。ということは、私の望みは洪水調節用ダムはすべて撤去するということになる。

２０１９年10月台風19号における利根川・八ッ場ダムの洪水調節効果について

２０１９年10月の台風19号の水害状況については本章の6節で述べたが、ここでは建設中であった利根川の八ッ場ダムが、ちょうど10月の初めから「試験湛水中」であり、八ッ場ダム地点を流れた洪水のほぼ全量をため込み、利根川が「洪水」になるのを防いだと喧伝された。ここでは、少し専門的になるが、八ッ場ダムの洪水調節計画のあり方に問題があると考えるので、今後のために考察しておきたい。

国交省関東地方整備局の２０１９年10月13日の記者発表資料によれば、図4－23のように、この洪水で７５００万㎥（水位５１８・８ｍ～５７３．２ｍ）貯留し、洪水調節効果を果たしたといわれている。最大流入量は２５００㎥／ｓで、下流への放流量は４㎥／ｓであったので、八ッ場ダム地点に流下してきた洪水をほぼ全量ため込んだことになる。洪水を全量ためられたという点では珍しいケースであるといえる。八ッ場ダムの洪水調節容量は６５００万㎥（５５５・２ｍ～５８３・０ｍ）であるが、今回は、試験湛水中で洪水期制限水位（５５５・２ｍ）より低い水位から貯留しはじめていたので、１０００万㎥多く貯留できたということ

（台風19号）は10月11日2時から10月13日5時にかけて長野原観測所では累加347㎜、時間最大雨量37㎜（12日18時）の大雨をもたらしました。この降雨に伴い八ッ場ダムの貯水位は518.8mから573.2mまで、約54m水位が上昇しました。八ッ場ダムでは流入量（最大流入量約2,500㎥）の約100％をダムで貯留。

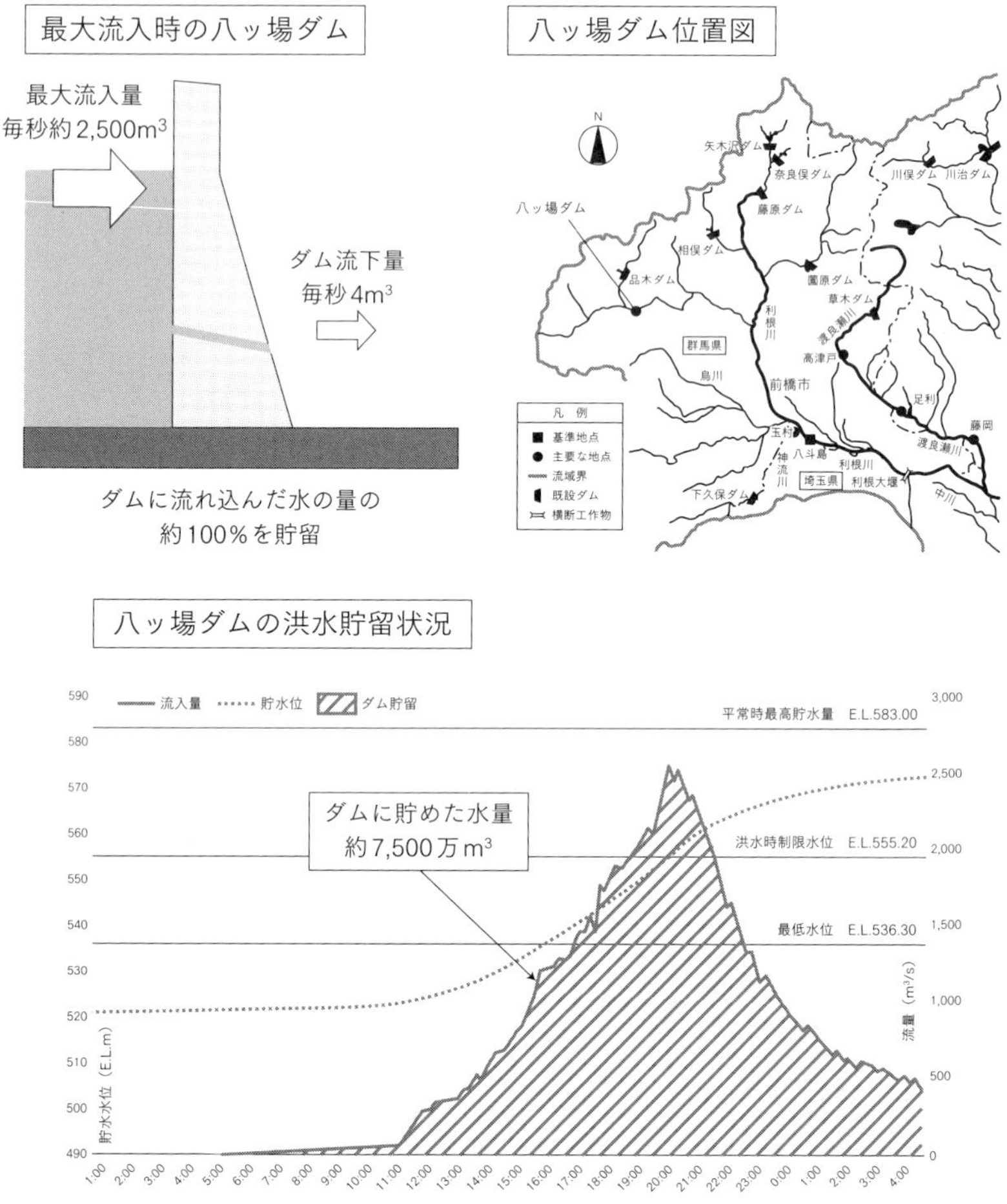

図4－23　台風19号による八ッ場ダムの湛水状況
出典：国交省関東地方整備局記者発表資料、2019年10月13日

とである。たしかに、今回は八ッ場ダムは洪水調節効果を発揮したということはできるが、通常運転状況で、下流平野部の利根川における洪水低減に役立つかどうかは疑問が残る。

八ッ場ダムの洪水調節計画は変更されていた

八ッ場ダム（流域面積７１１・４㎢）の洪水調節計画は、１００年に一度の降雨３５４㎜／３日を対象として、図４－24のように最大３９００㎥／sの流入に対して２４００㎥／sを調節して、下流に１５００㎥／s放流することになっていた。しかし、２０１３年11月にその洪水調節計画は図４－25のように変更され、最大３０００㎥／sの流入に対して２８００㎥／sを調節して、下流に最大１０００㎥／s放流することに変更されていたのである。

この変更理由は図４－25の下の方に「『八ッ場ダムの検証』において、降雨量などの基礎データの点検・最新データの追加を行い、『日本学術会議』の評価を経た新たな流出計算モデルにより再計算を実施し、より効果的な洪水調節方式を選定。」と書かれている。しかし、この変更で気になる点は、変更の前後で洪水の流出形態が大きく異なっていることである。

まず、計画降雨総量を確認しておくと、八ッ場ダム地点の流域面積は７１１・４㎢であるので、降雨総量は３５４㎜×７１１・４㎢＝２億５１８４万㎥となる。これが蒸発散あるいは森林土壌に浸透し、ゆっくり時間をかけて流出してくる成分と、浅い地下水や地表を流れて早く流出してくる成分とに分かれる。この早く出てくる成分が洪水であり、八ッ場ダム地点の洪水を形成するわけである。

変更前の図４－24では、ピーク流量が３９００㎥／sで洪水主要部の継続時間がおおむね18時間であり、図４－24の流量‐時間グラフから、洪水流出総量を概算すると約１億２０００万㎥で、降水総量の約50％

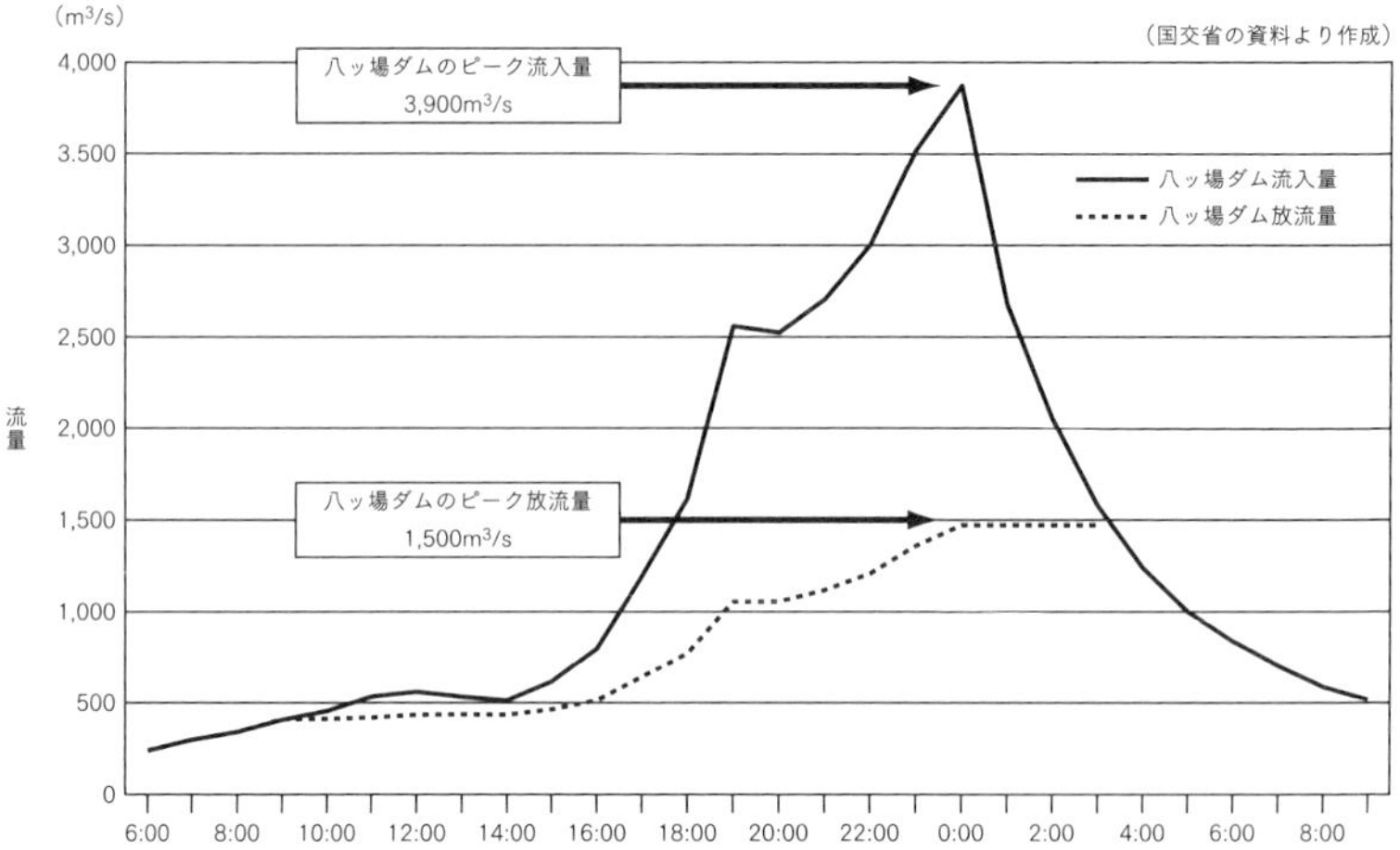

図4 － 24　八ッ場ダムの洪水調節計画（2013年以前）
出典：国交省関東地方整備局資料

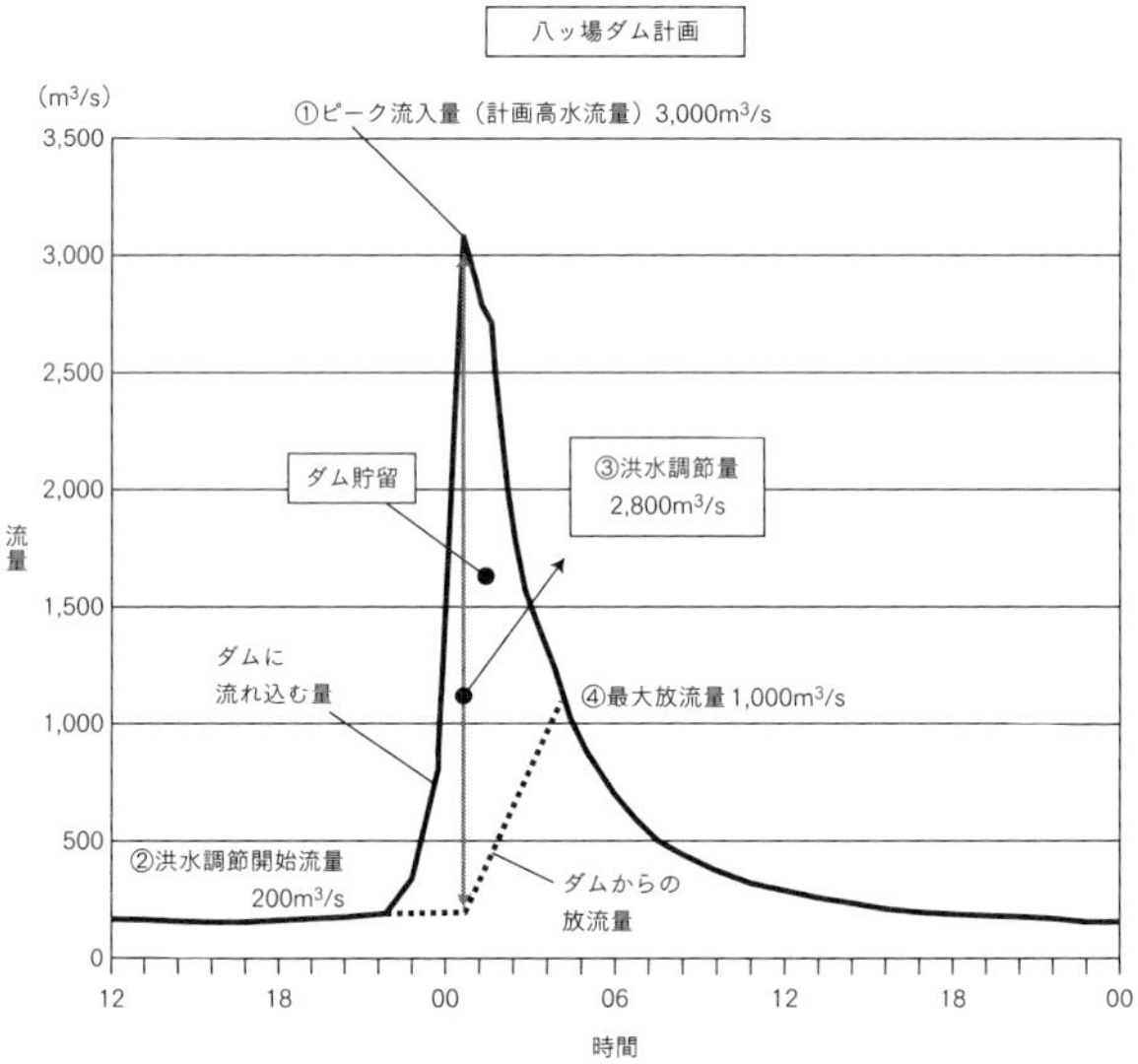

■「八ッ場ダムの検証」において、降雨量等の基礎データの点検・最新データの追加を行い、「日本学術会議」の評価を経た新たな流出計算モデルにより再計算を実施し、より効果的な洪水調節方式を選定。

図4 － 25　八ッ場ダムの洪水調節基本計画変更（2013年11月20日以降）
出典：国交省関東地方整備局資料

が洪水として流出してくることが想定されていたことになる。また、洪水の立ち上がりからピークに達するまでは約10時間を要している。これは洪水流出成分も、大地に浸透して少し時間遅れで出てくることを意味している。

八ッ場ダム上流域は浸透性の高い火山地質地帯であり、降雨は浸透しやすく、洪水流出は遅れがちといえる。その観点から、流出率が50％で、洪水の立ち上がりからピーク流量に達するまでの10時間は、ありうる値として首肯できるものである。ちなみに、地質が第三紀層や古生層・中生層などの山地の場合、洪水流出率は70％から80％であり、短時間に洪水流出しやすく、火山性地質のところとはかなり異なる。

洪水調節計画変更の問題点

しかし、変更後の図４－25では、洪水として流出してきた総量はピーク流量３０００㎥／ｓと洪水継続時間から概算すると５２４０万㎥程度である。八ッ場ダム上流域の流域面積で割ると74㎜で、洪水として流出してくる成分がかなり少ないパターンとなっている。この変更後の計画対象降雨量は明らかでなく、前述の３５４㎜より少ない雨量が想定され、洪水流出量が少ないのかもしれない。しかし、洪水の立ち上がりからピークに達するまでは約2時間と極端に短くなっている。普通、降水総量が少なくなれば、浸透量は相対的に多くなり、洪水として流出してくる時間も遅くなると考えていい。その意味で、変更後の計画洪水流出形態は、現象の現われ方に統一性がないといえる。今回の洪水流出状況は、図４－23から、洪水が立ち上がってピークになるまで約10時間かかっており、流出総量は約７５００万㎥ということであり、図４－24の変更前の流出形態にちかく、図４－25の変更後の流出形態とはかなり異なっている。「日本学術会議」がお墨付きを与えた洪水調節計画であるが、疑念が残る。

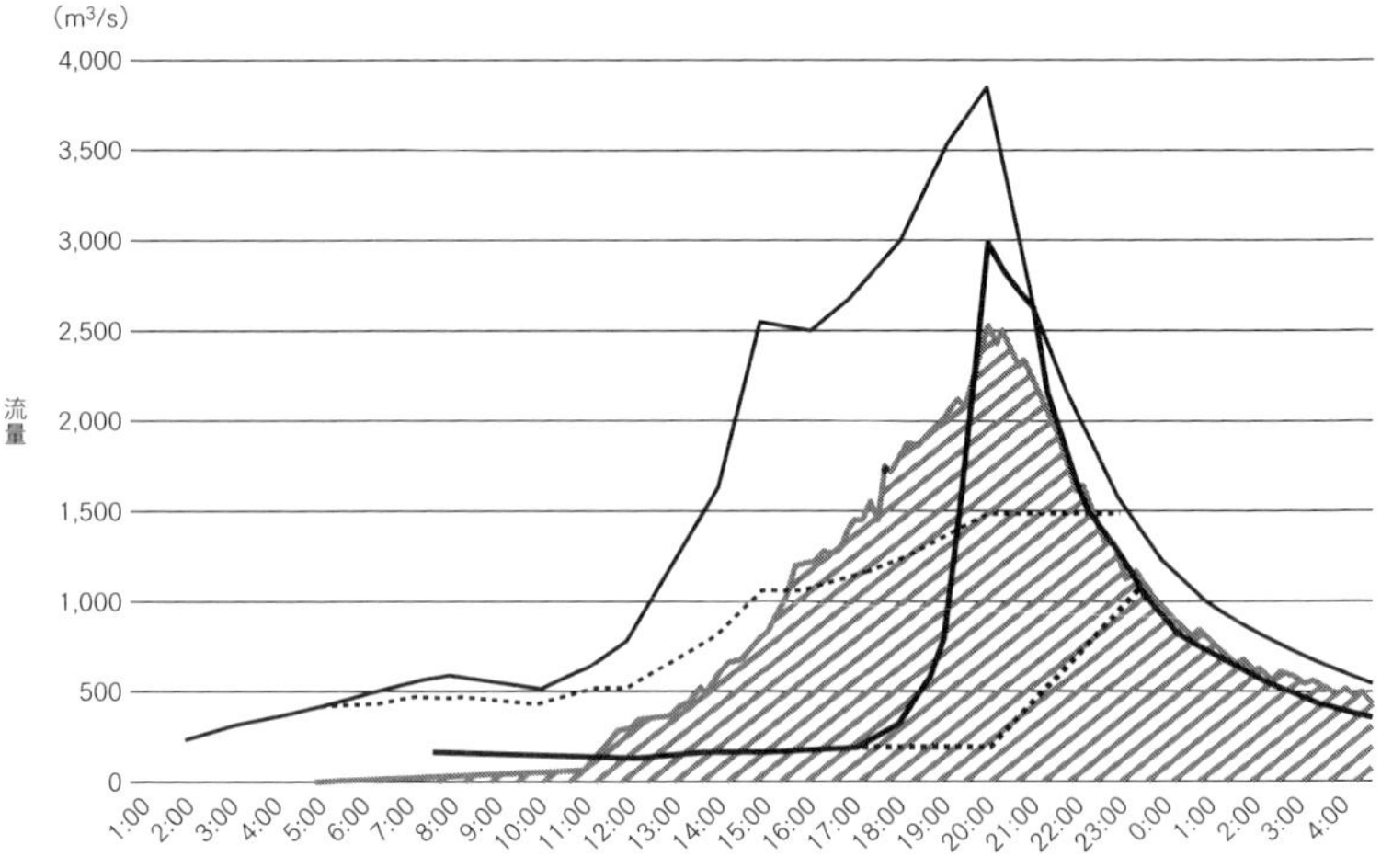

出典：国土交通省作成資料を加工（ピーク時刻を2019年台風19号洪水に合わせた）

図4－26　八ッ場ダムにおける洪水調節計画（2013年以前と以降）と台風19号洪水ハイドログラフの重ね合わせ　グラフ合成：佐藤裕和

この今回の貯留量7500万㎥を流域面積711・4㎢で割ると、105㎜となる。今回の八ッ場ダム上流域の降雨量は、図4－23から長野原地点の累加降雨量は347㎜／28時間であるが、前節の図4－14の降雨状況をつぶさに見ると、平均降雨量は300㎜に達してはいないように思われる。今後、流域全体の降雨量と流出形態の関係について明らかにしていくことが求められる。

ちなみに、この図4－23、図4－24、図4－25を重ね合わせてみたのが図4－26である（作成・佐藤裕和）。数値データから求めたものでなく、図の縮尺を調整して重ねたものであり、厳密なものではないが、傾向を判断するうえではこの図で十分でないかと考える。変更前の洪水パターンや今回の洪水に対して、変更後の洪水調節計画で調節した場合、計画洪水調節容量6500万㎥を使い果たし、洪水調節の途中から流入量をそのまま放流する、いわゆる「緊急放流」という事態に陥るのではないかと想像する。

八ッ場ダム地点と下流八斗島地点の洪水ピークの出現時刻について

今回の洪水はほぼ全量貯留されたわけであるが、八ッ場ダム地点での洪水調節が下流の洪水をどれだけ低減できるかが問題である。利根川が平野に流れ出す八斗島地点（伊勢崎市、流域面積約５１５０㎢）が、利根川治水計画上の基準地点の一つであり、ここでの洪水位がどの程度下げられたかが評価の対象となる。しかし、現状では洪水流量などのデータが公表されておらず、詳しく論ずることはできない。ここでは、２０１３年の洪水調節計画変更が、下流の八斗島にどのような効果をもつのか、若干の考察をしておこう。

今回の洪水では、八ッ場ダム地点ピーク流量出現時刻は図４－23から12日20時頃であるのに対して、下流の八斗島地点での最高水位は12日23時頃４・07ｍ（計画高水位５・28ｍ）であった。八ッ場ダム地点と八斗島地点の洪水ピーク時間差は約3時間である。これは、過去の１９３５（昭和10）年9月洪水や１９４７（昭和22）年9月洪水でも同じ傾向にあった。当時は八ッ場ダム地点の水位観測はないが、八ッ場ダム地点から約９㎞下流の郷原地点での観測がある。そのピーク出現時刻と八斗島でのピーク出現時刻を比較すると、郷原地点のほうが2時間から3時間早く出現している（参考文献：大熊孝『利根川治水の変遷と水害』東京大学出版会、１９８１年、３４６～３６４頁）

八ッ場ダム地点から八斗島地点までの距離は地形図から読み取るとおおむね65㎞あり、洪水到達時間は少なくとも7時間はかかるのではないかと考える。とすると、八ッ場ダム地点のピーク出現が八斗島地点ピーク出現時刻よりおおむね7時間早ければ、八ッ場ダム地点のピークカットの効果は八斗島地点ピークに対して効果的に現われることになる。しかし、現実には洪水ピークの時間差は3時間程度である。換言すれば、八ッ場ダム地点のピーク出現がもう数時間早ければ、八ッ場ダムでのピークカットが八斗島地点の洪水低減に対してもっと効果的になるということである。

ところで、八ッ場ダム地点の洪水出現パターンは、今回の洪水でも、洪水調節計画変更前の洪水パターン（図４－24）でも、洪水の立ち上がりからピークまでに約10時間を要しており、ピーク形成が遅れがちである。しかし、変更後の洪水調節計画（図４－25）では、洪水の立ち上がりからピーク出現までが約２時間と極端に短くなっている。このような流出形態であれば、おそらく八斗島地点での洪水ピーク出現時刻よりかなり早い時刻に八ッ場ダム地点の洪水ピークが現われ、それを洪水調節することによって、八ッ場ダムの八斗島地点に対する洪水調節効果が高められることになるであろう。変更の理由は、八ッ場ダムの洪水調節効果を高めに評価したかったことにあったのではないかと想像する。

なお、平成13年（２００１）９月台風15号では、八ッ場ダム上流域に平均約３４８㎜／３日の雨量があったが、ダム地点最大流量は約１１８０㎥／ｓであった。また平成19年（２００７）９月台風９号では３３７㎜／３日の降雨に対して最大流量は約１１００㎥／ｓであった。今回は２５００㎥／ｓとピーク流量が過去の実績から見てかなり高い結果となっているが、いずれにせよ、洪水調節計画のピーク流量（変更前：３９００㎥／ｓ、変更後：３０００㎥／ｓ）よりかなり低い値となっている。八ッ場ダム上流域の地質が浸透性の高い火山性地質であることを再検証することも重要である。

以上から、八ッ場ダムの洪水調節計画の流出形態は、実態からかけ離れているといわねばならない。

―９― ダム計画の中止とダムの撤去工事について

河川行政に対して１９９０年代中頃から、激しい異議申し立てが行なわれるようになった。

その代表例が長良川河口堰問題である。長良川河口堰（堤高８・２ｍ、堤長６６１ｍ、１９６４年着工～１９９４年

写真4－20　長良川河口堰
撮影：大熊孝

竣工、建設費約１５００億円、写真4－20参照）は、その名のとおり長良川の河口付近に造られたもので、いわゆる基礎から15m以上のダムには分類されない。

長良川河口堰は、塩水の遡上を食い止め水資源を開発することを主眼として計画されたが、長良川の洪水疎通を良くするため河床を掘削すると塩水がのぼりやすくなるので、それを止めることも兼ねるということで治水目的が含まれた多目的構造物として建設されたのである。しかし、水資源の需要が低下し、河川環境を悪化させるとともに、治水目的も堤防強化などで対応できるのではないかということで反対運動が展開された。

私も、河口堰は不要であると講演や新聞・雑誌などで論陣を張ったが、残念ながら１９９５年に完成し、本格運用が開始された。その後、河口堰前後にヘドロが堆積し、シジミの消滅や、鮎やサツキマスの遡上の減少、さらには開発された水資源の需要減などさまざまな問題を残しながら現在に至っている。

また同じく、徳島の吉野川に江戸時代中期に石積みで斜めに横断して造られた第十堰（日本最大の斜め固定堰、写真4

写真4－21　吉野川第十堰
提供：国交省徳島河川国道事務所

－21参照）を可動堰に改築する計画が１９８２年に登場し、これに対しても激しい反対運動が展開された。これも当初は水資源開発が主目的であったが、途中から、斜め固定堰が洪水の疎通を妨げるものとして、治水目的で改築されることになった。

しかし、これについては、徳島市民が住民投票条例を市議会で成立させ、２０００年1月23日の住民投票で反対が確認され、現在凍結状態にある。私は１９９４年から、吉野川シンポジウム実行委員会代表の姫野雅義（１９４７～２０１０）に要請され、この問題にかかわり、徳島市民が故郷を実感する第十堰の重要性と、治水上ほとんど阻害要因にならないことを理由に可動堰化に反対してきた。なお、この要請は、拙書『洪水と治水の河川史』（平凡社、１９８８）を姫野が読んだことにあった。斜め固定堰の洪水流下に対する特長は直角固定堰に比べ堰上げ水深や越流する流速が低く抑えられことにあるが、詳細については、拙書『技術にも自治がある』（農文協、２００４年、２１５～２１６頁）に書いてあるので、それを参照してほしい。

北海道では、吉野川第十堰の可動堰化が決定された１９８２年に、石狩川に流入する千歳川の洪水を苫小牧側の太平洋に放流しようという千歳川放水路計画が登場していた。これは、野鳥のサンクチュアリであるウトナイ湖を横断する計画であり、自然保護関係者から強い反対運動が起こった。これに関してもさまざまな経過をたどり、１９９９年北海道庁内でつくられた千歳川流域治水対策検討委員会（委員長山田家正小樽商大学長）のもと正式に中止が決定された。

私は、この反対運動に深くかかわっていた北海道大学の小野有五教授（１９４８〜）に要請され、石狩川治水の問題点から千歳川放水路は治水にあまり役立たないものであり、環境を破壊するものとして反対運動に参画した。なお、小野からの要請も拙書『洪水と治水の河川史』を読んだことに由来していた。

私の地元の新潟では、１９６６年に信濃川支川清津川に計画されていた清津川ダムが、２００２年７月国交省北陸地方整備局内に設けられた清津川ダム専門委員会で中止が決定された。その中止の主な理由は、ダムサイトの中里村（現十日町市）の村長および村議会からの強い反対意見にあったと考えている。私は中里村から要請を受け、村議会などで信濃川治水問題などについて講演していたが、前述の清津川ダム専門委員会に委員として加えられた。私はまず、委員会の市民への公開を求め、ダムサイト付近のブナ林の重要性を強調するとともに、信濃川の治水計画完成の目途がまったく立っていないことから反対意見を述べた。

さらに、２００１年2月、田中康夫・長野県知事が脱ダム宣言なるものを公表した。「数百億円を投じて建設されるコンクリートのダムは、看過《かんか》し得ぬ負荷を地球環境へと与えてしまう。更には何《いず》れ造り替えねばならず、その間に夥《おびただ》しい分量の堆砂《たいさ》を、此又《これまた》数十億円を用いて処理する事態も生じる。……（中略）……長期的視点に立てば、日本の背骨に位置し、数多《あまた》の水源を擁する長野県に於いては出来得る限り、コンクリートのダムを造るべきではない」という名文であった。この宣言により、長野県が計画していた9基のダムが検討対象となり、同年6月に長野県治水・利水ダム等検討委員会が組織され、２０１５年６月まで32回の委員会が開催された。

委員会は県民に公開で開催され、多いときには数百人の傍聴者があった。私はこの委員会に委員長代理として委嘱され、現地見学や公聴会、その他の打ち合わせ会議などで50回以上も長野県を訪れることになった。委員会の結論として、難渋したが、基本高水を見直すことで、9つのダムを再検証することを答申した。結果として、基本高水の再検証は行なわれていないが、8ダムが中止され、本章の6節でふれた、長野オリンピック（１９９８）に関連して計画された浅川ダムのみ２０１７年3月に完成している。ただ、浅川ダム建設の利水目的は外され、治水目的だけで、ゲート操作のいらない穴あきダムとして完成されている。

このほか、私は熊本県の球磨川の川辺川ダムや群馬県利根川支川吾妻川の八ッ場ダムなどにも関係したが、それ以外でも全国的にさまざまなダム問題、河川改修問題が発生しており、国交省は２０１０年9月に全国85のダム事業（国交省直轄25ダム、水資源機構5ダム、県補助53ダム）の事業検証を行なうことを公表した。結果、２０１９年現在、30のダムが中止されることになったが、残りは建設が継続している。私は、新潟県の4ダム（儀明川ダム、常浪川ダム、新保川ダム再開発、晒川ダム）の検証委員会の委員長を新潟県から委嘱された。検討の結果、２０１２年、儀明川ダムは高田の市街地の河道を拡幅できないこと、新保川ダム再開発は佐渡の水資源が不足していることを理由に継続されたが、十日町市の晒川ダムと阿賀野川支川で住民の移転が完了していた常浪川ダムは中止となった（なお、２０１９年度段階で、儀明川ダムはダムサイトの地質調査が始まったところであり、新保川ダムは流量観測が継続されている程度であり、あまり進展していないことを付記しておこう）。

また、利根川の八ッ場ダムもダム検証の対象となっており、国交省関東地方整備局が主催する「利根川・江戸川有識者会議」で検討されていたが、私が急に招聘され、２０１２年9月25日の第5回有識者会議から委員として参加することになった。当時の民主党政権から私を委員に入れるように要請があったと聞いている。

その後、第6回は同年10月4日、第7回は10月16日に行なわれたが、その後しばらく休止され、第8回が２０１３年2月14日に再開され、第9回は2月21日、第10回は3月8日、第11回は3月18日という頻度で開催され、私はこの第11回まで参加が認められた。この第7回から第8回の間に２０１２年12月民主党は選挙で敗北し、政権を追われることになった。この会議は市民に公開され、毎回１００人前後の傍聴者がいたが、私は利根川治水計画が破綻していること、八ッ場ダムが利根川の治水に役立たないことを述べ、意見書などを提出して論戦を挑んだが、残念ながら少数派で議事としてきちんと議論されずに終わり、利根川・江戸川河川整備計画が２０１３年5月に策定され、八ッ場ダム建設の継続が決定された。本章の８節で述べた八ッ場ダムの洪水調節計画の変更はこの後行なわれたわけである。

このほか、私は関与しなかったが、淀川流域委員会が数百回の会議のなかで、淀川流域のダム建設の中止を提言したが、途中で委員会の委員交代が行なわれ、現在ダム建設が復活しようとしている。

以上のように、２０００年代初めは河川改修問題、ダム問題で議論が沸騰した時期であったが、いわゆる河川工学者のほとんどは国交省側の代弁者であり、ダム再検討を表明した大学関係の河川工学者は、私のほか、今本博健・京都大学名誉教授しかいないという状況であった。

なお、世界的にはダム撤去が１９９０年代からアメリカを中心として行なわれはじめているが、日本では熊本県企業局の発電専用の荒瀬ダム（球磨川河口から約20㎞地点、流域面積１７２１㎢、堤高25ｍ、総貯水容量１０１３万㎥、１９５５年完成）が、２０１２年9月撤去工事開始～２０１８年3月撤去工事完了で撤去された（写真4－22参照）。撤去の理由は、このダムの堆砂による水害の激化とヘドロの堆積による環境悪化にあるが、老朽化による発電効率の低下もあるといわれている。撤去工事は、この工事期間からみて、慎重にていねいに行なわれたと言っていいと思う。この撤去によって、ダムに堆積していた土砂が流れ、球磨川の河道や

写真4－22　荒瀬ダムの撤去前後
上：撤去前2011年7月、下：撤去後2018年5月　写真提供：熊本県

八代海の海岸の自然回復が見られたとのことである。ただ、この荒瀬ダムの上流には電源開発株式会社の発電専用の瀬戸石ダム（球磨川河口から約29㎞地点、流域面積１６２９㎢、堤高26・５ｍ、総貯水容量９９３万㎥、１９５８年完成）があり、この撤去がなければ本格的な球磨川・八代海の自然復元は望めないという意見もある。

この荒瀬ダムは堤高25ｍといわば小規模ダムである。堤高が数十〜１００ｍを超えるような大ダムの撤去は、堆積土砂量が膨大であることに加え、多くのダムが山間奥地にあることを考慮すると、簡単に実行しえないことであると言わねばならない。

第5章

究極の治水体系は400年前にある

——堤防の越流のさせ方で被害は変わる

２００４年７月の新潟豪雨災害では、信濃川支川の刈谷田川と五十嵐川で、洪水が堤防のいたるところで越流したが、破堤したところは限られていた。私はこれを見て、「土」でできている堤防も意外と強いという感を深めたのであった。しかし、治水技術的には１か所でも破堤すれば敗北である。このときは、破堤したところが人家の密集地で、高い堤防が短時間に破れ、激流となって家屋を破壊し、浸水位が１階の天井にも達する状況で、高齢者の溺死者を出したのであった。寝たきり老人で、逃げ切れず、階段の途中で亡くなった人もいた。これは痛恨の極みである。

破堤するにしても、人家のないところで、ゆっくり時間がかかって破堤すれば、氾濫流の勢いも弱く、氾濫量も少なく、人が死ぬことも家が破壊されることもなかったと考える。たとえ、床上浸水でも、せいぜい10～20㎝であれば、枕を高くするか、上半身を起こせば呼吸をすることができ、死ぬことはない。天井に達するような浸水は絶対に避けるべきなのである。

この刈谷田川と五十嵐川の上流にはダムがあり、住民の多くが安心しきっていたことが水害を大きくした理由でもあったが、人家の密集した最悪の場所を破堤させてしまったという事態は強く反省しなければならない。

治水には限界があり、すべての洪水を河道の中に押し込めることは不可能であり、いつかは洪水が堤防を越えて溢れることは免れられない。その際に、どこが破堤するのか分からない状況が最も困るわけである。越流場所が特定され、そこを徹底的に守り、破堤さえ起こさなければ、越流氾濫量は破堤氾濫量に比べ高が知れているので、被害を相当程度軽減できる。

伝統的治水工法では、被害が相対的に少ないところに越流堤を造り、そこから洪水を氾濫させ、ほかの勝手なところでの破堤を防ぐという方法がよくとられていた。そうした究極の治水ともいうべき方法が４００年前から存在していたのである。ここでは、そうした事例を紹介し、それが現代においても有用であることを述べたい。

ただその前に、武田信玄（１５２１〜１５７３）の治水方策が著名であり、第3章の最後に書いたが、樋口清之著『梅干と日本刀―日本人の知恵と独創の歴史』（祥伝社、１９８５年）の冒頭を飾るほどである。ただ、この信玄の治水方策には誤解もあり、私自身も拙書『川がつくった川、人がつくった川』（ポプラ社、１９９５年、75頁）や『技術にも自治がある』（農文協、２００４年、70頁）では間違いを書いてしまった。これは、私の師の高橋裕（１９２７〜）、さらにその師の安藝皎一（１９０２〜１９８５）の記述をそのまま孫引きしたことに原因がある。

篠原修（１９４５〜）は『河川工学者三代は川をどう見てきたのか―安藝皎一、高橋裕、大熊孝と近代河川行政一五〇年』（農文協プロダクション、２０１８年）を著わしてくれたが、伝統的治水策について語るにあたってまず、河川工学者三代にわたる誤謬を正すことから始めたい。なお、同書ではこの誤謬の連鎖についてはふれられていない。

—1— 信玄堤は本当に信玄が築いたのか？

御勅使川の分派と釜無川治水

樋口清之著『梅干と日本刀』（祥伝社、1985年）から、まず信玄堤について引用しておこう。

> 鉄砲水の水圧を殺すために甲府の竜王という所で、この川の流れを大きな自然の岸壁にぶつけて、水流のエネルギーを殺いでから南に流すことにした。これで先ず水流のエネルギーによる、堤防の決壊を防いだ。つぎは水かさの高まりによる氾濫だ。氾濫はいつ起こるか予測がつかない。そこで堤防を築くとき、これを一挙に阻止しようと考えないで、氾濫を予想して堤防を築くのである。雁木堤という突堤を川の中に出すほかに、水流のエネルギーが、集中しそうな堤防を強化するのとはまったく逆に、右左の堤防を切ってしまう。そして、わざと水が流れ出すようにして、その外側に第二堤防を築き、遊水をそこに流す。つまり、水流のエネルギーを利用して、分水してしまうわけだ。（同書、24頁）

前半は水流のエネルギーの削ぎ方について、後半は「霞堤」（予備知識・川の専門用語⑧参照）について言及しているが、やや抽象的で分かりにくく、氾濫の予測がつかないことに対しては具体的にどう対処するのか記されていない。ここで書かれた信玄の治水について、一般書にもっと具体的に最初に書いたのは安藝皎一であり、それを引き継いだのが高橋であった。それらが書かれた時期からして、樋口はおそらくこの安藝や高橋の記述を参考にしたのではないかと考える。

まず、その安藝の記述から見ていこう。安藝皎一著『水害』（学生書房、1949年）には、図5－1を示しながら次のように書かれている。

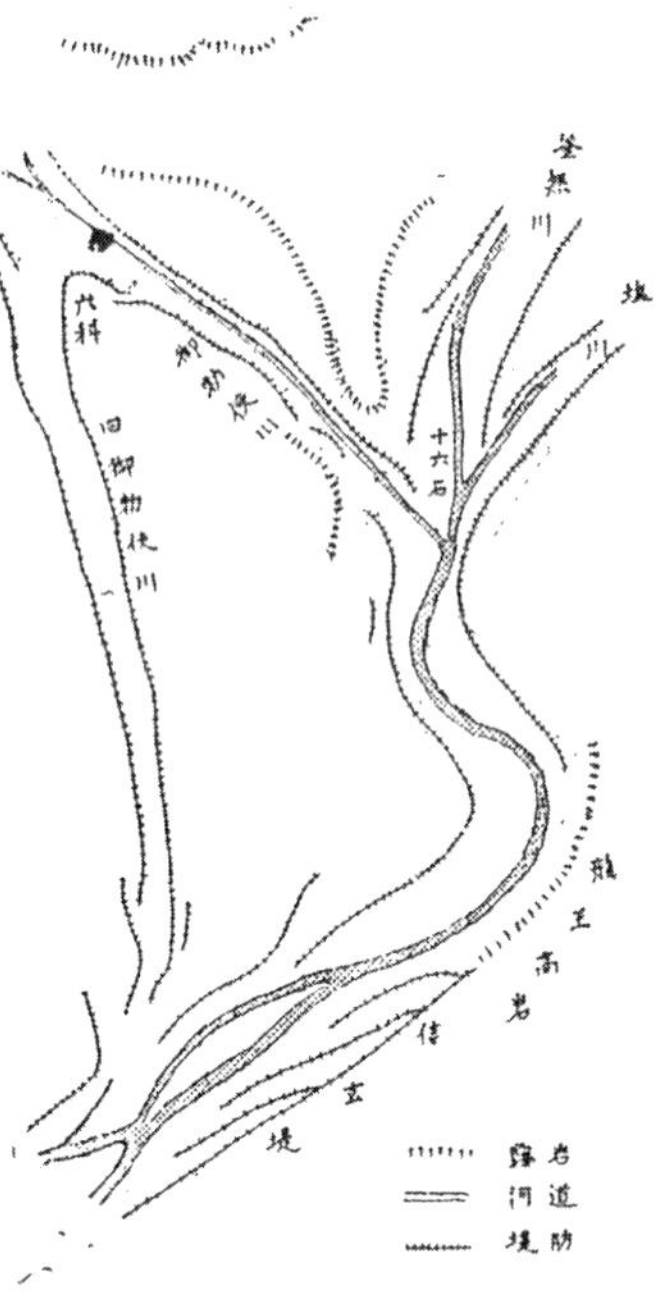

図5－1　信玄堤見取図
出典：安藝皎一『水害』学生書房、1949年、25頁

> 武田信玄が釜無川《かまなしがわ》に信玄堤を築立てたのは天文11（1542）年の大洪水の直後であった。……（中略）……丁度堤防を築立てるところの対岸で合流する御勅使川《みだいがわ》が大きな支障をなすので、彼はこれを上流で分流を行い、その一部の水をさいて、釜無川と塩川との合流点の下流で釜無川に合流せしめた。之は三河川の洪水を巧みに利用してその主流を常に新しく築立てた堤防の上流につづく高岩に向かわしめたのである。高岩から反転して来た流れは御勅使川の流れと衝突して勢を

弱められ、下流に導くようにしたのであった。この様にした信玄堤への水衝りを出来るだけ軽くしたのである。（同書24〜26頁、西暦と振り仮名は筆者加筆）

この記述を参考に、高橋裕は酒匂敏次との共著『日本土木技術の歴史』（地人書館、１９６０年）に次のように書いている。

> 六科《むじな》から新河道を開いて水流を分け、新分水路は北に向けて竜王高岩へと洪水の一部を向かわせるようにした。つまり御勅使川と釜無川の合流点は、従来竜王高岩の下流平坦地であったのを、一部分けて高岩の堅固な高台へとぶつけたのであり、塩川と釜無川の合流直後で、御勅使川の一部を合わせることによって、河の流れを一定にさせようとした。この三川合流点に十六個の巨石を巧みに配置して〝十六石〟と称し、三川の水が高岩の方へ向かうよう調整した。高岩に当てた流水の反転を旧御勅使川合流点に当て、流水同志《（ママ）》を充てることによって勢力を相殺させた。（同書、39〜40頁）

この高橋の記述は、高岩にぶつかった流水が反転して、二派に分けた南側の御勅使川の合流点にぶつかり、流水のエネルギーを殺いだという「水でもって水を制する」奥義が、安藝より明瞭に書かれており、その後多くの文献に引用されることになった。たとえば、長尾義三著『物語日本の土木史』（鹿島出版会、１９８５年、79〜80頁）、合田良實著『土木と文明』（鹿島出版会、１９９６年、46〜47頁）に引用されている。実は、私も拙書『川がつくった川、人がつくった川』（ポプラ社、１９９５年、76頁）でこの見解を一層ていねいに踏襲しているのであった。

また近年でも、公益財団法人リバーフロント研究所編集・発行『自然に学び自然をいかす治水の知恵――歴史から学ぶ自然観察とテクノロジー』（2013年、47頁）には次のように書かれている。

> 信玄は、まず、現在の南アルプス市有野に白根将棋頭と呼ばれる石積みを築き、御勅使川の流れを二つに分け、さらに支流の割羽《わっぱ》沢川《ざわがわ》が合流してきた水勢を調整するため、第2将棋頭（竜岡将棋頭）を現在の韮崎市龍岡町に築いたとされます。最初の白根将棋頭で分流された旧河道を前御勅使川と呼び、新しく開削された河道を御勅使川と呼ぶようになりました。
>
> ……（中略）……
>
> 発掘された現在の将棋頭をみると、どちらの将棋頭も川の流れを分け、水を制するには大きさも造りも脆弱に見えました。

ここでは、流水を二つに分派するという「将棋頭」が2か所登場している。安藝も高橋も「将棋頭」という名称を使っていないが、ここの「白根将棋頭」は六科の三角形状の「六科将棋頭」のことである。第2将棋頭の「竜岡将棋頭」については安藝も高橋もふれていないが、図5－2のように御勅使川の北側に2つも将棋頭があり、そのどちらかであろう。

安藝、高橋の記述には出典が示されていないが、幕末に編纂された『甲斐国志』（1803〜1814年編纂）が原典となったと思われる。その『甲斐国志』には次のように記されている。

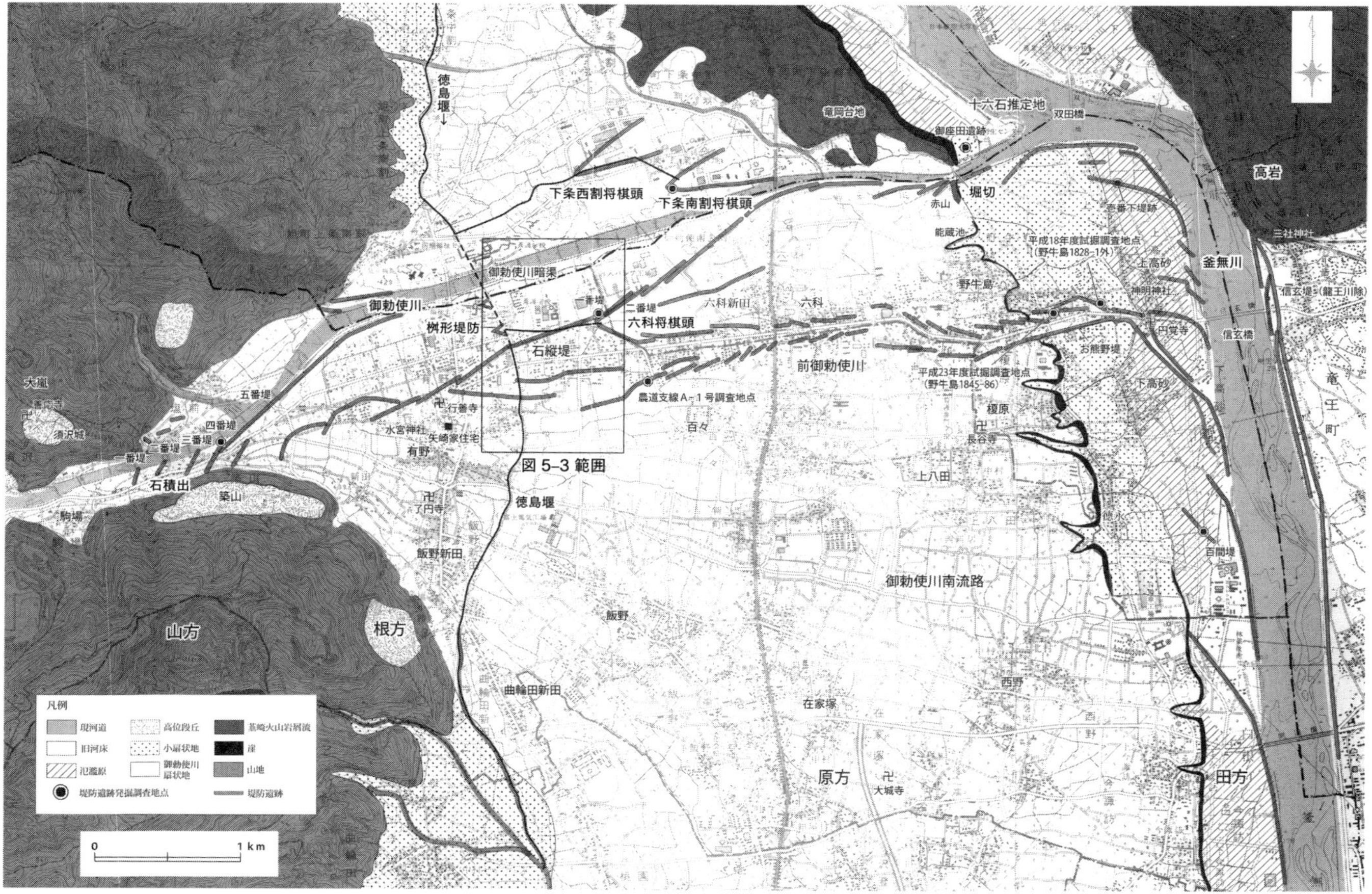

図5－2　御勅使川扇状地地形分類図と堤防遺跡分布図
出典：「桝形堤防—第2次調査 2—」南アルプス市教育委員会、2015年3月、7～8頁

武田信玄ノ時ニ至リ大ニ水役ヲ興シ下条南ノ割村ニテ岩ヲ錐鑿スルコト広サ十八歩上流ノ駒場・有野ニ石積出ヲ置キ駿流ヲ激シテ斜ニ東北ヘ向カハシム対岸ハ龍王村ノ赤岩ナリ（一名高岩）又六科村ノ西ニ圭角ノ堤ヲ築キ流ヲ両派ニシテ以テ水勢ヲ分ツ是ヲ将棋頭ト云フ其ノ突流ニシテ釜無河ニ会スル所ニ大石ヲ並べ置キテ水勢ヲ殺グ釜無河ノ水ト共ニ順流シテ南方ニ赴カシム於是ニ暴流頓ニ止ミ竜王村ノ堤ヲ築キテ村里ヲ復スルコトヲ得タリト云フ凡ソ治水ハ国家ノ専務ナリ（『甲斐国志』（巻之三十一、山川部第十二、１８１４年刊行）雄山閣、１９７０年、76頁）

ここには、まず「下条南ノ割村ニテ岩ヲ錐鑿スルコト広サ十八歩」とあるが、これは竜岡台地の「堀切」のことであり、それを18歩（約33ｍ）開削し、そこに御勅使川を流したことを最初に述べている。ついで御勅使川扇状地の扇頂に位置する有野に「石積出」を設け、六科の「将棋頭」で御勅使川の流れを分流し、釜無川に会するところに大石（図５－１、図５－２の「十六石」のこと）を置き、高岩については記述がないが、釜無川と御勅使川の洪水を合わせて順流として、竜王の堤防を設け、治水の安定を得たことが記されている。

この治水策の要は六科の将棋頭の分流であるが、それは本当にうまく機能したのであろうか？　御勅使川は洪水時には巨石をともなった大量の土砂が流れ、たとえ一度か二度はうまく左右に分流できたとしても、土砂の堆積や洗掘で、時間の経過とともに思いどおりの制御は無理であったと考えていい。

また、分流された御勅使川北派川（現在の御勅使川）と釜無川の洪水が合流して高岩にぶつかり、その反転は十分に考えられるが、その反転した洪水が御勅使川の南派川（もともとの御勅使川）と釜無川の合流点にうまくぶつかり、「水でもって水を制する」ことができたかどうかははなはだ疑問である。第４章の小田川合流点における高梁川の分派について、土砂がたまりやすく治水上問題であったことを指摘した。私は、河川を二手に分流し、それを長年月維持することは河川工学上で最も困難な仕事であると考えている。

河川が二つに分派したところでは、近代的科学技術を手にしてから、分派点の両方に堰や水門の構造物を造り、流水を自由に制御できるようになったのである（予備知識・川の専門用語⑯参照）。しかし、信濃川の放水路である大河津分水の分派点では、１９２２年に完成した近代的な可動堰が１９２７年に基礎地盤の土砂流失で崩壊し、信濃川の水量が全量放水路に流れてしまうという大事件も発生している。近代的科学技術を入手してもこのような状況であり、４００年も前にこうした分流がうまくできたとは考えにくいのである。

武田信玄の御勅使川・釜無川治水の評価は、高岩に洪水をぶつけ反転させ、釜無川が平野に出る左岸・竜王地点の信玄堤に洪水が衝突しないようにしたという点は首肯しうるが、そのほかの「将棋頭」や「堀切」の評価は、信玄を神格化するあまり、実態のそぐわない過大評価でなかったかと思われる。

御勅使川と立体交差する徳島堰

実は『甲斐国志』には、甲府盆地の開発にとって最重要な「徳島堰《とくしませぎ》」について全くふれられていないという欠点があった。安藝も高橋も私も、それにふれることなく信玄治水を論じていたのである。この御勅使川治水においては、「徳島堰」を含めて論じることが必要不可欠であると考える。

「堰《せき》」とは、一般的に用水を取水するために川を横断して設けられる構造物を意味するが、甲州や信州では「せぎ」と呼んで、堰と水路を含めた用水システム全体を意味している。徳島堰は、釜無川の右岸・韮崎市円野町上円井で取水し、南アルプス市曲輪田新田までの約17㎞の用水路システムであり、１６６５

（寛文５）年、徳島兵左衛門俊正が着工し、１６６７年におおむね完成したと伝えられている。

徳島堰の用水路は、釜無川右岸の巨摩山地の裾を北から南に走っており、山地からの小河川で形成された扇状地をいくつも横断し、さらに最も暴れ川である御勅使川を横断して造られているのである（図５－２参照）。この小河川群と用水路は立体交差させられているが、御勅使川とは当初平面交差であった。平面交差の構造は、御勅使川の河床を地ならしして、牛枠（予備知識・川の専門用語⑨参照）を立て並べ、そこに板を立てかけ筵などを敷きつめた「板堰」と伝えられている。

御勅使川は石礫の多い暴れ川であり、これと用水路を平面交差させるという決断は技術者としては躊躇させられる。しかし、徳島兵左衛門はそれに挑戦したのであった。おそらく、当初は、洪水のたびに御勅使川を横断する水路は破壊されたであろう。しかし、１７００年代初めには、御勅使川の扇状地における土砂堆積が激しく、扇面が用水路より完全に高くなったため用水路は暗渠として御勅使川の下を潜るように改造されたのであった。

さて、この徳島堰から用水を取水して灌漑された地域は釜無川右岸一帯であるが、御勅使川扇状地においては図５－２にある下条西割将棋頭、下条南割将棋頭、六科将棋頭の背後地域なのである。その取水の仕方を六科将棋頭の場合で見てみると図５－３のようである。徳島堰は暗渠となっており、そこから取水される水路も暗渠化されている。ただ、取水地点は「桝形堤防」といわれる、同じく三角形状の石積み堤防で護られている（写真５－１）。

扇状地河川の洪水は石礫が多く、それが扇状地の上を放射状に比較的薄い流れとなって流れていくが、それから護る方法としては、その扇面にある石を利用して三角形状の石積み堤防を築き、その薄い流れを逸らして、石積み堤防の背後地を護るという方法をとるのが最も合理的である。同じような護り方として、大井川や安倍川、常願寺川などの扇状地上で見られる舟形屋敷がある。御勅使川においても同様で、桝形堤防は取水地点の保護であり、六科将棋頭は灌漑区域の防御であったと考えられる。徳島堰が造られたのは武田信玄の築堤からおよそ１３０年後のことである。『甲斐国志』が書かれた１８００年初頭は徳島堰は十分に機能していた時代であり、何故これに関する記述が漏れたのか不思議である。

甲府にある帝京大学文化財研究所の畑大介（１９６０〜）は将棋頭に関しては、御勅使川扇状地の開発過

図５－３　桝形堤防と六科将棋頭の関係
出典：「桝形堤防―第２次調査 ２―」南アルプス市教育委員会、2015年3月、9頁

写真５－１　桝形堤防の形状
出典：「桝形堤防—第２次調査 ２—」南アルプス市教育委員会、2015年３月、口絵写真

程で耕地や宅地を護るものとして同様なものが古くから存在した可能性を指摘しており（畑大介「信玄堤と考古学」『山梨県考古学協会誌』第20号、２０１１年4月、5～16頁）、「桝形堤防」との関係性を考慮すると、徳島堰とともに造られたか、強化されたと考えるほうが自然である。また、畑大介は、六科将棋頭の発掘調査からその根入れの脆弱性を指摘しており、その分流機能にも疑問を呈している（畑大介「武田信玄・治水の構想」萩原三雄編『戦国武将武田信玄』新人物往来社、１９８８年、66～85頁）。先に引用したリバーフロント研究所の評価も、将棋頭の脆弱性を反映して、末尾に反省が加えられているのは、こうした研究が反映されたからではないかと考えるが、徳島堰や桝形堤防の存在にはふれていない。

なお、竜岡台地を掘り割った「堀切」であるが、最近の研究では、15世紀から16世紀の初頭には、御勅使川が土砂の堆積などで河床が上昇し、自然に竜岡台地に切り込んで、御勅使川の流路ができたと考えられるようになっている（畑大介『治水技術の歴史—中世と近世の遺跡と文書—』高志書院、２０１８年、１３９～１４４頁）。それは竜岡台地の東側の扇状地に平安時代の遺跡が出土しているからである。おそらく、信玄の頃にはすでにあった「堀切」を拡幅などして流れを良くしたと考えたほうがよさそうである。

また、「十六石」は現在のところ、まだ実物の発見には至っていない。

信玄に関する治水策の議論が少々長くなったが、都合のいい事実だけを取り上げて「水をもって水を制する」などという理論を構築しても、それが絵空事であっては意味がない。事実をできるかぎり広く拾い上げ、今のわれわれにとって何が役立つのかを考えるべきであろう。私は、この御勅使川・釜無川の治水・利水の過程から、扇状地における土砂礫を多く含んだ氾濫流から身を守るには、氾濫流を受け流す三角形状の石積み堤防である「将棋頭」方策が最も有効であるということを学んだ。

―2― 筑後川右支川・城原川の〝野越〟

前節では、扇状地河川で、石礫の多い洪水氾濫から、耕地などを局所的に護るには三角形状の石積み堤防が効果的であることを学んだ。次は、連続堤防が形成され、それを越流するような洪水に対して、どのような方法がとられたのか、４００年前の成富《なりどみ》兵庫《ひょうご》茂安《しげやす》（１５５９～１６３４）から学ぶことにしよう。

九州の佐賀平野では、成富兵庫茂安が、脊振《せぶり》山地から出てくる土砂流出の激しい河川群と干満の激しい有明海に注ぐ筑後川に挟まれた地域に対して見事な治水システムを展開している。そのシステムは世界遺産に値すると思われるほどであるが、ここでは、そのなかでもとくに見事な筑後川右支川の城原川《じょうばるがわ》に築造された〝野越《のこし》〟を見ることにしよう。〝野越〟は越流堤であり、いざという時洪水を越流氾濫させ、流域全体の被害を分散、軽減するもので卓越した治水策である。

城原川は北から南に流れて筑後川に合流しているが、その東側の丘陵地には弥生時代の吉野ヶ里遺跡があり、西側には佐賀の市街地がある。吉野ヶ里遺跡があることから、おそらくこの地域の開発は古代に遡るであろう。現在、この〝野越〟が城原川の左岸側に7か所、右岸側に2か所残されている。なお、これらすべてが越流堤であったかどうかは疑問視されており、上流のものは霞堤が変形したのではないかと考えられはじめている（田辺敏夫・大熊孝「城原川流域における野越の役割と効果に関する研究」土木史研究21号、２００１・5、１４７〜１５８頁）。その野越の一つが、図５－４に見る鶴西集落の〝野越〟である。現在の堤防は、１９５０年代に嵩上げされ、越流堤の表面にはアスファルトが張られたが、古くからの〝野越〟の形態は保全されている。

　ここを越流した洪水は、そのまま下流に流れていくと、次第に流速を増して被害を大きくするかもしれない。そこで、まず越流してきた水を水害防備林で受け止め、図５－４に見るように、溢れてきた水を上流へ上流へとゆっくり誘導し、隣の馬場川、さらに東の田手川に排水し、平野全体で氾濫を受け止めるという工夫がとられている。この樹林帯の陰に鶴西集落があるが、聞き込みによればここはかつて一度も水害に見舞われたことはないとのことである。成富兵庫茂安の治水システムは、技術の限界を知ったうえで、いかに被害を軽減するかに主眼があり、〝究極の治水体系〟といえるのではないかと思う。

　実際に、２００９年7月26日、城原川が洪水となり、この野越を越流して氾濫を起こした。むろん、破堤は起こらず越流氾濫だけであった。水田地帯は浸水を受けたが、稲は穂ばらみ期の前であり、ほとんど被害が発生していない。また、この氾濫によって下流の洪水は低減しており、下流域は水害を免れたといえる。

　現在、この氾濫流が流れたところには人家が密集しはじめている。国土交通省は9か所ある野越をやめて、上流に城原川ダム（治水専用穴あきダム、堤高９８・５m）を建設するという治水方針をとろうとしている。私は、９か所の野越のうちまだ人家の少ないところがあるので、それらを遊水地として活用する治水策を

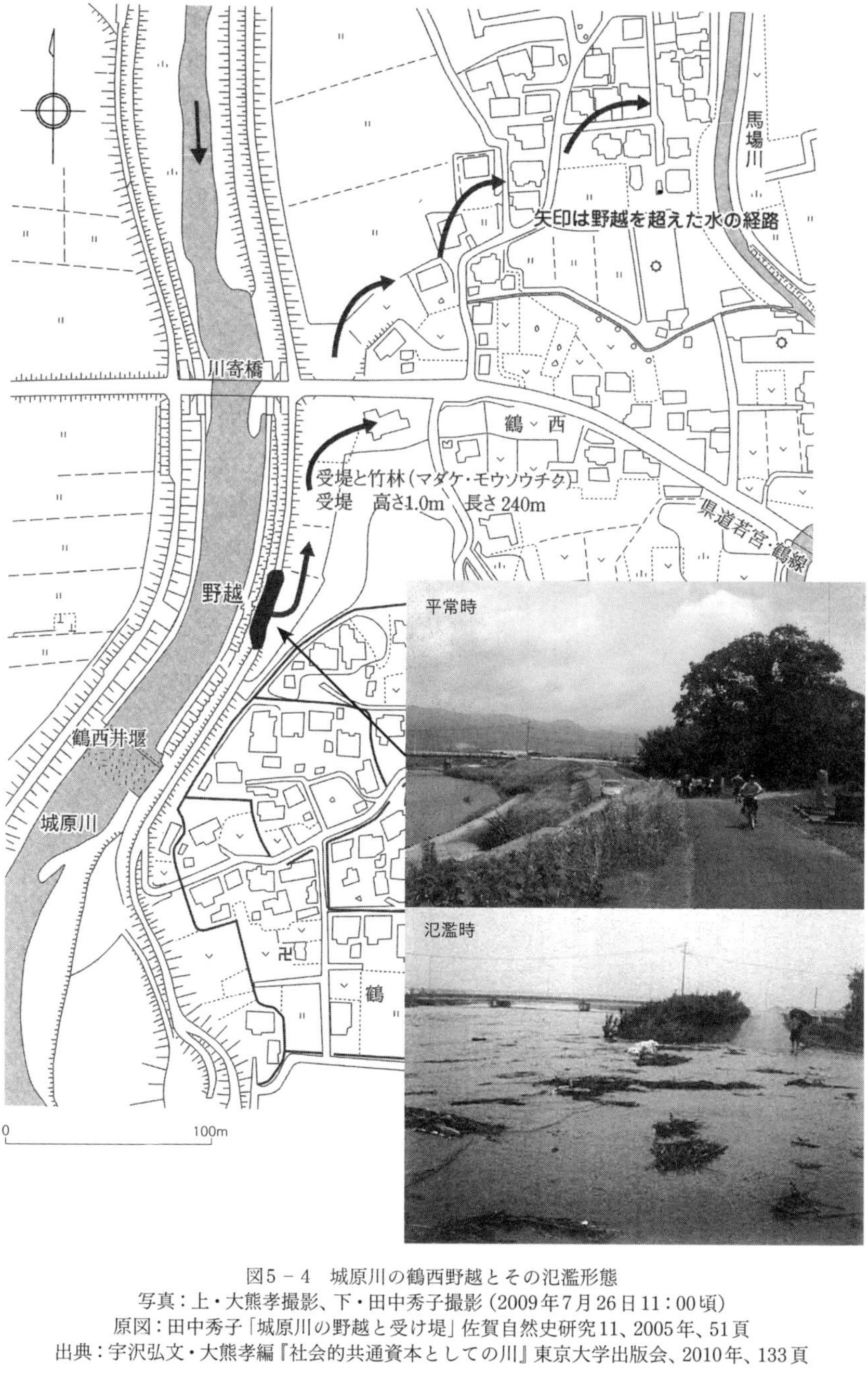

図5－4　城原川の鶴西野越とその氾濫形態
写真：上・大熊孝撮影、下・田中秀子撮影（2009年7月26日11：00頃）
原図：田中秀子「城原川の野越と受け堤」佐賀自然史研究11、2005年、51頁
出典：宇沢弘文・大熊孝編『社会的共通資本としての川』東京大学出版会、2010年、133頁

とることを期待している。

―3― 加藤清正の「轡塘」

戦国時代に武田信玄とともに土木技術に長けた武将として知られるのは加藤清正（1562～1611）である。彼が熊本の緑川で施した治水策に「轡塘《くつわとも》」というものがある。その形状は今も残っているが、その概念図を図5－5に示す。

これも、基本的には、勝手なところで越流破堤されると被害が大きくなるので、被害の少ないところで越流させるが破堤させない手法である。

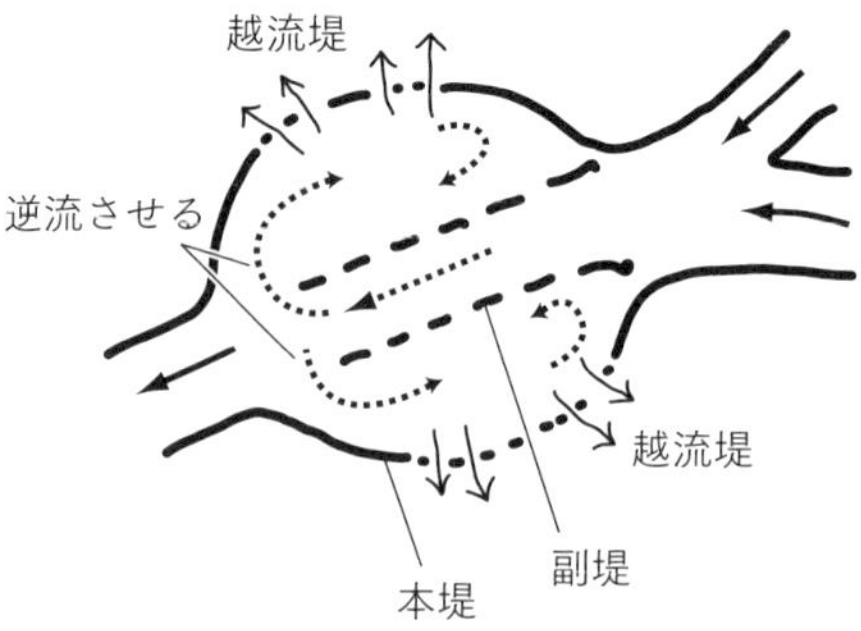

図5－5　加藤清正が緑川に造った轡塘
出典：かこさとし他『水とたたかった戦国の武将たち』（財）全国建設研修センター、1997年、28頁に加筆

越流させる場所は、少し川を膨らませて堤防を造り、図5－5のように逆流させて水をため、その膨らませた堤防に越流堤を設けて洪水を分散させる方式である。この膨らませた部分は、いわば洪水に対するクッションであり、越流堤に対する洪水の直撃を避けるためのものである。逆流させて、ゆっくり氾濫させれば、破堤しにくいということである。なお、この膨らみにおける貯留量はたかがしれており、いわゆる遊水効果はないとみたほうがいい。

—４— 桂離宮の水害防御策

桂離宮は、京都の桂川右岸沿いに、１６００年代初期に築造された回遊式庭園と数寄屋造りの書院建築の総称である。現在、宮内庁管理で、国宝や世界遺産には指定されていないが、ブルーノ・タウト（ドイツ人、建築家、１８８０〜１９３８）が「永遠なるもの」と激賞したことからあまりにも著名である。この桂離宮については、今までの拙書では毎度ふれてきたが、その見事な治水策について、ここでもふれずにはおれない。

桂川は、淀川右支川で、京都・嵐山で平野部に流れ出すが、扇状地河川で河床勾配が４００から５００分の１と急流であり、堤防が切れたら重大な損害が出るところである。

実際、桂離宮内の松琴亭という茶室の壁には浸水を受けたことを物語る水平な痕跡が何本も残されている。しかし、松琴亭は破壊されていない。それは穏やかな浸水を受けたことを意味している。

写真５－２の上、右手に見えるのが桂川に沿っての、笹垣と呼ばれる垣根であるが、これはまさに水害防備林（第３章参照）そのものである。写真に見られる竹は、堤防の裏法面に密植された竹を生きたまま折り曲げたものであり、ところどころに欅《けやき》が植えられている。ここに洪水が来て、堤防を越えそうになった状況を想像してほしい。おそらく、洪水は土砂を含む濁流であるが、越流水はこの竹林によって勢いが殺がれるとともに、土砂は濾過され、比較的きれいな水のみがゆっくりと越流していくことになるであろう。これを水害防備林の水制作用と濾過作用と呼んでいる。

私は１９８２年の桂離宮の昭和の大改修時に庭園の現地調査を許可され、７日ほど桂離宮に通わせてもらったことがある。その際、測量を試みたのであるが、松琴亭の一番高い水位痕跡をレベルで水平に移動してみたところ、書院の床下ぎりぎりのところに一致した。すなわち、書院は床上浸水を受けたことがないと判断できる。そのことを宮内庁の職員に尋ねたところ、床上浸水の記録はないとのことであった。

桂離宮は創建以来もうすぐ400年になろうとしているのであるが、軽微な水害は受けたかもしれないが、壊滅的な水害は受けていないということである。これぞ究極の治水策であり、自然との共生のなかに、桂離宮の永遠性が担保されていると言っていいだろう。

写真5－2　桂離宮の笹垣と書院
写真上の左手が桂川。道路が堤防の天端であり、その右手に笹垣がある
撮影：上・大熊孝、下・鈴木哲

—5— 信濃川左支川・渋海川（長岡市）の事例

上記の3例はいわば著名な人物や皇族が関係した事例で特別と考えられるかもしれない。そこで、その治水システムの確立がいつ頃なのか年代は特定できないが、ごく普通の地域で行なわれていた事例を見ることにしよう。

図5－6の写真は１９７８年6月26日の信濃川左支川・渋海川での水防活動状況である。私が新潟大学に赴任して初めての水害調査であり、この水害ではさまざまなことを学ばせてもらった。この水防活動は何をしているかというと、実は右岸の星印で示した場所だけ前後の堤防に比べ低くなっており、ほかでの越流氾濫被害を回避するため、ここで洪水を積極的に越流させるのである。ただ、洪水が越流した場合に土堤は洗掘されやすい。洗掘破堤されては大被害になるので、莚《むしろ》を張って洗掘を防止する作業を行なっているのである。洗掘が防止されれば、破堤は免れ、越流だけであれば氾濫量には限りがあり、被害を軽減できる。しかも、その越流した氾濫水は、下流の堤防が不連続になっている霞堤部分から、時間遅れで河道に還元されるのである。これも〝野越〟と同じように、特定の場所で越流させるが、破堤は起こさせず、被害を最低限度に抑えるシステムとなっているのである。

ここで重要なのは、成富兵庫など著名な治水家がかかわったわけでなく、地域住民だけで話し合いがもたれ、越流場所や氾濫区域を決めてきたということである。おそらく、越流場所をどこにするかは、利害が絡むので激しい議論になったはずである。しかし、地形や水田の状況から、地域住民同士の話し合いで場所が決定されたのであろう。この「お上に頼らず自らの地域を守る」ということは、かつての日本では

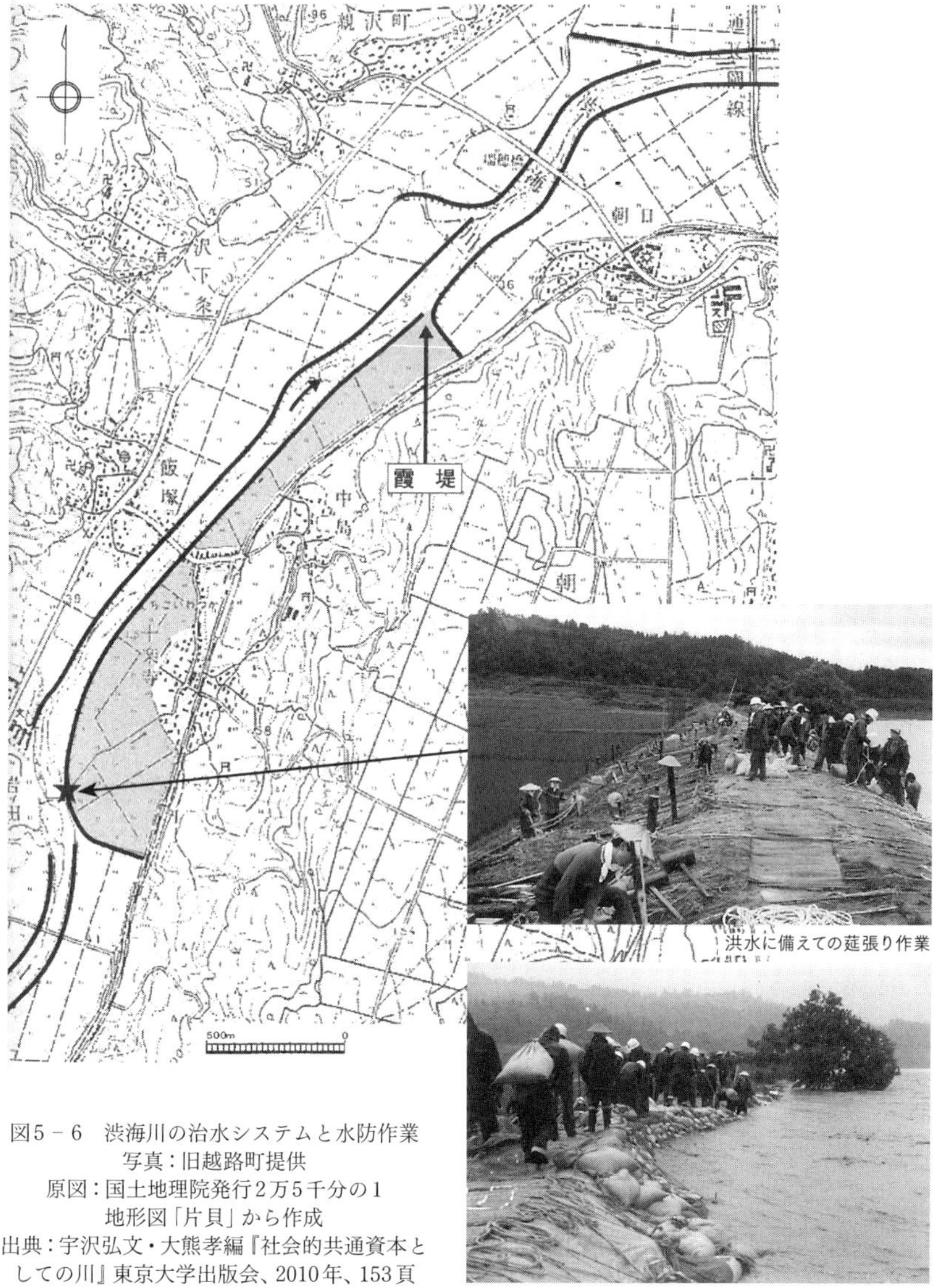

洪水に備えての莚張り作業

洪水の越流防止の土嚢積み作業

図5－6　渋海川の治水システムと水防作業
写真：旧越路町提供
原図：国土地理院発行2万5千分の1
地形図「片貝」から作成
出典：宇沢弘文・大熊孝編『社会的共通資本としての川』東京大学出版会、2010年、153頁

各地で見られたことであり、地域住民の文化度が相当に高かったことを示しているといえる。日本人は議論下手とよく言われるが、そうとは決して言えない証拠でもある。いわば「民衆の自然観」を根底として、共同体的段階の技術が十分に発揮されているのである。

このような治水システムは、おそらく江戸時代に始まり、高度経済成長時代を経て、少なくとも私が調査した１９７８年までは継承されていたのでる。しかし現在では、その後の洪水時の水防活動状況を見ると、このような治水システムを維持・継承する力量はすでに消滅していると判断される。共同体的段階は解体し、地域住民は行政に頼るしかないのが現状である。

なお、この１９７８年6月26日の洪水では、この上記水防箇所は越流することなく、被害は発生しなかったが、下流の中沢地区で右岸堤が越流破堤し、大きな被害が発生した。かつては、信濃川との合流点近くが霞堤になっていたため、氾濫を受けたとしても氾濫水が河道還元され、床上浸水などの大きな被害にはならなかった。しかしこの１９７８年の洪水時には、その霞堤はすでに締め切られており、氾濫水が河道に戻ることが阻まれ、床上浸水が多発したのである。この経緯については、拙書『技術にも自治がある』（農文協、２００４年、１６８～１７４頁）に記してあるので参照してほしい。

―6― 近世における利根川治水体系

巨大な遊水地を利用した利根川治水

上記は川に沿ったある場所における治水の模範例である。これらは、著名な治水家がかかわっていた場合もあるが、基本的には地域住民が主体となって「民衆の自然観」の上につくりあげていた治水と考えていい。しかし、川を上流から下流まで全体として、いわば鳥の目となって治水を考える場合、どのような治水策がとられたのであろうか、江戸時代の利根川を事例に見てみよう。これは「国家の自然観」で川全体を見ることに通じるところがあるが、江戸時代には自然を支配・克服できる近代的科学技術のような強力な手段は存在せず、川を全体として見るにしても地域それぞれの自然を深く読み解いて、地域に寄り添ったかたちでなければ治水を実行しえなかった。

図５－７は、江戸時代の、熊谷の少し北部付近から江戸湾に至る利根川の河道と堤防状況を表現したものである。利根川は、熊谷の北あたりまではいわゆる扇状地河川で河床勾配が数百分の１と急であるが、熊谷の北に位置する瀬戸井・酒巻狭窄部あたりから２０００分の１から３０００分の１という河床勾配の緩い自然堤防地帯河川となり、さらにそのあとは河床勾配が数千分の１という三角州河川となって江戸湾に注いでいた（予備知識・川の専門用語②参照）。

江戸時代の初期、利根川の流路を「東遷」させ、利根川の河口は千葉県の銚子になったといわれている。舟を通すために今の江戸川分派点付近で小規模な川の付け替えが行なわれ、常陸川（今の利根川下流）に普段の流水が流れ下るようになった。これで鬼怒川合流点までの水深が深くなり、舟の往来が可能となった。たしかに、江戸と銚子を結ぶ舟運が可能となったという意味においては画期的なことであったが、利根川の洪水を流し切れるような水路幅と水深があったわけではなく、「利根川東遷」というにはほど遠く、利根川の河口は江戸川や中川などを通じて江戸湾にあったと考えるべきである。なお、幕末の「下総之国図」（年代不詳）には、今の江戸川に対して「利根川」と記されており、江戸の住民の意識としては今の江戸川は「利根川」という認識であったということである。

参考までに、現状において、江戸川分派点の境町（分派点河床標高ＴＰ約10ｍ）から下流の利根川と江戸川の

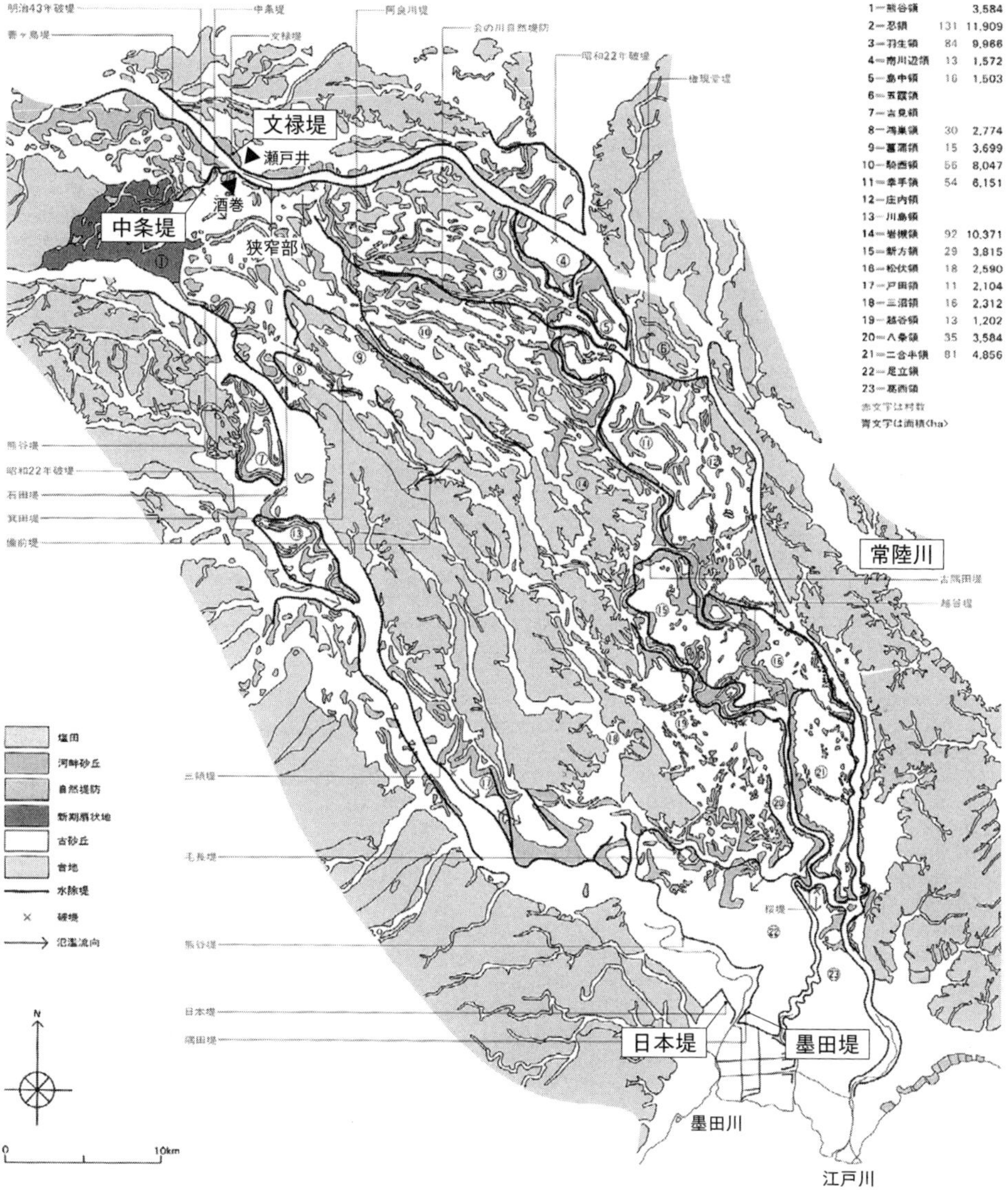

図5－7　江戸時代の利根川治水体系
出典：宮村忠「利根川治水の成立過程とその特徴」
『アーバンクボタNo.19（利根川）』（株）クボタ、1981年、39頁に一部加筆

河床勾配を比較すると、利根川河口の銚子までの距離が約１２１㎞、江戸川河口の浦安までが約60㎞あり、それぞれ約１万２０００分の１と６０００分の１の勾配となる。地形的には洪水は江戸川の方に流れやすく、利根川下流には流れにくい。治水的観点からは、「利根川東遷」には無理があったといえるのである。この点は、明治初期のお雇い外国人技師のＩ・Ａ・リンドウ（オランダ人、１８４８～１９４１）をはじめとし、田中正造や民間の治水論者からは、利根川治水にあたって「江戸川主流論」が唱えられていた。

ともかく、江戸時代には利根川は江戸湾に流れ込んでいたのであるが、それでは、大洪水が来たときにどのように対応していたかというと、利根川中流部に一大遊水地を造って対応していたのである。すなわち、熊谷の少し北になる瀬戸井・酒巻に狭窄部を設け、その上流にラッパ状に堤防を築き、そこで洪水を遊水させて、そこから下流に流れる洪水を制限していたのである。

瀬戸井・酒巻狭窄部における幕末の川幅は約４００ｍであり、その流下能力は、明治33年利根川改修計画における栗橋地点の計画流量が３７５０㎥／ｓであったことから、４０００㎥／ｓ程度と推定される。それ以上の洪水は狭窄部上流の遊水地で処理されていたのである。この遊水地面積と遊水地容量は、宮村忠（１９３９～）によれば、49㎢で、約１・12億㎥だという（宮村忠『水害―治水と水防の知恵』中公新書、１９８５年、１１７～１２４頁）。このラッパ状の北側の堤防は「文禄堤」、南側の堤防は「中条堤」と呼ばれ、粘土質の堤防として強固に築造されていた。

利根川中流部の遊水効果に関する思考実験

ちなみに、前章で見た八斗島地点（流域面積５１５０㎢）上流に現在の利根川治水計画で採用している２００年確率降雨３１９㎜（３日間）が降った場合、その瀬戸井・酒巻狭窄部上流の遊水効果がどのようになるのか思考実験してみよう。なお、この３日雨量３１９㎜は、１９４７年9月のカスリーン台風時の降雨量に相当している。

流域面積５１５０㎢に３１９㎜の豪雨があった場合、総量16億４２８５万㎥（＝５１５０㎢×３１９㎜）の雨が降ることになる。森林や地盤が乾燥していると吸収される水量もあるので、「河川砂防技術基準」に則して山地の流出係数０・7を採用すると、八斗島地点に出てくる洪水総量は11億５０００万㎥（＝16億４２８５万㎥×０・7）となる。降雨が3日間であったので、この洪水総量が4日間（96時間）で時間的に三角波形状で八斗島地点に流出してくると想定すると、そのピーク流量は６６５５㎥／sとなる（図5－8参照）。

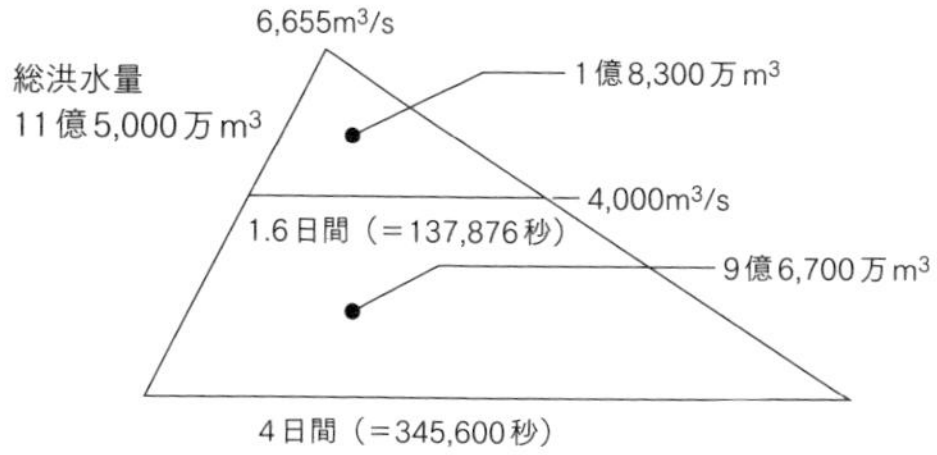

図5－8　利根川の三角波形洪水で想定される遊水総量

河川工学上では、降雨から洪水への流出計算は、通常、貯留関数法とかタンクモデル法とかさまざまな難しい解析手法があり、コンピュータを駆使して膨大な計算が行なわれる。

しかし、この三角波形での洪水流出計算はもっとも初歩的な方法であるが、これは当たらずとも遠からずであり、流出状態を大まかに把握するにはよい方法であり、私は活用している。

たとえば、今の利根川治水計画の基本高水では、この２００年確率降雨の３１９㎜が流出して、ピーク流量が2万２０００㎥／sになると計算されているのであるが、三角波形でピーク流量が2万２０００㎥／sになるように逆算すると29時間で洪水総量が流出してくることになる。29時間で洪水現象が終わるということであれば、３１９㎜の降雨が、流出遅れを考慮すれば、少なくとも24時間以内に全部降り終わらなければならないということになる。本当に３１９㎜が全流域で24時間以内に集中しうるのか、検証が必要であろう。ましてやピーク流量が前章で述べたような2万6000㎥／sの場合では洪水現象が約24時間で終わらなければならない。

私は八ッ場ダムの関連裁判で水戸地方裁判所と東京高等裁判所で利根川の基本高水の妥当性について証人に立ったことがあるが、こうした常識的な見方が技術者にも裁判官にもないことが実感された。「国家の自然観」はそうした初歩的な見方を見失わせてしまうものかもしれない。

話を元に戻せば、瀬戸井・酒巻狭窄部で4000㎥／sまで流下できると考えると、総流出量11億5000万㎥のうち約9億6700万㎥は流下し、流下できない余分な水量約1億8300万㎥分（図5－8）が上流の遊水地でうまく氾濫してくれればいいのである。しかし、江戸時代の利根川治水体系では瀬戸井・酒巻狭窄部上流で約1億㎥しかためられないので、不足であったということになる。だが、現在想定している降雨量は200年に一度という大豪雨であり、数十年に一度程度の洪水であれば、この1億㎥は十二分に機能を発揮していたと考えていいだろう。なかなか見事な治水システムと言っていい。近代的科学技術力がない江戸時代において、これだけの治水力を有していたことは、驚きでもある。

天明3（1783）年の浅間山噴火と利根川治水の混乱

ところで、瀬戸井・酒巻狭窄部に見られるような上流へのラッパ状の堤防システムは、図5－7の下部に日本堤と隅田堤として、荒川（伊留間川）が隅田川と名前を変えるところにもある。この上流で荒川の洪水が氾濫遊水されるため、下流の隅田川沿いには高い堤防は造られてなかったのである。

このような見事な利根川治水体系を推進した人物は、徳川幕府の財政基盤を検地で支えたといわれる伊奈忠次（1550～1610）とその子孫たちといわれている。「伊奈流」とか「関東流」とかいわれる治水方式であるが、遊水地を設け、護るべきところは護り、被害を分散する方式をとっていたのである。

この利根川治水体系は、先に思考実験したように数十年に一度程度の洪水に対しては十分に機能していたと考えられる。実際、利根川沿いの水害事例から見ると20年に一度程度の洪水には安定的に機能していた。江戸時代の科学技術力において、この治水体系はいわば究極の治水であったと考えている。しかし、自然の猛威にはこれでも勝てなかったのは事実である。１７８３（天明３）年の浅間山大爆発によって、この治水体系は壊滅的打撃を受けてしまったのである。浅間山の大爆発で、前橋付近は降灰が30㎝も積もったと伝えられるが、吾妻川を通じて利根川に押し出された土砂量も2億㎥を超えていたといわれている。火山噴出物は比較的軽いので短期間に利根川を流下しており、これを八斗島下流の河道で受けもったとすると平均２ｍ以上の河床が上昇したことになる。浅間山の噴火によって、それまで安定していた利根川が水害の頻発する暴れ川に変貌したのであった。

当時の技術力ではこれに対して抜本的対応が不可能であった。それ以後、江戸幕府は利根川右岸堤を強化し、左岸側への氾濫を許容するとともに、常陸川への洪水流下量を増加させる方策をとるしかなかった。氾濫頻度が増えた左岸側（現在の群馬県邑楽郡）は、家を高床式にしたり、水塚という土盛りの上に作ったり、避難用の舟を常備するようになった。この浅間山噴火の影響は１９００（明治33）年に始まる利根川改修工事で、近代的な土工機械力を駆使して、パナマ運河の掘削土量を超えたといわれる約2億１０００万㎥の土砂を掘削・浚渫して、河床を低下させることによって解消された。

浅間山の影響は掘削・浚渫によって取り除くことができたが、１９００年に利根川改修工事が着手される少し前から、足尾鉱毒事件が発生した。しかし、銅の生産を止めることはできず、利根川治水の方針は混迷に陥る。この足尾の鉱毒は、鉱滓として渡良瀬川を流下して、江戸川にまで入り込んできたのである。

それに対し、江戸川への流入を可能なかぎり防ぐことを目的に、渡良瀬川の利根川合流点付近に、谷中村を廃村にして、渡良瀬遊水地を造り、巨大な鉱毒溜めを造ることにしたのである。一方、１９１０（明治43）年利根川大洪水で中条堤が破堤し、東京まで氾濫水が達した。その中条堤を復旧するかしないかで、中条堤を挟んで上郷と下郷の住民間で大騒乱が発生した。明治政府は瀬戸井・酒巻狭窄部を廃止し、その上流の遊水地を廃してしまったのである（宮村忠『水害―治水と水防の知恵』中公新書、１９８５年、１２５～１３０頁）。

　おそらく、上郷・下郷の地域間対立はそれぞれの地域における生業に由来する利害によって発生しているものであるが、同じ「民衆の自然観」に根ざしたものであるかぎり、前述した渋海川の事例のように徹底的な議論によって解決の道が開かれるはずである。しかし、「民衆の自然観」とは異なる「国家の自然観」による足尾鉱毒問題がからみ、すでに谷中村の買収案や地形条件に反して常陸川筋（現在の利根川下流）への「利根川東遷」が進行しており、同じ土俵では議論できない段階になっていたと思われる。

　換言すれば、「国家の自然観」の強行によって、利根川治水は一大遊水地を失ったわけであり、さらに一層混迷に陥った。結局、地形条件に反して河床勾配が緩く、洪水が停滞しやすい利根川下流に洪水を追いやることになり、いわゆる「利根川東遷」が遂行されたのである。利根川下流に追いやられた洪水は、河道の流下能力の増大などで対応するが不十分であり、それを受ける放水路として印旛沼を通じ千葉県沖の東京湾に放水する「利根川放水路」が１９３９年に計画される。しかし、その放水路も現在においても未完成のままである。

　利根川治水の混迷は今も続いており、極端に高い基本高水とダム群による治水方針しか示されていない。それも現実にはこれ以上ダムを造ることはできない状況にあるのである。これをどのように解決するのか、国交省だけでなく、河川工学を専門とする学者たちが目先の利害に囚われず、徹底的に議論して解決をはかるべきであろう。

利根川治水の経緯から何を学ぶか

この利根川治水の経緯は、さまざまなことを教えてくれる。

江戸時代前半は、地形条件をつぶさに把握し、巨大な遊水地を配置することで比較的安定した利根川治水体系を創り上げていた。これとともに、備前堀などの水利施設や舟運路の整備などがはかられたが、地域の自然条件を前提とした地域住民の生業を発展させるものでもあり、基本的には「民衆の自然観」の延長上にある方策であった。しかし、１７８３年の浅間山噴火という強い自然力の前に、利根川洪水が頻発し、江戸時代の技術力では対抗しえない状況のなかで、破堤すれば江戸まで被害が及ぶ利根川右岸側への氾濫を極力抑えるとともに、左岸側の氾濫を受容せざるをえない地域では水塚や避難用の舟の常備など何とか水害を受け流すしかなかった。

明治時代になって近代的科学技術力を得てからは、強力な浚渫船や掘削機で利根川河床を掘り下げ、常習化していた水害を克服できた。ところが足尾鉱毒事件が発生し、富国強兵・殖産興業という国家の目標のなかで、足尾銅山を閉山にすることはできず、自然地形に反したかたちで利根川治水を強行しなければならなかった。「国家の自然観」をもってしても、利根川治水を完結することはできなかったのである。

江戸幕府のように地域の自然条件を前提として、換言すれば「民衆の自然観」を尊重したうえで、近代的科学技術を駆使した堤防強化と遊水地を活用し、東京湾に河口を有する河道を利根川主流に採用しておけば、鬼怒川・小貝川・霞ケ浦など現利根川下流への負担がなく、利根川治水は安定的に完結していたのではないかと考えている。

第6章

今後の治水のあり方

――越流しても破堤しにくい堤防に

1　現代の治水問題

第4章では、無防備に開発された沖積平野が水害に遭い、高齢者を中心として溺死者が出るという現代における悲惨な水害の実態を見てきた。第5章では近代化以前にとられていた、自然と共生しているというべき治水策について見てきた。

近代化以前にとられていた治水策は、地域ごとの防備を主眼として、越流堤と遊水地を配し、地域全体としての被害を軽減させる方法がとられていた。これは、政治的に上から決められることもあったが、原則的にはそれぞれの地域で十分話し合って、遊水地や越流させる場所などが決められていたと考えていい。これを近代的な民主主義感覚で眺めれば、平等でないといえるかもしれない。しかしおそらく、自然の地形や開発されてきた歴史の時間蓄積が考慮されて決められていたはずである。地形は場所ごとで異なり、そこに住んでいる人たちにとって平等ではなく、そこに住んできた歴史的時間の蓄積も違うはずであり、基本的に開発の古いほうが尊重される。治水は、本来、近代的ないわゆる民主主義が通用するものではないと言っていい。

しかし明治時代以降、近代的な時間的・空間的普遍性と平等性が言われるなかで、築堤にあたっては、地形条件や歴史的時間蓄積を無視して、基本的に表向きは左右両岸同じ高さに造られてきた。〝表向き〟と書いたのは、第二次世界大戦以前であれば、河川技術者の判断で、全体の被害が少なくなるように、いざという時に破堤する場所が暗に決められていたと思われるからである。私が学生時代から１９８０年代までに経験した破堤場所は、基本的に「ここが切れてくれたおかげで全体の被害が低く抑えられた」と思われる場所が破堤していると感じられた。ところが、１９９０年代以降の破堤箇所は、「ここが切れては最も被害が大きくなる」ような最悪のところが破堤するようになった。第４章でみた２００４年の刈谷田川の破堤箇所などはその典型例といえる。

要は、第二次世界大戦前までは、河川技術者がいざという時のことを腹に納めて治水策を練っていたと想定されるのである。しかし、第二次世界大戦以後は、表向きの平等性が優先され、左右岸の堤防が同じ高さと強度で造られてきた。むろん、現代では、故意にある部分の堤防を低くしたり、堤体幅を薄くしたりするようなことはできない。こうして左右岸の平等性は担保されているようであるが、一方で流域全体で見れば、ダム建設などで立ち退きを強いられてきた多くの人々がいる。私は、ダム建設で立ち退いた人々は長い時間的蓄積が無視され、犠牲が強いられ、ほんとうの意味での平等性は保たれていないと考えている。

立ち退きに関しては補償があると言われるかもしれない。だが、ダム建設は、川の自然環境や地域住民の伝統的な生き方を無視して、自然を支配するかたちで実行されてきた。そしてさらに、そのダムが治水に役立つのか、水資源の需要は減少しているので不必要でないかなど疑義がもたれ、ほんとうに公共的大義があるのか、全国各地で問題提起されてきている。

今、地域の住民などとの間で強い対立が生じているダム事業などを思いつくまま北から挙げていくだけでも、サンルダム（天塩川・北海道）、平取ダム（沙流川・北海道）、成瀬ダム（雄物川・秋田県）、最上小国川ダム（最上川・山形県）、霞ケ浦導水事業、八ッ場ダム（利根川・群馬県）、太田川ダム（太田川・静岡県）、設楽ダム（豊川・愛知県）、木曽川水系連絡導水路事業、大戸川ダム（淀川支川、滋賀県）、内海ダム（小豆島）、山鳥坂ダム（肱川・愛媛県）、石木ダム（川棚川・長崎県）、路木ダム（天草・熊本県）、立野ダム（白川・熊本県）、川辺川ダム（球磨川・熊本県）と枚挙のいとまがない。日本国中で川に関する深刻な対立問題があがっているのである。河川行政の立場の人も、いわゆる河川工学者も、この問題を放置していいわけがない。

現在の日本の治水計画は、表向き平等性を担保することを前提として、大きな基本高水を設定し、ダムによる洪水調節と河道の洪水流下能力の組合わせで、計画洪水を一滴も溢れさせずに海まで排出する計画となっている。この計画は、ダムがいずれ土砂で満杯になることが考慮されていないので、実は未来の子孫との平等性は担保されていないのであるが、それは無視されている。また、現実のダム建設ではほとんどの河川で環境問題や財政的問題で計画どおり進まず、あと１００年たっても２００年たっても完結しない状況になっているのである。

こうした状況については、第4章で利根川や信濃川を例にみてきたが、石狩川でも、淀川でも、吉野川でも、球磨川でも同様である。これを言い換えれば、計画規模の洪水が来れば、堤防を越流する可能性が高いということである。その堤防は左右岸同じ高さと幅で造られており、越流した場合どこが破堤するのか分からない。近代以前にとられていたように越流場所を決めて、破堤させずに被害を軽減する治水システムを採用できればいいのであるが、現代ではそれをとることはできない。それではどうすればいいのであろうか？　次善の策かもしれないが、私は次のように考える。

—2— 治水問題の解決は越流しても破堤しにくい堤防にある

まず、もうこれ以上ダムを造ることは放棄すべきと考える。ダムは川の物質循環を遮断し、自然を破壊するものであり、将来土砂で満杯になったときは洪水調節機能を失うからである。また、既設のダムは、いずれ土砂で満杯となり、機能不全に陥る可能性があるので、土砂の堆積状況を見ながら、徐々に撤去していく方針をとるべきであると考えている。それでは、ダムによる洪水調節がなくなった場合、計画洪水の処理はどうすればいいのであろうか？　計画規模が高すぎるので、それを引き下げるという方法もあるが、すでに決められている計画規模の引き下げは国民的理解を得ることは難しいであろう。

日本の川の場合、大陸の河川と比較して洪水継続時間は短日時であり、堤防を越流するような時間はどんな大きな洪水でもせいぜい数時間であろう。この間、越流しても破堤しない堤防にすれば、場所によって床上浸水が発生することがあるかもしれないが、ほとんどの地域で床下浸水程度ですむはずであり、破堤した場合と比較して被害は格段に軽くできる。私の水害調査の経験では、床下浸水だけであれば1軒当たりの被害額は数十万円で済むが、床上浸水となると一気に数百万円になる。とすると、現在、河川工学に求められている課題は、越流しても簡単に破堤しない堤防を造ることであると考える。

土堤防の強さの再確認

私がこのように考えるようになったきっかけは、１９７５年の石狩川水害の調査見学にある。写真６－１を見てほしい。石狩川右岸堤防が３㎞ほどにわたって越流していたのであるが、そのうち１か所で30ｍほど破堤したという新聞の報道写真である。写真をよく見れば、その破堤箇所から下流は、もう越流していないことが分かる。この写真を見たときに強く印象に残ったことは、堤防に沿ってきれいに越流しており、堤防の高さが計画どおり見事に造られていたのだということと、堤防は「土」でできているが意外に強いということであった。堤防が土で造られたのは、機械力や運搬力のない時代、堤防材料を近くで取得できるということに主な理由があったと思われるが、いったん築堤すれば土でできているので１００年たっても腐らないということも大きな利点であった。維持管理が容易というのは重要である。

写真６－１　石狩川右岸堤防（月形町）破堤
出典：朝日新聞、1975年8月25日

石狩川の破堤箇所は、現地を見学したが、堤防を上がり下がりする坂路が造られており、地肌がむき出しで、そこが洗掘され破堤に至ったということであった。その上下流の越流したところは、草が生えており、洗掘が防止され、破堤に至らなかったという。

河川工学上は堤防が１か所でも破堤すれば失敗であるが、材料学的観点からは、３㎞に渡って越流していたが、切れたのは30ｍにすぎず、安全率は１００倍であり、堤防は強いということになる。堤防は土でできているが、少し補強してやれば、簡単には破堤しないということを覚ったのである。それまで私が教えられてきた河川工学では、土堤防は越流に弱く、越流すればすぐさま破堤するものであることを前提としていた。しかし、破堤した場合に対する被害の軽減策などは治水計画上考慮されることはなかったのである。

堤防強化のさまざまな手法の開発

そこで、近代以前の越流堤と遊水地を組み合わせた治水システムがとれないのであるならば、越流しても破堤しないように堤防を何らかの方法で強化してやるしかないと考えた。

まず、当時（１９７０年代後半）、水田の減反政策が強力に推進されており、減反する水田を堤防脇に集めて、幅50ｍ程度で水害防備林帯を造成すればいいのではないかと考えた。しかし、建設省と農水省の縦割り行政は強く、そんな提案は全く誰も見向きもしてくれなかった。そこで、堤防の内部の土の構造を洗掘に抵抗しうるように強化してやればいいと考えた。また、表面は景観上の問題や生物の生息場でもあるので、30㎝程度覆土して、外見は変えないこととした。

新潟に来て最初に知り合い、その後長い付き合いになった相馬九二市（当時福田石材株式会社工事部長、１９４２〜）に相談し、さらに株式会社植木組の協力を得て、砂礫質堤防に対する薬液注入による堤防強化法を考案し、１９８４年4月に写真６－２のような実験をやってみた。当時、まだ大学闘争の影響で企業と大学が共同で研究がすることに忌避感が残っており、産学共同研究は珍しい時期であった。この実験には、当時の建設省北陸地方建設局の河川関係の技術者も立ち会ってくれた。強化された堤防は1時間以上越流させても破堤することはなく残存し、強化されていない堤防は短時間にもろくも崩壊した。しかし、この薬液注入工法は、堤防内部を均一に強化できないことや、どの範囲まで強化されたか分からないということで、残念ながら実用化の道は開けなかった。

その後1980年代後半には、建設省土木研究所を中心として、堤防の法肩《のりかた》や法面《のりめん》、法尻《のりじり》を強化して、簡単に破堤しない「耐越水堤防（アーマーレビー）」が研究されていたようであるが、その実用化も実行されなかった。そのほか既設堤防の強化を可能にするさまざまな工法が登場し、堤防強化の技術は飛躍的な発展を遂げている。連続地中壁工法（Trench cutting Re-mixing Deep wall method、略称TRD工法）やパワーブレンダー工法、鋼矢板工法などである。

たとえば、連続地中壁工法は、図6－1のように、幅50～80㎝で、深さ20～30ｍで、セメントを混ぜて

写真6－2　薬液注入工法による堤防強化実験（1984年4月）
新潟大学・（株）植木組・福田石材（株）による共同研究。上・強化堤防、下・未強化堤防　撮影：大熊孝

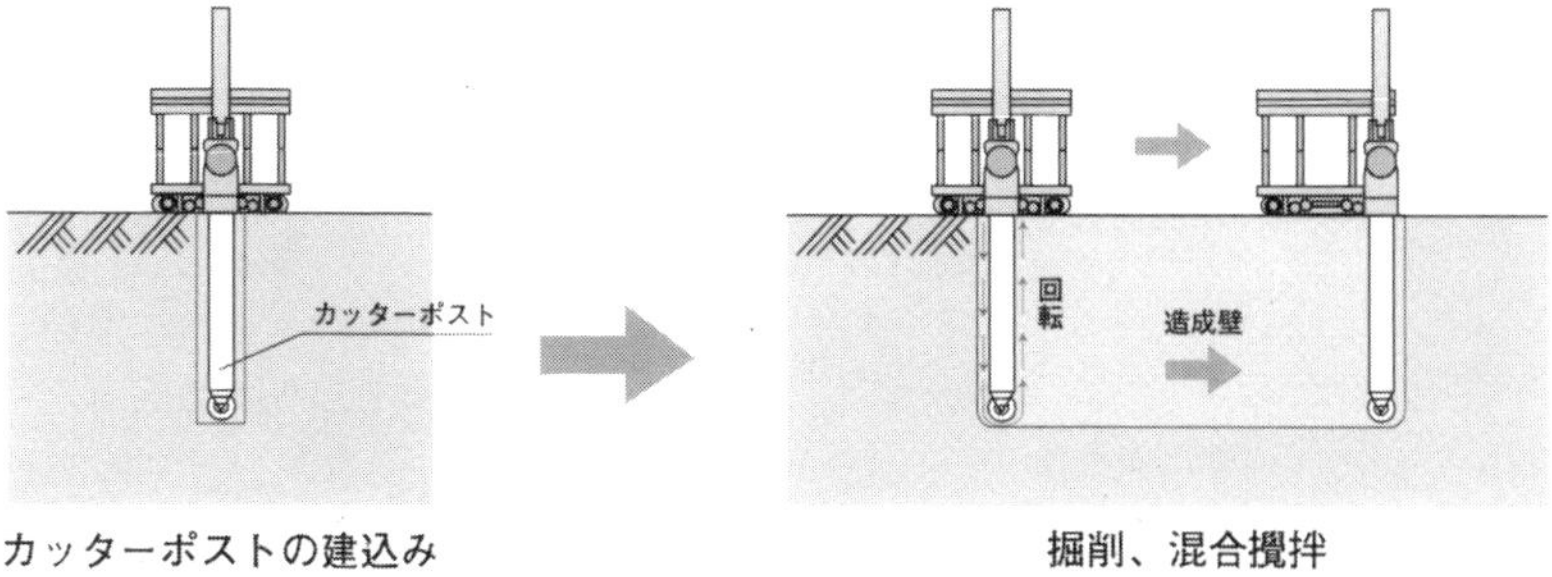

図6－1　連続地中壁工法の概念図
出典：TRD工法協会パンフレットより

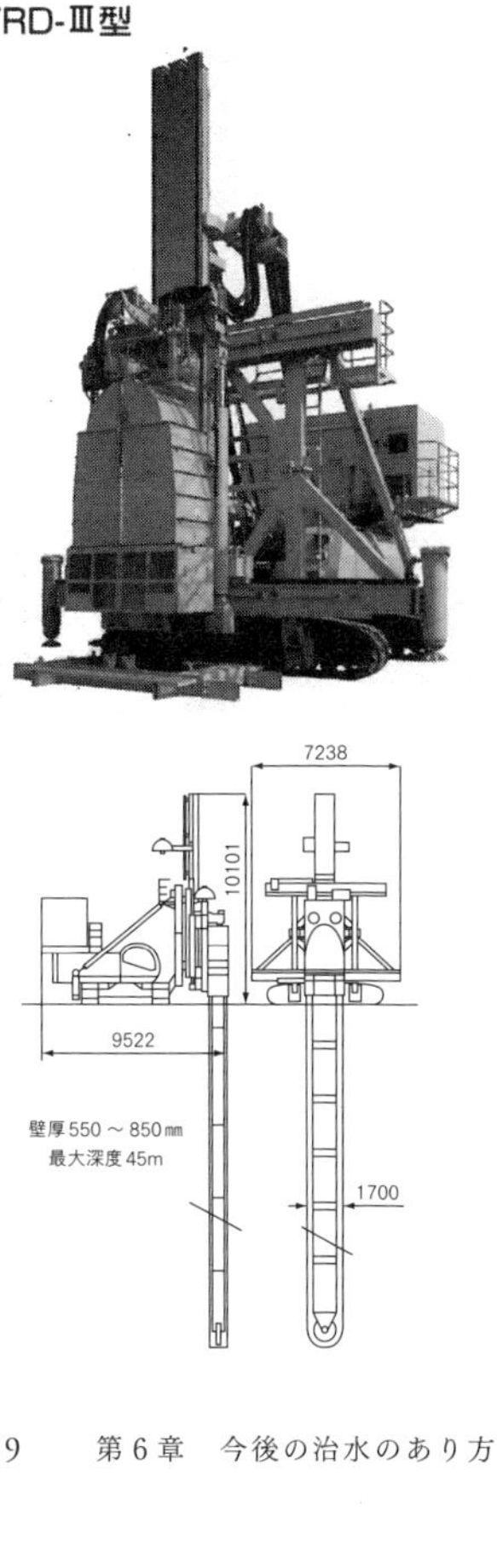

土中を攪拌しながら土質を強化して、地中に連続的な壁を造ることができる工法である。私は、１９９６年、信濃川・大河津分水の洗堰の改築工事で、基礎を取り囲む巨大空間を造る遮水壁（深度37m、延長８７０ｍ）として、それまでの鋼矢板工法に代わって、連続地中壁工法が採用されていたのを初めて見たのであるが、その見事な自立性と遮水性に驚いた。

さらに近年、堤防が新築される場合、堤防材料にセメントを５％程度混ぜて築堤することが行なわれている。これによって、堤体の強度は粘土の強度の２倍程度になるとのことである。堤体内部は、何もコンクリートのように数十倍も固くする必要はない。そんなに固くなると強度の不連続性が強くなり、かえって亀裂などが入りやすく、もろくなるはずである。私は、２０１１年の新潟水害で、この工法による新堤防を越流した事例に遭遇した。表面が少し削れていたが、破堤には至らない状況であり、十分利用可能な工法であると思った。

堤防強化実現の可能性

以上のような土質強化法を応用して、堤防の中に土の強度より少し強度を高めた部分を造れば、堤防の透水係数はかなり小さくでき、たとえ越流しても数時間なら持ちこたえられる堤防にできると考えている。「持ちこたえられる」とか、「破堤しにくい」とか、歯切れの悪い表現を使っているのは、絶対に破堤しないとは言い切れないからである。今までの科学的思考では、絶対性が求められてきたかもしれない。しかし、絶対と言えない場合には、そのことを肝に銘じておくべきである。ダム計画もさまざまな欠点があったにもかかわらず、これによって「治水は完結する」と国民を洗脳してきたことは反省されるべきであろう。

それはさておき、この堤防強化費用は高額なものになるのであろうか？　連続地中壁工法の場合、幅50～80㎝で、深さ20～30ｍで１ｍ当たり50万円程度であるという。１００㎞の堤防を強化したとしても５００億円で済む。利根川水系の八ッ場ダムは借入金の金利なども含めれば１兆円に達するといわれている。また高さ50ｍ程度の小規模なダムでも数百億円の費用がかかる。それを考えれば、堤防強化費は安いといえる。日本では、連続地中壁工法が堤防強化に積極的には使われていないが、アメリカのカルフォルニア州やフロリダ州（オケチョビ湖）では２０００年代に入って使用実績があるとのことである。

なお、堤防強化法にはいろいろな工法があるが、これを実際に適用していくときは、民間企業はかなり高い技術力を有しているので、コンペティションでも行ない、強度と費用を適切に考慮した工法を選択することが望ましいと考えている。

—３— 堤防余裕高に食い込んで洪水を流す

さらに、この堤防強化方法の重要なことは、越流しても破堤しにくい堤防になれば、堤防余裕高まで食い込んで洪水を流すことが可能になるということである。現在の国交省の考え方では、堤防の安全性は計画高水位までであり、計画高水位を１㎝でも超えて洪水が流れれば、堤防は破堤するという前提ですべての議論が行なわれている。石狩川の千歳川放水路問題や吉野川の第十堰問題のとき、行政担当者からは基本高水は河川における「憲法」であり、計画高水位を１㎝たりとも超えてはならないと強く言われたのを思い出す。仮に、堤防余裕高まで洪水を流しうるということになれば、現在宙に浮いているダム計画は、その洪水調節流量分を余裕高に食い込んで流すことができ、計画の落としどころが見出せるのである。

たとえば、利根川の八斗島地点より下流の利根川上流河道で考えてみると、川幅はおおむね９００ｍ以上あり、余裕高は２ｍである。余裕高まで食い込んで洪水を流すとすると、余裕高部分での断面積は１８００㎡となり、洪水の表面流速を約３ｍ／ｓと考えると、約５４００㎥／ｓの流下能力があることになる。上流のダム群で洪水調節する流量は、基本高水が２万２０００㎥／ｓの場合、５５００㎥／ｓであったので、ほぼ調節流量分を流すことが可能になる。とすると、ダム群を完成させなくても、おおむね治水計画が達成できることになる。

おそらく、現在の利根川治水計画における基本高水２万２０００㎥／ｓという洪水は、第5章で見たように３００㎜を超える雨量が利根川上流域全域に24時間以内に降ることが想定されており、その発現性は相当に低いと考える。しかし、地球温暖化で気候・気象が荒れている現在、このような洪水が来ないともかぎらない。このような洪水が来た場合は、堤防を少し越流することはあるかもしれない。しかし、その越流する時間は短時間であり、その時間内越流しても破堤さえなければ、大水害になることはない。

本来、自然と共生することを主眼とするならば、遊水地と越流堤を積極的に採用した治水計画を考えるべきであろう。しかし、平等民主主義を前提とする現代において、人口が集中する平野部で遊水地を選定することは難しく、膠着した治水計画を打破する方法として、この堤防強化による治水策しかないと考えている。

なお、「平等民主主義」に対抗する民主主義があるのかという声が聞こえそうであるが、互いの痛みを思いやり、譲り合う「連帯の民主主義」というものがあるように思う。それについては拙書『洪水と治水の河川史』（平凡社、１９８８年、２４６～２５６頁）でふれたので、ここでは割愛する。

―4― 今後求められる堤防のあり方

――スーパー堤防に関する補足を兼ねて

越流しても破堤しない堤防として、いわゆるスーパー堤防（高規格堤防、図６－２参照）が１９８７年に建設省から提案された。これは堤防幅を堤防高さの30倍にもするもので、その堤防上は住宅などの再開発を行なうというものである。たしかに、これだけの幅があれば、洪水の越流があっても、日本の川の洪水継続時間程度であれば、破堤することはないであろう。しかし、現実にこの堤防の施工は、大量の土砂が必要であるとともに、堤防沿いが人家の密集地である場合、ダム建設の場合の集落移転と同じような立ち退き

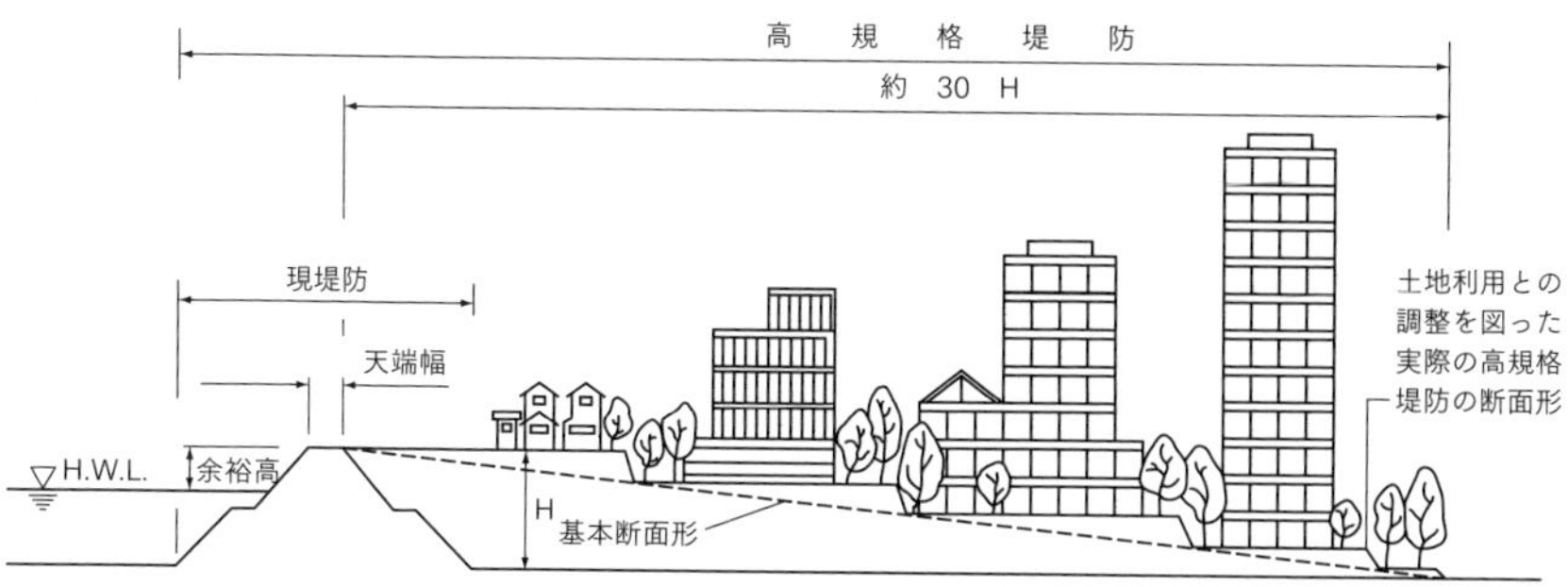

図6－2　スーパー堤防概念図

問題が発生し、その建設には膨大な時間と資金を必要とする。現実、1987年当時、全国で利根川、江戸川、荒川、多摩川、淀川、大和川などの主要河川で総延長872㎞をスーパー堤防にするという計画が立てられたが、2012年の会計検査院報告書によれば整備率1・1%にすぎなかった。現在でも、江戸川右岸の北小岩1丁目地先では、延長120mのスーパー堤防化をめぐって地域住民と国交省の間で深刻な対立が生じ、裁判闘争にまで発展している。スーパー堤防は、今後の治水計画の柱にはなりえない。

なお、2011年3月11日の東日本大震災の津波の後、三陸海岸では巨大な防潮堤が造られている（写真6－3参照）。このような堤防は、非常時だけの対応を目的としたもので、日常的な人と自然の関係を完全に断ち切るものである。人が自然と対峙して、生きていけるかのような傲慢さが漂っている。まさに「国家の自然観」による自然との決別である。こうした構造物は、本来、造られるべきでないと考える。河川堤防においても、このような堤防建設は避けるべきであり、自然と人間の交流を担保するものでなければならない。巨大な津波や洪水が来ると予想された場合には、それを克服するのではなく、避難し、受け流すという考え方こそ、この地球において人が生き続けていける術《すべ》でないかと考えるのであるが、どうであろう。

　ちなみに、新潟の福島潟の治水堤防で造られた事例を紹介しておこう。

　福島潟は越後平野に残された最大の湖沼で、２６２haの面積がある。かつては１０００haを超えるような巨大な潟であったが、干拓が進むなかでかろうじて残された潟である。この水面標高は現在ＴＰマイナ

写真6－3　岩手県・小本川河口の防潮堤
撮影：大熊孝

図6－3　新潟の福島潟における堤防法線の変更
治水機能を確保しながら公園としての景観と機能を両立した堤防造りは、2016年土木学会景観デザイン賞奨励賞を受賞した　作画：成海信之

写真6－4　2017年に福島潟で行なわれた「雁迎灯」
小林未桜（葛塚中学校3年）デザインによる
撮影：大熊孝

ス０・７ｍに設定されている。通常時は新井郷川排水機場（能力１１０㎥／ｓ）で日本海に排水され、ゲートで海との繋がりは遮断されている。洪水時になると、福島潟で標高ＴＰ１・７ｍ（堤防高は余裕高を入れてＴＰ２・７ｍ）を上限として貯水し、福島潟放水路で日本海（水面標高約ＴＰ０・６ｍ）まで約１ｍの落差を利用して自然流下で放流される。洪水を貯水するため周囲に堤防が必要であり、現在その堤防が造られている。

その堤防の一部が、福島潟の水辺へのアクセスを悪くするかたちで計画されていた。しかし、これを人々と潟の関係性を維持することを目的に、治水容量は若干減るのであるが、堤防法線を曲げて造るよう計画が変更されたのである（図６－３参照）。秋の文化祭では写真６－４のように天然記念物に指定されているオオヒシクイの飛来を祝う「雁迎灯」というイベントが行なわれるのであるが、それがスムーズに行なえるようになっている。人と自然の関係性を遮断するのではなく、少しでもつなぎとめようとした工夫に新しい技術者たちの思想を見る思いがする。この工夫は、２０１６年土木学会景観デザイン賞奨励賞を受賞した。今後の土木工事において、ささやかかもしれないが、一つひとつこのような自然との関係性を大事にした工夫を重ねていくことが求められていると考える。

III

新潟から考える川と自然の未来

第7章

民衆の自然観の復活に向けて

――自然への感性と知性をみがく

第6章までに、治水のあり方を通して、「民衆の自然観」が失われ、「国家の自然観」がまかり通る時代になっていることを見てきた。そして、現状の治水策としては、堤防強化しかないことを述べた。しかし、本来の治水は、地域の自然を読み解くなかで、その地域の住民の生活や生産に合わせたかたちで行なわれるべきである。そのためには、新たな「民衆の自然観」ともいうべきものを地域ごとでつくっていく必要があるようにおもう。

そのために今何をなすべきなのか、その道筋について、われわれが32年前に立ち上げた「新潟の水辺を考える会」（2004年からNPO新潟水辺の会）の活動から少しだけ見えてきた気がする。そこで、「民衆の自然観」がどのようにして、どこまで国民から失われてきたのかを眺めたうえで、新たな「民衆の自然観」というものをどう立ち上げたらいいのかを、第8章も含めて探ってみたいと思う。

結論を先に言えば、個人の感性による直接的な自然理解は不可欠であるが、知性による俯瞰的な地域の自然理解も必要であるということである。「国家の自然観」は、地域の微細な自然条件を無視して、思いのままに川をコンクリート化し、湿地を水田に変えてきた。こういった自然を制圧・収奪してもいいという自然観に対して、唯一抵抗できるのは、故郷としてアイデンティティを感じる一定の地域の自然に対する愛情と、それを俯瞰的にとらえ守り抜く知性にあると考えるからである。多くの読者にとってはあずかり知らぬ新潟という地域のことであるが、できるだけかいつまんで述べるので、最後までお付き合い願いたい。

―１― ボランティア活動の限界
――ＮＰＯ法人新潟水辺の会の取組みから

新潟水辺の会の発足

新潟市街地はかつて堀がめぐらされており、「水都新潟」といわれていた。明治時代の初めに東北を旅したイギリス人探検家のイザベラ・ルーシー・バード（１８３１～１９０４）は、１８７８年７月新潟を訪れ、「運河の縁には木が植えてあり、多くはしだれ柳です。そのあいだを川の水が流れているのでまことに美しく、また短い間隔を置いて細身の橋が架かっており、運河は新潟のとても魅力的な特徴となっています」（『イザベラ・バードの日本紀行』時岡敬子訳、講談社学術文庫、２００８年、上巻２７０頁）と讃えている（図７－１参照）。その堀が、新潟国体（１９６４年６月）の開催を機に、道路の確保と水汚染隠しのために、すべて埋められてしまった。

私が新潟に初めて来たのは、１９６７年の加治川水害調査の折であったので、その美しい堀を見ることはできなかった。しかし、１９７０年代後半になると全国的に堀が復活される事例が登場してきた。滋賀

図7－1　イザベラ・バードの描いた新潟の堀
出典：『イザベラ・バードの日本紀行』講談社学術文庫、2008年、上巻269頁

県の近江八幡の八幡堀や富山県の富岩運河、そして福岡県の柳川における堀復活である。そうしたなかで、新潟における堀の埋め立ては何であったのか反省しようということで、堀再生の映画『柳川掘割物語』（高畑勲監督、宮崎駿製作、１９８７年）を上映し、シンポジウムをやろうということになった。実は、この企画の発案者は、現在のＮＰＯ法人新潟水辺の会代表の相楽治（１９４８〜、福島県生まれ、新潟大学林学科卒）であり、私を含め10人ほどが集まり、それに協力したのであった。

映画の上映とシンポジウムは１９８７年10月15日に行なわれたが、終了とともにこの集まりを解散するのはもったいないと、「美しい水辺の創造」を目標に、同日「新潟の水辺を考える会」が立ち上げられ、私がその代表となった。２００２年には、責任をもてる会にしようということで「ＮＰＯ法人新潟水辺の会」（以下「水辺の会」とする）に改称し、２０１５年にはその代表を相楽にゆだねて、私は顧問となった。その活動も32年を超えた。その成果はそれなりにあると評価され、自負もしているが、「水辺との共生」は思い描いたようには進まなかった。

ここでは、その活動の限界について語ることで、今後のヒントを探りたいと思う。

まず「水辺の会」発足当初に問題となったことは、われわれの「仕事」とＮＰＯ活動の両立問題であった。毎日忙しい「仕事」をやっとこなしているのに、何で身銭を切ってまでＮＰＯ活動をするのか？　その辺を明確にしないと、なんとなく活動しにくいという雰囲気があった。この問題に関しては、水辺の会設立7年周年記念シンポジウム（１９９4年10月）で、すでに親交があった哲学者の内山節に基調講演をお願いし、刺激的なヒントをもらった。

内山は講演で、「仕事」には「かせぎ」と「つとめ」の二種類があると語った。「かせぎ」は、日々の糧を得る個人の利益のための仕事であり、「つとめ」は人や世の中のためになる仕事であり、社会的動物である人間はこの「つとめ」を通じて生きがいという充足感が得られるということであった。資本主義的な市場経済社会になる前は、百姓であれ職人であれ「仕事」をすれば、それがそのまま「かせぎ」であり、「つとめ」にもなっていた。しかし、市場経済社会のなかではそれが分離して、意識しなければ「かせぎ」だけに陥ってしまうというのである。人間が十全なる人生を送るには、「かせぎ」だけでなく「つとめ」も必要であり、今のような市場経済優先の社会では意識して「つとめ」を行なうことが大切であり、それがＮＰＯ活動に通じるというのであった。内山による、この「仕事」の仕分けによって、会員の多くが、自分の立ち位置を明確にして、「かせぎ」とは別にＮＰＯ活動に専念できるようになったと思う。

また、水辺の会設立20周年記念シンポジウム（２００7年9月）でも内山に「水辺の時間価値」という記念講演をお願いした。内山は、「時間」にも二種類あって、「直線的時間」と「関係的時間」（あるいは「循環的時間」）に分けられると提起した。

明治時代以降、われわれの生活は「時計」という客観的時間に合わせた、効率的な成長ばかりに気をとられ、一方向のみの時間のなかで過ごしてきた。しかし、本来の人間は、自然の循環のなかで生活・生産し、祖先から子孫へ継承しながら、関係的時間のなかで何世代にもわたる持続性を確保してきた。「時間」にもこの二つがあり、そのことを念頭にＮＰＯ活動すればいいということであった。たしかに、「かせぎ」の世界では、24時間空港が必要になり、24時間取引が行なわれ、グローバル基準の直線的に流れる時間に身を置く以外にない。しかし、「つとめ」の世界では、地域にあった関係的時間、自然の生命とともにある循環的時間のなかで、「記憶」を刻みながら、子孫への継承をはかることが大切だということである。

この内山が提起してくれた考え方によって、水辺の会の会員は頭の中が整理でき、ＮＰＯ活動に充足感をもって参画できるようになったと考えている。しかし、この認識が会員全員に徹底したかといえば疑問が残り、また会員以外の人々にはわれわれの活動が新聞などで報道されることを通じて間接的に理解してもらう以外に方法はなかった。結果として、われわれの活動はこの関係的時間の継承に失敗したといえる。要は、われわれの活動を若者に引き継ぐことができず、高齢者集団となり、直線的時間のなかで今や「水辺の会」を閉じなければならない段階に来ているということである。その継承ができなかった理由がどこにあるのか、われわれの活動の一例から見てみよう。

通船川での活動

「水辺の会」の具体的な活動は、当初、水辺と人との関係を見極めるために、信濃川などの現場ウオッチングから始め、国内外の先進事例を学んでいたが、１９９０年代の初め頃から、新潟で最も汚れて臭いと見向きもされていなかった通船川で、新潟市民と川のふれあいを復活させることに挑戦した。

通船川には長く深い物語があるが、もとは阿賀野川の流路であった（図7－2参照）。阿賀野川は、１０００年ぐらい前に、海岸砂丘に阻まれ、信濃川の河口付近で合流し、その支川となっていた。しかし、さまざまな経緯で、１７３０年に砂丘を掘削して造られた松ヶ崎掘割（図8－3の松ヶ崎放水路）が翌年の雪融け洪水で突き抜けて、阿賀野川の本流となってしまったのである。そして、この残された阿賀野川古道が通船川と呼ばれるようになった。

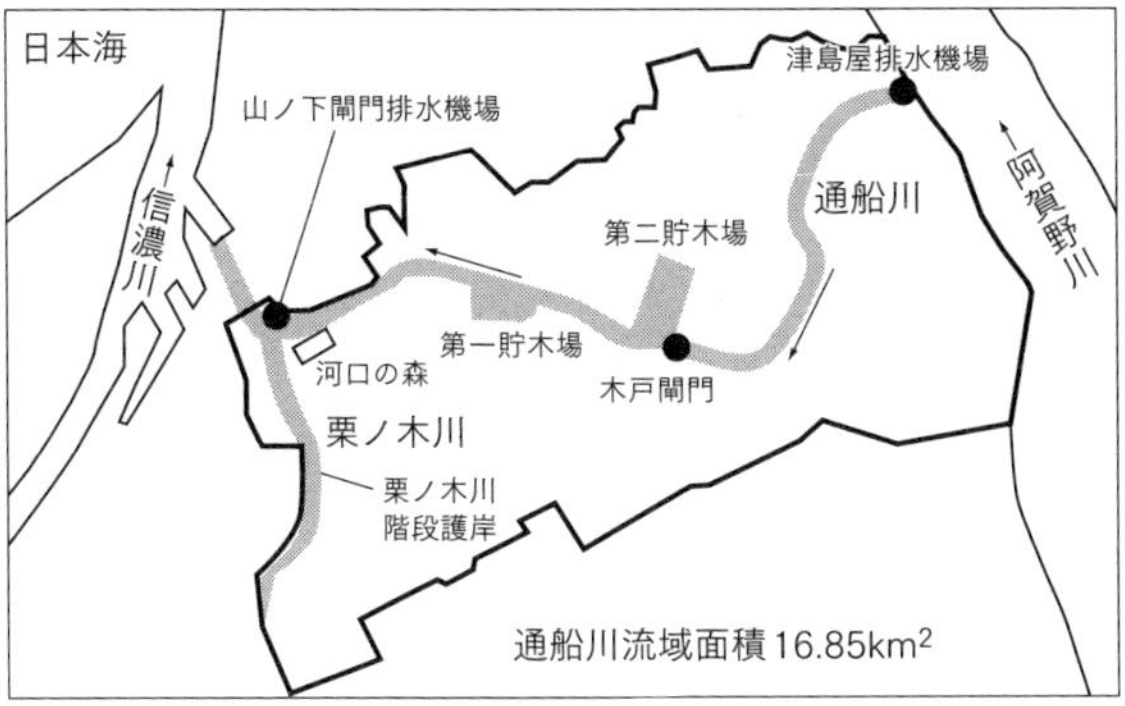

図7－2　通船川と信濃川・阿賀野川の関係図

通船川は、１９６４年の新潟地震までは日本海に直接つながる川であったが、震災復興のなかで、信濃川、阿賀野川とは水門で遮断し、その水面標高を通常時はＴＰマイナス１・６５ｍに設定し、水は通常時も洪水時もポンプで強制的に排水される構造となった（図7－2参照）。この閉鎖的空間が汚染の遠因でもあるが、われわれは通船川の動植物や水質、歴史の調査から始め、公民館での学習会に協力し、舟を使っての通船川のごみ掃除などを行なってきた（写真7－1参照）。

新潟地震後に整備された鋼矢板護岸が錆びて穴が空き、改修時期を迎えたのは、こうした活動を始めてしばらくたった頃のことである。１９９７年河川法の改正で地域住民の意見が求められることになり、新潟県と新潟市は川沿いの自治会・企業・市民団体に呼びかけ、「通船川・栗ノ木川下流再生市民会議」が結成された。水辺の会もこれに参画し、私がその会長となり、腐食した護岸の改修方針や新たな橋の建設などさまざまな議論・提案がなされ、実際それが実行されてきた。この経緯に関しては、拙書『技術にも自治がある』（農文協、2004年、257～274頁）に詳しいので参照していただけたら幸いである。

そうした活動の成果の一つとして、山ノ下閘門排水機場（図7－2参照）の脇の通称「河口の森」といわれる河川敷を新潟県から占用許可を得て、2014年4月に寄付金を募って舟小屋を建設するまでにこぎつけた（写真7－2参照、占用料は年間1万8070円と安いのであるが、新潟水辺の会が負担している）。この舟小屋は、近くの新潟市立万代高校端艇部のカヌー置き場に使ってもらうことをチラシに書き込んで寄付金が集められており、舟小屋の半分は万代高校に無償で使ってもらっている。

写真7－1　通船川での川掃除
撮影：加藤功（船の操縦は大熊）

写真7－2　舟小屋の竣工式典（2014年4月）
撮影：大熊孝

「河口の森」には、新潟県が防災用として桟橋を造り、照明灯を設置し、新潟市がトイレを作ってくれた。そこには、まだ水道が敷設されておらず、トイレの水は水辺の会と万代高校の生徒がポリタンクで運び、その排水は汲み取り式にするなど、さまざまな問題が残されているが、水辺活用の拠点へ向けて、一定の成果が得られたと考えている（２０１９年度末にはこのトイレまで水道が敷設された）。この「河口の森」が、カヌー活動の基地になればと考えているが、現段階ではその保証はない。万代高校の卒業生たちに期待したいところである。

換言すれば、水辺の会の活動も、河川のハードな整備に対する意見陳述から、水辺を活用したまちづくりに変わってきたのであった。

栗ノ木川さくら祭りの顛末

この活動と少し前後するが、通船川の支川である栗ノ木川（図７－２参照）でも舟がつけられる階段護岸が２００６年3月に造られた。

栗ノ木川も、通船川の左支川であるので、新潟地震以後、通常時の水面標高はＴＰマイナス１・65ｍに設定され、護岸が鋼矢板と笠コンクリートで固められ、落ちたら這い上がれない構造となった。川沿いには緑地帯が設けられ、桜も植えられたのであるが、緑地帯と栗ノ木川はフェンスで仕切られた。栗ノ木川沿いには新潟でも最も古い学校の一つである沼垂小学校（１８７３年1月開校）がある。そこの生徒たちが総合学習で通船川・栗ノ木川を学習して、緑地帯と栗ノ木川がフェンスで仕切られていることに疑問が提示された。普通、緑地帯に水辺があれば当然連携した設計が行なわれるはずであるが、新潟地震直後の頃では、都市計画技術者と河川技術者の間ではそのような連携の認識がなかったということである。明治時代以降の効率的な自然改造の「国家の自然観」が浸透していたからであろう。

緑地帯の桜が植樹から50年ほどたち最盛期を迎えていたこともあり、栗ノ木川の現状を世間に訴えるべく、沼垂小学校周辺の町内会・自治会、地域の事業者などが実行委員会を組織して「栗ノ木川さくら祭り」を開催することにした。1回目の「さくら祭り」は２００４年4月18日（日）に栗ノ木川脇の緑地帯に舞台をしつらえ開催され、新潟水辺の会はカヌーや舟を提供して、子どもたちに乗船体験をしてもらう支援をした。さくら祭りには１０００人以上の人が集い、乗船体験者も３００人を超える盛況であった。

しかし、舟に乗船してもらうには、設備がなく、子どもを抱きかかえ、ガードレールを跨ぎ、笠コンクリートの上から落水しないように注意しながら乗ってもらうしかなかった（写真7－3参照）。その状態が2年続いたのであるが、3年目を迎えようとした２００６年1月に大きな変化があった。実は、沼垂小学校の環境学習で児童から舟に乗れる桟橋広場が提案されていたのであるが、それに呼応するように新潟県の担当者からフェンスを30m区間だけ外し、階段護岸を造ってくれるという話が出たのである。これに、新潟市も協力して公園的整備を行なってくれ、同年3月には円形状の階段護岸が完成し、第3回「栗ノ木川さくら祭り」はその階段護岸を中心として、万代高校端艇部などの支援や元船頭の飛び入りもあり、大々的に開催されたのであった（写真7－4参照）。

この「さくら祭り」は２０１７年4月の第14回まで行なわれ、乗船体験者だけでも数千人に達していた。その間、われわれはフェンスを30mだけでなく１００mぐらいまで撤去し、階段護岸を伸ばしてほしいと、新潟県の担当部署に要望を出し続けていた。実は、その担当部署には私の新潟大学での教え子が何代にもわたって担当者としており、この階段護岸や「河口の森」の整備に知恵を出してくれたが、そのフェンス撤去の延長は残念ながら達成できなかった。

そうしたなか、２０１３年頃から私のところに栗ノ木川沿いの住人から直接電話があり、「さくら祭り」の歌や踊りがうるさいのでやめられないかという苦情が来るようになった。この苦情は「さくら祭り」の主催である実行委員会や町内会などにも寄せられ、「さくら祭り」本体は沼垂小学校の校庭で行ない、乗船体験はできるだけ静かに行なうということで、そのまま継続することになった。しかし、その乗船体験も歓声などのうるささは残り、「桜まつり」でない時は保護者の目が届かず、フェンスがなくて、乗船場所の手摺りも老朽化していたこともあり、子どもが川に落ちたら危ないという苦情も寄せられ、ついに階段護岸が撤去され、２０１８年４月にはフェンスが復元されてしまったのであった（写真７－５参照）。

私は２０１７年の２月から５月まで胆管癌の手術で入院しており、その後もその療養でほとんど情報が入ってこなかったのであるが、この顛末には驚愕するとともに、水辺と人が共生するというコンセンサス

写真７－３　栗ノ木川桜まつりでの乗船体験の様子（2004年4月）　撮影：大熊孝

写真７－４　栗ノ木川桜まつり（2006年4月）　撮影：大熊孝

写真７－５　フェンスが復元された栗ノ木川（2018年4月）　撮影：大熊孝

写真7－6　熊本市水前寺江津湖公園第3湖東橋
撮影：大熊孝

が日本国民から消失してしまったことを痛感させられた。明治維新で近代文明を取り入れ、自然を支配し、克服することに力を注いできたこの150年間に、国民の多くが自然と乖離していることのほうが、楽で安心であるという精神をつくりあげてしまったのであろう。

「栗ノ木川さくら祭り」での、沼垂小学校の生徒たちやPTA、町内会、県・市の行政担当者、そして水辺の会の会員たちの、水辺との共生復活劇における14年間のエネルギーとその蓄積は膨大なものであったはずである。しかし、その膨大な蓄積は、まるでガラス細工のように、一つの苦情で無残にも打ち砕かれたのであった。「さくら祭り」の当初、舟に乗った子どもたちは少なくとも20代には成長しているはずである。そうした若者のなかから「階段護岸を護ろう」という運動は起こらなかった。われわれの活動が若者に継承できなかったということである。「関係的時間」の継承はなかなか難しい。

これが新潟だけのことであれば、私はまだ平穏でいられたのかもしれない。しかし、同じようなフェンスは全国いたるところで見かけられる。2018年7月、「立野ダムによらない自然と生活を守る会」が主催するシンポジウムに呼ばれて熊本に行った。その事務局の緒方紀郎（1963〜）に湧水で有名な水前寺江津湖を案内してもらった。そこでは子どもたちが湧水とふれ合い楽しんでいたのであるが、写真7－6のようなフェンスがあり、「川への〝飛び込み〟はやめましょう!!」という看板が掲げられていた。実は、この橋の上から子どもたちが川に飛び込んで楽しんでいるという写真が新聞に掲載された途端、危ないということでフェンスが作られたとのことである。

川に飛び込むことは、ライフジャケットを着けて、水深さえあれば、ほとんど危険はない。飛び込みを経験したことがない人から見れば危険なのかもしれないが、その飛び込みによって子どもがどれほど成長し、いじめられたとしてもそれをはね返す誇り高き精神を獲得できるか、その教育効果は多大である。写真7－7は吉野川の「川の学校」（２００１年吉野川シンポジウム実行委員会設立、カヌーイストの野田知佑が校長、年に2泊3日の活動を5回行なう）での一場面であるが、私はこの「川の学校」に参加し、孫3人もこの川の学校に入学させたが、崖からの飛び込みを観察していて、はじめて飛び込みを経験した子どもたちの前後の変化にそれを実感した。

写真7－7　吉野川「川の学校」での飛び込み　撮影：藤田景子

ただ、どこでもここでも川をフェンスで仕切っているかといえば、そうでないところもある。写真7－8は京都の白川であるが、川と道路を遮る柵はない。この白川には歩道橋も架けられているのであるが、まったく欄干はない。川沿いの人に聞き込みをしたところ、川に落ちたらそれは自己責任であり、フェンスは景観を壊すので作らないほうがいいとのことであった。京都人は、自然との関係性において、新潟や熊本より文化度が高いと評価していいだろう。

栗ノ木川にフェンスが復元してしまったことは、

写真7－8　京都白川には柵がない　撮影：大熊孝
写真7－9　「よい子は川で遊ばない」の看板事例　撮影：大熊孝

水辺の会の力量に問題があったが、それだけではなく根本的に国民のコンセンサスとして、自然を制圧し、自然とかけ離れていることを良しとする、「自然と乖離することの心地よさ」があったからではないかと考える。あらためて「山川草木悉有仏性」を国民のコンセンサスとして復活することが期待されるが、そのためにはどうしたらいいのであろうか？　ささやかながら次の提案をしたい。

—2—　水辺との共生を次世代に継承するためには

おおむね70歳以上のわれわれ世代は、第2章で少しふれたが、子どもの頃、自然の豊かさを肌で感じて育った世代である。しかし、この世代が長ずるにしたがって、経済の高度成長のなかで、「よい子は川で遊ばない」を容認してしまい、自然の恵みを収奪し、自然を破壊してきたのであった（写真7－9参照）。いくら豊かな感性をもっていても、自然破壊を止めることはできなかったということである。

それは何故なのか？　私の結論は、感性だけでは自然を護れず、自然への知性が欠如していたからであると考えている。身近な自然の豊かさは感性で知ることができる。しかし、地域全体の時空間のなかで、その自然と人がどのようにかかわってきたのか、それは知性で鳥の目・虫の目になって把握するしかない。自然に対する感性と知性があってはじめて、「国家の自然観」に対抗して、地域の自然を護り、自然の豊かさが持続できるのではないかと考える。

では自然への知性を育むものは何か？　それは、子どもの頃に自然文学に親しむことであり、小・中学校における自然教育にあると考える。

自然文学の力

たとえば、イギリスは自然収奪の資本主義社会をつくりだした国であるが、１９００年前後に、『ユートピアだより』（ウィリアム・モリス、１８９１年）や『たのしい川べ』（ケネス・グレーアム、１９０８年）、『オオバンクラブ物語』（アーサー・ランサム、１９３４年）など著名な水辺文学を多数生み出しており、イギリス人のほとんどがこれらを読み、大人になっても自然と親しみ、楽しい関係を持続している。しかし日本では、こうした水辺文学といわれるものがない。せいぜい、加古里子著『かわ』（こどものとも、１９６２年）と斎藤惇夫著『ガンバとカワウソの冒険』（岩波書店、１９８２年）ぐらいしか思い浮かばない。

斎藤惇夫（１９４０〜）は新潟出身であり、『ガンバとカワウソの冒険』はケネス・グレーアムの『たのしい川べ』に触発されて書かれたとのことであるが、２０１７年に新たに『河童のユウタの冒険』（福音館書店）を著わしてくれた。そこには自然への知性を磨く示唆が満載である。河童のユウタは推定５００歳とのことであるがまだ青年で、「恵みの湖」（福島潟）に住んでおり、狐のアカネと天狗のハヤテ（図７－３参照）とともに信濃川の源流・甲武信岳まで旅をして、人の行為によって非業の死を遂げた生き物たちの魂の救

図7－3　河童のユウタと狐のアカネ、天狗のハヤテ
出典：斎藤惇夫著・金井田英津子画『河童のユウタの冒険（上）』福音館書店、2017年

済をするという冒険物語である。

ユウタは今までの河童像とは少し異なり、人間にはいたずらなどはせず、生態系を守る存在となっている。自然界では、生き物たちは「食い食われる」関係にあるが、そのことに対してユウタは干渉せず、「食べられることは食べるものの体によみがえる」と、自然の摂理を是認している。しかし、人に鉄砲で撃たれたり、鳥たちが電線に引っかかってケガをしたりすることには、ユウタは敢然と立ち向かって生き物たちを守ってやる。そして、最後には、甲武信岳の向こうからお嫁さんを連れて、福島潟に帰ってくる物語となっている。

この「帰ってくる」というコンセプトは重要である。明治時代以降の多くの文学や歌謡曲などは、首都圏に出てはいくが、帰ってこない物語となっている。たとえば、浜口庫之助（1917～1990）作詞・作曲の「僕は泣いちっち」では、恋人を追って「東京へ行っちっち」で故郷には帰ってこない。高野辰之作詞・岡野貞一作曲の「故郷」（１９１４年発表）は、国民的に好まれる歌の第１位にしばしば挙げられる歌であり、故郷を離れた者の心を癒す歌かもしれないが、故郷に帰ることを促す歌ではない。なお、歌詞「兎追ひし彼の山」の兎は、軍服の防寒用の毛皮調達のために子どもたちに捕まえさせたものであり、決して牧歌的なものではないとのことである（内山節『共同体の基礎理論』農文協、２０１０年、１４３頁）。

新潟県の人口変動を見ると、１８８８年の人口は全国１位の約１６６万人であったが、２０１０年は２３６万人であり、その増加率は１・４倍でしかない。全国では、明治時代から人口は約４倍増えている。つまり、多くの若者が首都圏に出ていき、故郷には帰ってこなかったことを意味している。これは、新潟にかぎったことではなく、地方にとって一般的であり、いわば近代化が中央集権的に進められた結果である。

中央への人口集中の問題はともかくとして、今後、こういう文学によって多くの子どもたちの知性が磨かれることが期待されるのである。

自然教育の可能性

もう一つ、自然への知性を磨く方法は、自然教育に他ならない。身近な自然を楽しみつつ、小・中学時代に優れた自然教育を受けた者には自然と共生する優れた人物が輩出している。

たとえば、新潟での身近な事例であるが、写真家で水景クリエイターとして世界的に有名な天野尚（１９５４〜２０１５）は、鎧潟で遊ぶ傍ら（写真２－１参照）、漆山中学校で長島義介（１９３８〜）に薫陶を受けた。それが画期的な水槽・アクアリウムを生み出すとともに、干拓された鎧潟の復元を唱導する歴史眼を養っ

図7－4　樋口峰夫『泥曼荼羅』（部分、1985年）

た。天野尚と小中学校と同級生であった国見修二（1954〜）は、『鎧潟』（土曜美術社出版販売、1994年）に代表される詩人となっている。また、第1回『みどりの学術賞』を天皇陛下臨席で授与され、生物多様性研究で国際的に活躍する中静透（1956〜）も、越路中学校時代に笹岡茂（1930〜1988）に自然教育を受けていた。

なおついでながら、写真2－1の鎧潟で遊ぶ子どもたちの写真であるが、右端で腰をかがめた少年は、のちに日本画家となった樋口峰夫（1943〜2005）とのことである。彼の『泥曼荼羅』を図7－4に掲げる。全面干拓された鎧潟に生息していた生物の絶滅をいとおしみ、蓮の葉を身にまとった魚体の「釈迦三尊像」ともいうべき絵であるが、まさに「山川草木悉有仏性」を表わしていると思う。鎧潟は多くの人材を育てたと言っていいだろう。

20世紀は、科学技術で自然を破壊して経済成長を遂げてきた。21世紀は、劣化した自然を回復させ、自然と共生する安定した社会とすることで、新たに生きる希望をつくりだしていく世紀にすべきと考えている。そのためには、自然に対する感性と知性がともに不可欠である。この自然に対する感性と知性が、「山川草木悉有仏性」の精神に裏打ちされてコンセンサスとして国民に浸透したときに、ほんとうの「自然との共生」への道が可能となるのではないかと考える。

第8章

自然と共生する都市の復活について

――新潟市の「ラムサール条約湿地都市認証」への期待

前章までに、明治時代以降、自然を制圧し、恵みを収奪するという「国家の自然観」が席巻し、「山川草木悉有仏性」のような日本人が本来有していた「民衆の自然観」ともいうべき思想が崩壊したことを述べてきた。この「民衆の自然観」は、もともと地域に住む住民がそこで生業をたて、命を持続させることに基盤があったが、社会の都市化とグローバル化のなかで崩壊せざるをえなかったともいえる。しかし、地球温暖化が進行する状況のなか、「国家の自然観」のままではわれわれの命を持続できない不安がある。それに対抗するためには、「民衆の自然観」に代わる「新たな自然観」が必要のように思う。

現代では、民衆は自然との関係性が薄れ、ほとんどが生業をもたず、都市で暮らしており、自然観をもち合わせていない。それは近代的都市が、自然や農地を、排斥とは言わないにしても、その存在を捨象して、都市を成立させてきたからである。ちなみに、詩人で屋久島に移住した山尾三省（１９３６〜２００１）は「二十世紀の文明というのは、主として土から離れていく文明でした」（山尾三省『アミニズムという希望』野草社、2000年、27頁）と述べているが、これは本質を突いた名言といえる。

しかし、第7章で新潟を例に述べたように、都市も自然との関係のなかにある。実は、都市はその地域の自然や開発の経緯によってローカルな個性をもった存在なのである。今日、「自然との共生」を考えるうえで都市における自然条件を明確に把握することが不可欠である。生業を通じて培われた「民衆の自然観」とは若干異なるかもしれないが、都市に住む多くの人たちが、地域の自然に根差した「都市の自然観」というものをつくりあげ共有する必要があるのではないであろうか。それが「国家の自然観」の見直しだけでなく、忘れられた「民衆の自然観」の再認識にもつながると考えられる。そのことを、私が経験している新潟の事例から述べていきたい。

―1― 都市における「自然との共生」の試み

近年、世界的には都市における自然回復が積極的に行なわれるようになっている。たとえば、イギリスやオランダ、米国、韓国などでは都市に隣接した湿地帯を復元している。そして、それによって居住地の自然環境が良好になり、復元された湿地帯周辺の土地価格が上昇し、注目を集めている。しかし、日本ではまだ、そのような動きはほとんどない。

一方、都市計画においても、今までは命の糧である食糧を生み出す農地の存在を捨象し、いわば塀で囲われた人工的な空間として都市が議論されてきた。しかし、近年では農地を含め、都市がどうあるべきかが考察されるようになっている（東正則『農業のある都市を目指して』農林統計出版、2018年）。また、2015年4月、「都市農業振興基本法」が制定された。この法律は、都市における農業の安定的な継続をはかり、農業のもつ多様な機能の適切な発揮を通じて良好な都市環境の形成を目的としたものである。この法律は、明治時代以降の都市と農村・農業の関係性に新たな方向性を示したもので画期的であると考えるが、まだほとんど国民に間には浸透していない。

ところで、新潟市は２００５年、周辺の13市町村と合併し80万人都市となり、２００７年には日本海側で最初の政令指定都市となった。市の面積約７２６㎢のうち３４１㎢（47％）が農地であり、食糧自給率63％、農業産出額６５５億円と高く、すでにある政令都市のなかで異色の存在である。当時の新潟市長・篠田昭（１９４８〜）は「田園型政令指定都市」を標榜し、その後大規模農業を主眼とした「国家戦略特別区域」や「食と花の都―日本一豊かで賑わいのある大規模農業都市―」など農業への施策が積極的に展開された。

私はこの「田園型政令指定都市」という言葉を聞いたとき一種の違和感があった。それは、私が大学の土木工学科で学んできた「都市」とは自然や農業・農村と切り離された存在であり、「都市計画」のなかで農業が積極的に位置づけられていなかったこともあるが、生物多様性の重要性がいわれる時代になっていながら、越後平野の水田がパイプ灌漑、鋼矢板とコンクリートの排水路、そして除草剤に依存しており、稲作工場化した越後平野のあり方に疑問をもっていたからである。おそらく、多くの市民も「田園型政令指定都市」という言葉自体に違和感をもったに違いないと思う。

近年、農業そのものに対する考え方が大きく変化してきている。すなわち、農業の大規模化、効率化、企業化では地球における生命の持続性は担保することが難しいという考え方であり、２０１８年12月には国連で「小農と農村で働く人びとの権利に関する国連宣言」（小農の権利宣言）が採択された。この国連宣言は１２１か国の賛成で決議されたが、反対８か国、棄権54か国であり、その反対には米国とイギリスなど、そして棄権には日本が含まれている。基本的に先進国はこの施策に乗り気でないということであろう。新潟市の「田園型政令指定都市」も、このような小農による持続的農業を推進するという新たな思想をうまく組み入れながら進められればよかったのかもしれない。

新潟市の試みは先駆的ではあったが、それを推進する思想が熟成されていなかったということであろう。ただそのなかでも、私は注目すべき施策があったと考えている。それは、篠田市長が肝煎りで発足させた『水と土の芸術祭』の開催と「新潟市潟環境研究所」の設立である。

『水と土の芸術祭』は、２００９年に第1回が行なわれ、その後3年おきに開催され、２０１８年の第4回をもって、いったん区切りをつけ、中止されることになった。この芸術祭については、評価する声もあったが、新潟県の妻有地区で開催されてきた「『大地の芸術祭』の物まねでしかない」とか、「コンセプトが明確でない」、「経済効果がなかった」、「税金の無駄遣い」など多くの批判を浴びた。『大地の芸術祭』は北川フラム（１９４６～）を総合ディレクターとして、２０００年7月20日～9月10日（52日間）開催され、その後3年ごとに開催されており、それなりの集客力を見せている。実は『水と土の芸術祭』も北川フラムを総合ディレクターとして開催されたのであるが、1回目で新潟市美術館の中に土を持ち込んだことによりカビやクモなどの発生があり、2回目以降は北川フラムは外れることになった。

「新潟市潟環境研究所」は２０１４年4月に新潟市の行政機関として設立され、職員は3～4人と少なかったが、その所長に私が任命され、客員研究員、外部相談員、兼務職員という約50人体制で出発した。現在の新潟市域には約１００年前には２００に及ぶ潟が存在していたが、現在はかろうじて16の潟が残されている（図８－１参照）。潟環境研究所では、その16潟を対象に調査・研究を進めた。しかし、篠田市長の5期目（２０１８年10月選挙）の出馬がないことが明らかになった２０１８年8月頃から、その存続が検討さ

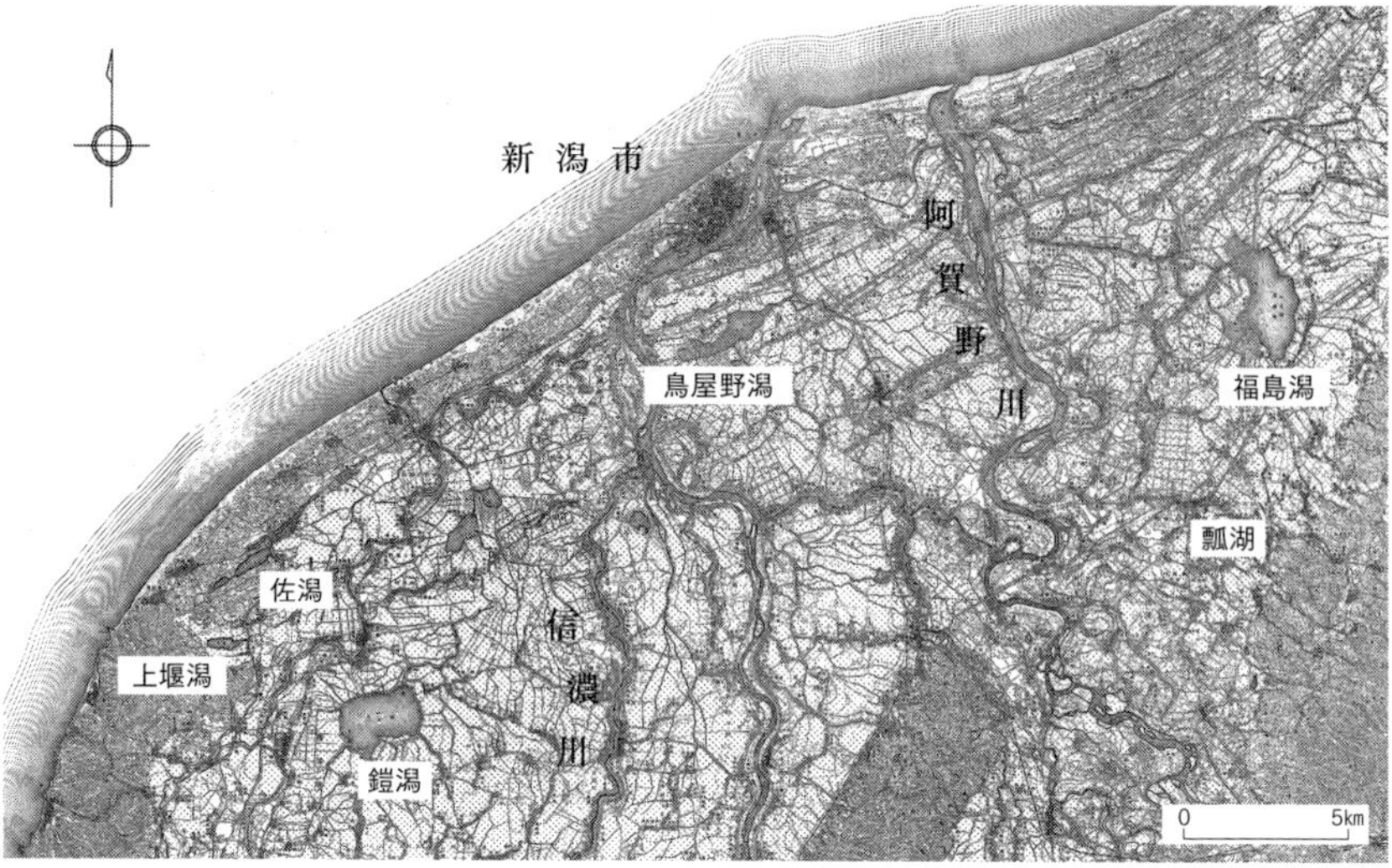

図8－1　1911年測図の越後平野
出典：新潟市潟環境研究所編『みんなの潟学』新潟市、2018年、口絵12～13頁

れ、業務の一部を環境部環境政策課に引き継ぐことにして、2019年3月に潟環境研究所は廃止されたのであった。

しかし、この『水と土の芸術祭』と「新潟市潟環境研究所」は、明治以降に日本が目指してきた近代的社会システムに劣化が生じていることに対して、自然と共生する社会システムを希求したものであると私は考えている。この挑戦的な試みは、自然への意識が希薄になっている大都市において、行政自らが「自然との共生」を目指したという点において画期的であったといえる。その思想的意義が十分に熟成しておらず、市民に理解されなかったがゆえに、批判を浴びたともいえるが、この先進性は今後の歴史のなかで再評価されるに違いない。

まず、『水と土の芸術祭』であるが、私は1回目はアート作品選定のアドバイザー的役割を担ったが、2回目以降は「参与」という役職のもと、主としてシンポジウムの企画運営にかかわり、この芸術祭の思想性を明らかにし、その普及をはかる役割を担当した。しかし私自身、「水」、「土」という、いわば泥くさい言葉と華やかな「芸術」とをうまく繋ぐ言葉が見つからなかった。それは「都市」と「農業」・「自然」との関係についての思考が不十分であったからだと思う。とくに1回目は北川フラムから「水との闘いにおける勝利」が強く打ち出されたが、私は「水との闘いに勝ちすぎたことを反省すべきだ」と思い、「水との共生」にテーマを移すべきだと主張した。「水との闘い」という認識は、心のどこかで水を敵として、知らず知らずのうちに平野や潟の自然を壊してきたからである。しかし、その思いを十分に展開することができなかった。4回が終わって反省してみて、『水と土の芸術祭』の意義が少し分かったように思うのである。

　この『水と土の芸術祭』には基本理念として、2回目から小川弘幸プロデューサー（1962〜）のもと「私たちはどこから来て、どこへ行くのか〜新潟の水と土から、過去と現在《いま》を見つめ、未来を考える〜」という言葉が添えられた。この「どこから来て、どこへ行くのか」を実行委員会のなかで徹底的に議論したうえで、それぞれのアートやイベントが展開されれば、市民からもっと理解が得られたかもしれない。あるいは、難解であると一層受け入れられなかったかもしれないが…。

　しかし、この「どこから来て、どこへ行くのか」を明らかにすることは、今後の人類の存続にも通底する問題でもあり、避けて通れない課題である。

　今のわれわれの日常を考えた場合、グローバルな市場主義経済のおかげで、自然と人の関係や人と人の関係を意識することなく、日々の生活を送ることができる。お金さえあれば、人と交わることも、自然を意識することもなく、一介の消費者として食料を手に入れることができる。しかし、こうした日常において、われわれは「どこへ行こう」としているのであろうか？　このままグローバルな市場経済のなかで、一人ひとりバラバラに孤独な世界に埋没していくのであろうか？　もう一度、命を実感して生きる喜びを獲得する人生が歩めないものか、「自然と共生し、人と人との交流」のなかに、単なる消費的生活者から創造者に転換したいと多くの人が望んでいるのではないであろうか？　そのとき、まずもって行なわれるべきことは、今われわれが住んでいる場所の自然がどのような経過を経て、どのような人々と時間を蓄積してきたのか、おのれの命がその自然や人とどんな関係性にあるのかを認識することではないかと考える。

『水と土の芸術祭』は、80万人という大都市において、市民に新潟の自然を再認識させ、人と人との絆を再構築する契機をつくってくれたと考えている。そして、この芸術祭の一つの柱であった市民プロジェクトで、多くの老人たちが記憶にある自然や人との蓄積された関係性を語ることで元気になり、多くの若者がそれを受けて、新潟の今後のあり方が真剣に考えられるようになった。老人たち――その一人に私も含まれる――はそう遠くなく消え去る。しかし、その記憶を受け継いだ若者たちは今後少なくとも半世紀にわたって命をつないでいってくれる。その若者たちは新潟にとって宝であり、ここに『水と土の芸術祭』の最大の意義があったのではないかと考えている。

「新潟市潟環境研究所」も、行政として、新潟市の自然を包括的にとらえ、それを市民に分かりやすく伝えることを目的とした。新潟市域には、前述したように１００年前には約２００の潟が存在していたが、それらは干拓され、水田や市街地となり、現在16の潟しか残されていない。その16の潟に対して、従来は汚染や水害、土地所有絡みの金脈問題などの行政的な問題があがるたびに、個別に対応していたにすぎなかった。それを、16の潟を、虫の目で詳細な生物相や水質、底泥、人とのかかわりを歴史的に調査するとともに、連携して鳥の目で俯瞰的にとらえ、ハクチョウやオオヒシクイという渡り鳥の存在が新潟市全域の自然にかかわっていることを明らかにしてきた。

調査・研究の結果は、80万人という都市における自然の価値を市民に分かりやすく知ってもらうことを目的に、『みんなの潟学』（２０１８年11月発行、非売品）という冊子にして、出版した。この編集方針は、①中学生でも読める本にすること、②そのために１５０頁を超えないこと、③見開き2頁で話題が完結すること、しかし、④引用される資料的価値のある本にすること、⑤信頼性のある本とすること（国際標準図書番号ISBN 978-4-9910471-0-7の取得）とした。この本が、今後の新潟市民の自然とのかかわりを知性的に担保していくものとして期待している。なお、「潟」は地理学的なLagoonではなく、平野に取り残された水面や砂丘に遮られた水面、阿賀野川の河道跡の水面などがあり、いわば方言的なものであると理解してほしい。

新潟市の「自然との共生」という新たな挑戦は始まったばかりである。『水と土の芸術祭』の中止や「新潟市潟環境研究所」の廃止で一歩後退的な状況にあるが、日本における都市が今後進まなければならない方向であり、行政的な発端としては価値あることだと考えている。

さて、その新潟市の自然と人とのかかわりを、最後に簡単に総括して、今後、都市と自然の関係がどうあればいいのかを考えてみたい。

―２― 越後平野の開発の変遷

新潟市は越後平野に包含される。その越後平野は、日本海に面して日本列島のほぼ中央にあり、信濃川・阿賀野川などの運搬土砂によって形成された約２０００㎢の沖積平野である。海岸沿いの一大砂丘に遮られ、かつて河口は信濃川と北の荒川の2つしかなく、第7章でみたように阿賀野川も信濃川に合流していた（図8－2参照）。また、日本海は、対馬海峡や津軽海峡などの海峡が狭く浅いために、潮の動きが鈍く、干満の差が大潮時でも30㎝ほどしかない。東京湾の２ｍを超える干満差を経験していた私には、ほと

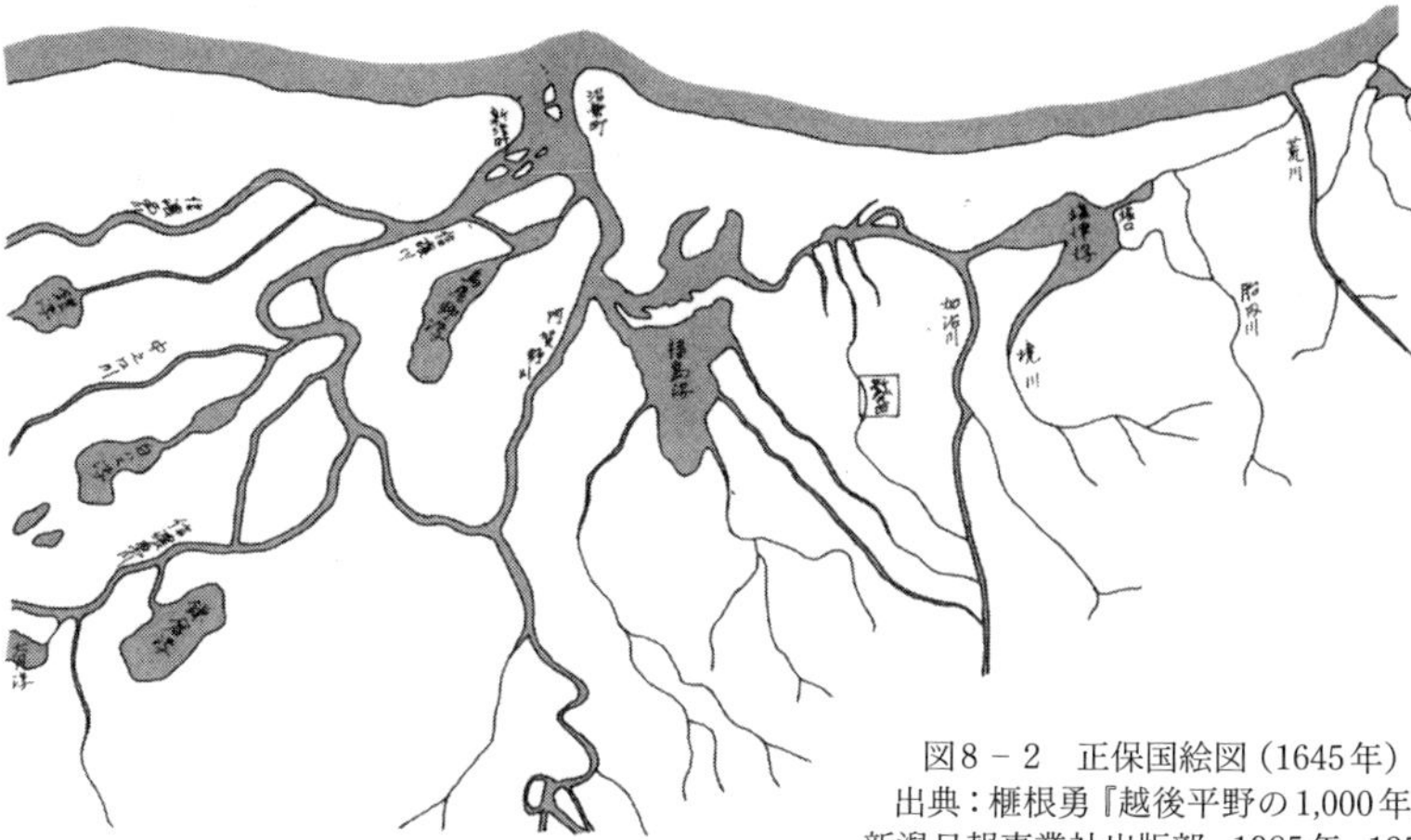

図8－2　正保国絵図（1645年）
出典：樫根勇『越後平野の1,000年』
新潟日報事業社出版部、1985年、135頁

んど水面が動かない湖水としか思えなかった。干満差がないと、平野内の水面では波などで酸素は供給されるが、大地の中の水は動きようがなく、酸欠状態となり、地中には動植物の生息は難しくなる。干満の差があれば、大地の表層には水の動きがあり、酸素が供給され、生物が生息できる。

越後平野はこうした条件下で、洪水や雪融け水の排水が難しいうえに、普段の水はけも悪くて、たくさんの潟があり、稲の生育も悪かった。この動きのない水は「悪水」と呼ばれ、稲作の面からは嫌われていた。同じ平野といっても、干満差のある太平洋側の平野とそうでない日本海側の平野では大きな違いがあるということである。

しかし、無数の潟があるということは、渡り鳥や魚類、植物などの生物多様性に富んでいるということであり、それが住民の生業を支えていたのである。1888（明治21）年の都道府県の人口統計によれば、新潟県は166万2900人で全国第1位の人口を擁していた。コメがほとんどとれないといわれてきた越後平野に多くの人々が住むことのできた理由の一つが、この生物多様性であると考えている。たとえば、福島潟では「櫂棒《かいぼう》1本あれば生きていけた」という言い伝え

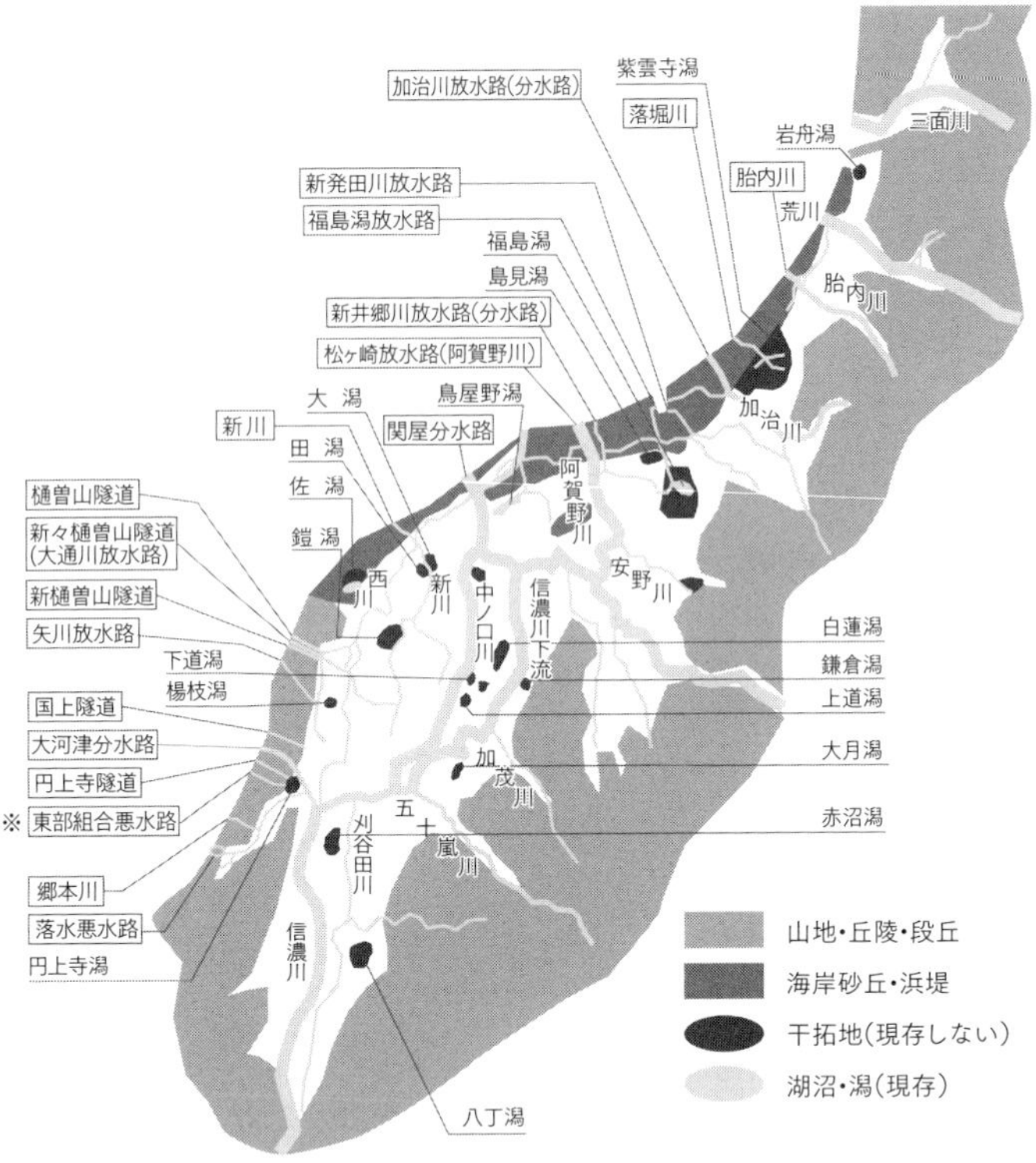

図8－3　越後平野の放水路群　＊東部組合悪水路は現存しない

が残されている。舟で福島潟の恵みを採取して、近郊の住宅地に行商に行けば生活ができたということである。かつての福島潟の豊かさが偲ばれる。

越後平野には現在、図8－3のように18本の放水路が造られている（図8－3の四角で囲った水路が放水路である）。強力な排水ポンプ群によって湖沼は干拓され、鳥屋野潟や福島潟などの水面は海面下に押し下げられ、大地の中に水の動きをつくることで越後平野は乾燥化されてきた。18本の放水路のうち、最初に掘られたのが、第7章でふれた松ケ崎堀割（図8－3の松ヶ崎放水路のこと。図8－4も参照）である。松ケ崎堀割は、徳川吉宗（1684～

１７５１）の新田開発政策の一環として、北の紫雲寺潟の干拓に際して掘られた。紫雲寺潟は他の潟とは少し違って、湖底標高はＴＰ約３ｍであり、江戸時代でも干拓可能であったのである。

紫雲寺潟を干拓するためには、まず海へ排水するための落堀川が掘られた。しかし、紫雲寺潟に流入する胎内川や加治川を付け替えなければ、干拓は成就しない。加治川は、紫雲寺潟への流入を止めれば、阿賀野川に合流させねばならない。そうなれば、阿賀野川の周辺が水害になりやすくなる。その水害を軽減しようということで、松ヶ崎堀割が計画されたのである。

だが、この計画には信濃川河口の新潟湊から猛反対が出た。新潟湊は当時北前船が年間３０００隻も入港しており、繁栄を極めていた。それは、日本一の水量を誇る信濃川と日本第2位ないし第3位の水量の阿賀野川が流入しており、日本海の波で打ち寄せられる土砂を全部押し流してくれ、大型船も入港しやすい水深の深い良港であったからである。もし松ヶ崎堀割が日本海に突き抜けてしまうと約半分の水量がこなくなり、新潟湊の水深が浅くなり、船が入港できなくなるということで、新潟湊の人たちは猛反対したのであった。

そこで、江戸幕府の土木技術者は、図８－４のような木材と石を結束した構造の固定堰を分派点の片方だけに造り、普段の水は新潟湊に流すけれども、洪水のときだけ松ヶ崎堀割を超えて日本海に水を流そうと考えた。しかし、木材や石はそれ

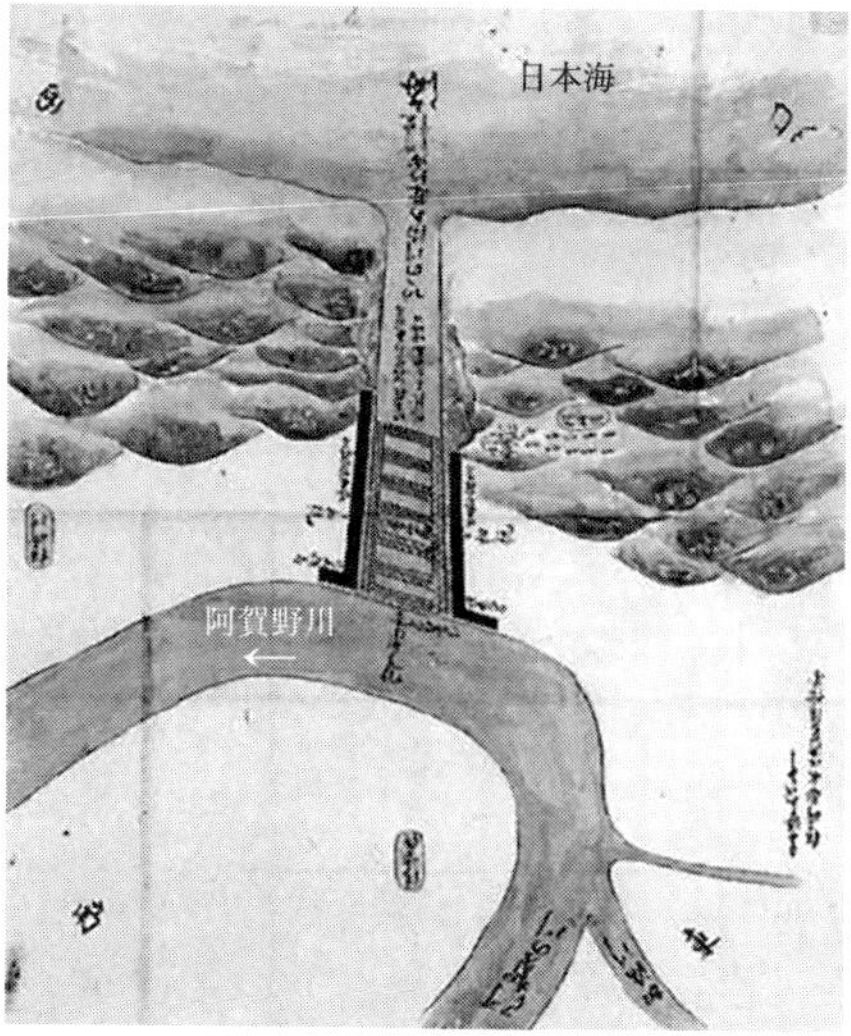

図8－4　松ヶ崎堀割の構造
出典：阿賀野川悪水抜き掘割絵図（新潟市蔵）に加筆、提供：新潟市総務部市史編さん室

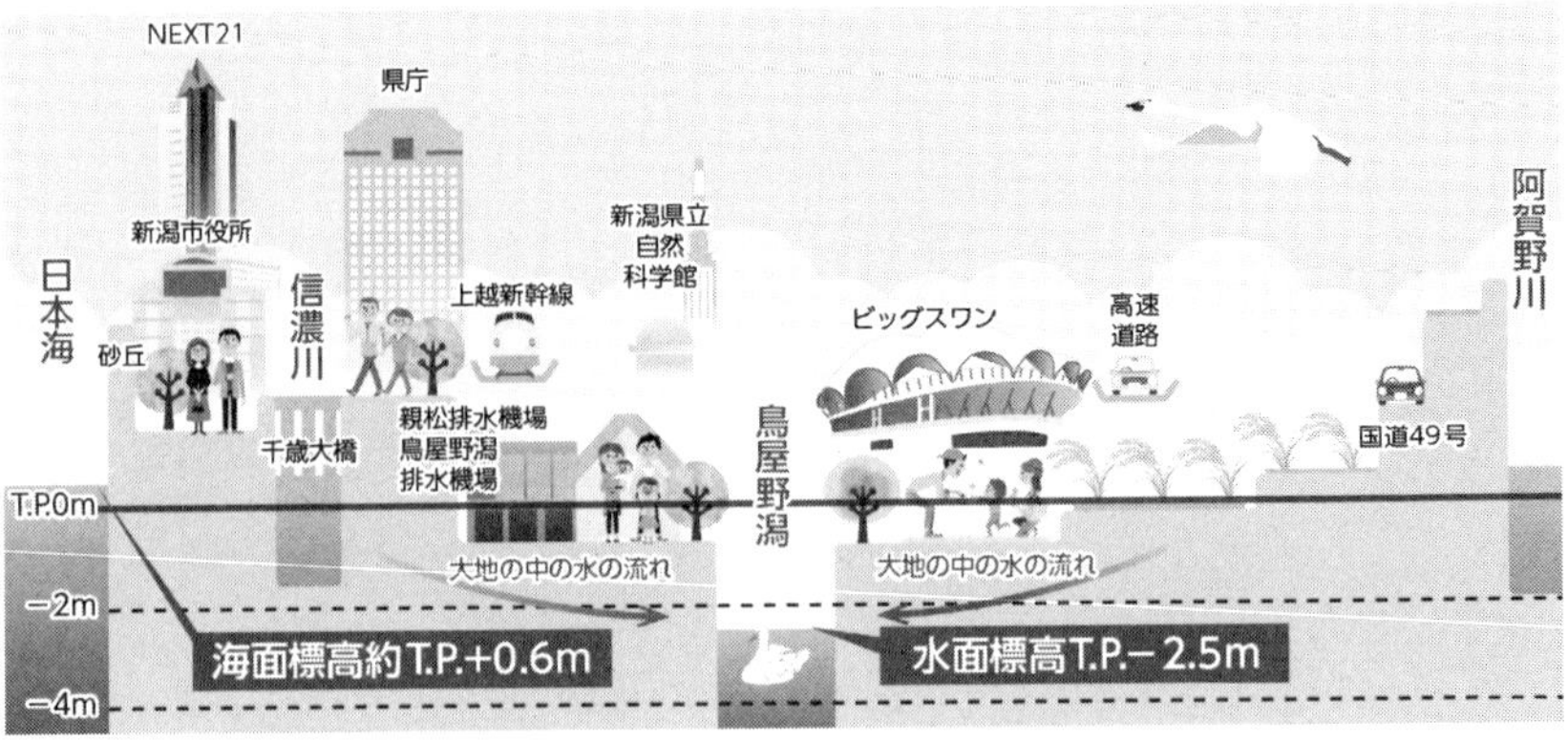

図8－5　越後平野の横断概念図
出典：新潟市潟環境研究所編『みんなの潟学』新潟市、2018年、15頁

ぞれ単体では強度は高いが、その結合方法がせいぜい縄やツタによるくらいしかない。そのため、翌年の雪融け洪水で破壊され、松ヶ崎堀割が阿賀野川の本流になってしまったのであった。その結果、新潟湊は土砂堆積で水深の浅い港になってしまい、幕末には、長崎、神戸、横浜、函館とともに、新潟は開港五港に選ばれたが、せっかく来航した外国船は沖合に停泊して艀《はしけ》で物資を運ばざるをえず、いったん開かれた外国領事館も次々と閉鎖されることになった。

　しかし、この松ヶ崎堀割が阿賀野川の本流となったことで、阿賀野川沿いや福島潟周辺の湿地が干陸化し、水田を造ることができるようになった。この経験から、信濃川の放水路である大河津分水や鎧潟周辺の干拓を目指した新川放水路（図8－3の中央付近にある新川）を造りたいという要望が噴出したのであった。新川放水路には、さまざまな反対があったが、新潟湊への舟運路を遮断しないように西川と立体交差させることとして開削され、1820年に通水した。これは、水車を50数台も並べて、地下水を排除して「底樋」といわれる木製トンネルを埋設するという江戸時代では先端的な技術が使われており、江戸から十返舎一九（1765～1831）も視察に来たほどであった。

一方で大河津分水は、江戸時代の技術手段では丘陵を開削することは難しく、仮に成功したら、阿賀野川の本流化と同じ轍を踏むことになり、越後平野全域の舟運路や灌漑用水が断たれる恐れがあることから、江戸幕府は開削許可を与えなかった。明治時代中期になって、大型土工機械力や堰・水門の築造技術、ポンプなどの近代的技術手段が導入され、大河津分水が開削され、１９２２年に通水した。それと付帯して多くの放水路が開削されたのであった。

こうした放水路の建設とポンプによる排水によって、多くの潟を干拓するとともに、その水面標高を海面下に押し下げることによって乾田化が進み、越後平野は日本を代表する穀倉地帯となった（図8－5参照）。その結果として、80万人の政令指定都市・新潟が形成されたと言っていいだろう。

ただ、越後平野は一大稲作地帯となったが、現実にはそのほとんどの川や排水路は直立の鋼矢板やコンクリート護岸で固められ、トンボや蛙、ヘビなど生物がほとんど生息できない状況になった。さらに、「よい子は川で遊ばない」という標語がまかり通り、大人も子どもも自然に近寄れない状況になってしまった。効率的な稲作を展開したいという国家目標が貫徹されたからである。いわば、「水との闘い」に勝利したが、それが行きすぎたということである。私は、この開発が腹八分目で抑えられていたら、越後平野は日本でも最も生物多様性の高い平野でなかったかと想像している。

鋼矢板やコンクリートの護岸は、数十年経て腐朽し、遅かれ早かれ造り直す時期が来る。今後、おそらく急激な人口減少のなかでそれを実行しなければならない。そのとき、単純に水路を造り変えるのではなく、「自然と共生する都市」として越後平野全域がどうあればいいのか、そのような展望なくして、その実行は意義をもたないであろう。

—３— 越後平野の自然復元の兆し

越後平野では、自然復元を行政的に明確に意識された政策がとられているわけではないが、その兆しが見えている。１９９６年、佐潟《さかた》のラムサール条約への登録がその最初であった。

ラムサール条約は、１９７１年2月2日にイランの都市・ラムサールで制定された国際条約である。当初は「特に水鳥の生息地として国際的に重要な湿地およびその動植物の保全を促進すること」を目的としていたが、その湿地から得られる恵みで生計を立てている人々の存在にも配慮して、「ワイズユース（賢明な利用）」という考え方を打ち出し、生態系を保全しながら自然と人との持続的な共生を目的とした条約へと発展してきた。これは、自然の制圧・略奪という近代思想とは方向性の異なる、世界最初の思想的大転換であると私は考えている。

佐潟（図8－1、図8－6参照）は、当初、都市公園として位置づけられ、公園優先的な整備がなされていたが、ワイズユースを考慮した整備に方針転換された（この整備検討委員会は途中から私が座長となった）。ちなみに、新潟市ではないが、阿賀野市の瓢湖《ひょうこ》も２００８年ラムサール条約湿地となり、越後平野には現在、ラムサール条約登録湿地が2つもある。

また、上堰潟（図8－1、図8－6、写真8－1参照）は、角田山（標高ＴＰ４８２ｍ）を背景として、自然なたたずまいを見せている。しかし、実は干拓途中で中止され、陸化してヨシ原となり、稲を害するカメムシが跋扈していた。この地を掘削により湿地に復元し、公園化（２００１年）したのが現在の上堰潟公園である。かつての水面標高はＴＰ約６ｍであったが、現在は約３・５ｍである。越後平野の湖沼群は現在では水門

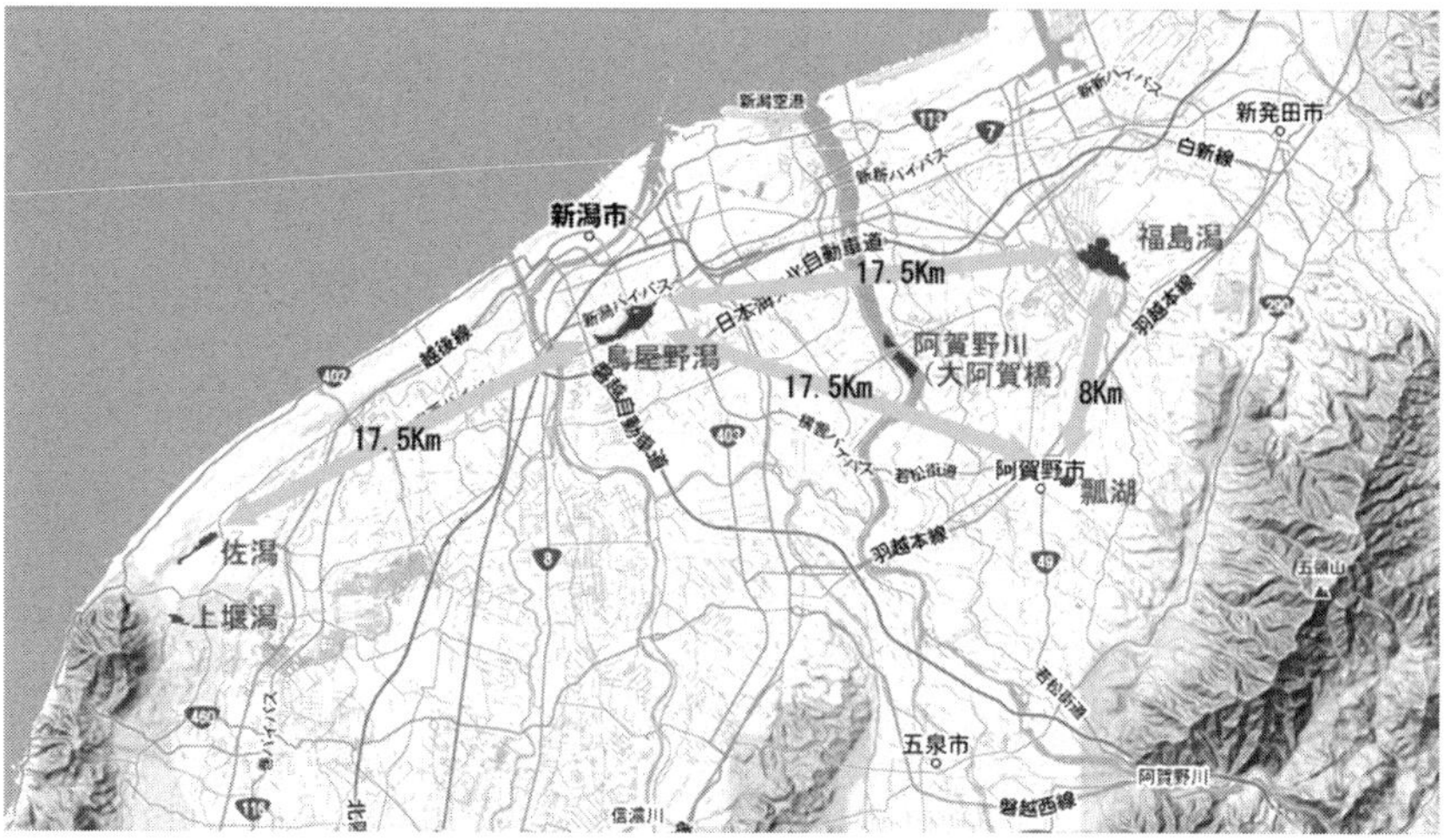

図8－6　越後平野の湖沼の関係（ラムサールカルテット）
出典：新潟市潟環境研究所編『みんなの潟学』新潟市、2018年、107頁

写真8－1　上堰潟
写真提供：NPO新潟水辺の会

によって海と遮断されているが、この潟は、海—新川—広通川—西山川を通じて海とつながっており、漁業権はないのであるが、鮭の遡上が見られるのである。上堰潟の公園化も自然復元を意識したものではなかったが、結果として大がかりな自然復元となっている。

福島潟（図6－3、写真6－4、図8－1、図8－6参照）は、飯豊《いいで》連峰や五頭山系を背景に、美しい景色が展開しているが、この水面標高は普段はＴＰマイナス0・7mと日本海より1m以上低く押さえられ、ポンプで日本海に排水している。しかし、ここの治水はたいへん複雑で、洪水時には潟の水位をＴＰ1・7mまで高め、福島潟放水路を使って、洪水を自然流下させる。そのため潟の周囲に堤防を築く必要があり、2030年頃の完成を目標に堤防が造られている。この堤防の位置選定にあたって、1800年代初めにはすでに水田になっていた約80haを潟に戻した（この整備検討委員会も私が座長となった）。日本の歴史は、湿地とみれば可能なかぎり水田にしてきたが、それを湿地に戻すという、まさに歴史を180度転換する施策がとられたのである。

阿賀野川の蛇行跡である十二潟は、水面積約5・4haであるが、民有地でゴミ捨て場として埋め立てられていた。これを何とか保全しようと潟端の住民が中心となって「ＮＰＯいいろこ十二潟を守る会」が2017年4月に立ち上げられ、個人や団体からの寄付を募り、約1・6haの用地買収に成功した。

このように、越後平野では全国に先駆け、自然復元が始まっており、「自然との共生」が模索されているのである。

―４― 越後平野全域をラムサール条約〝湿地都市〟に
――「都市の自然観」の創造に向けて

近代的科学技術を手にしてから、自然を支配し、自然から乖離することが文明だと考えられてきた。しかし、ワイズユースを基本としたラムサール条約の思想はそれとは方向性の異なる思想的転換であった。日本には２０１８年段階で52のラムサール登録湿地がある。越後平野では佐潟と瓢湖が登録されており、福島潟と鳥屋野潟は環境省から登録湿地の潜在候補地として選定されている。これらが登録されると、越後平野の登録湿地は４つになる（図８―６参照）。仙北平野の伊豆沼・内沼（１９８５年登録）、蕪栗《かぶくり》沼（２００５年登録）、化女《けじょ》沼（２００８年登録）は、いずれもラムサール条約湿地に登録され、「ラムサールトライアングル」と呼ばれている。越後平野でも、これにならって「ラムサールカルテット」と呼びたいものである。さらに可能なら、ハクチョウやオオヒシクイの餌場となっている水田地帯も含め、越後平野全域をラムサール条約湿地に登録したい。ここで重要なのは、これまでの登録湿地の多くが人里離れたところにあるのに対して、新潟では、80万人都市という人の営みの盛んなところで、生物多様性が確保されていくということである。

実は、２０１８年10月のドバイで開かれた第13回ラムサール締約国会議で都市における自然度を評価する新たな方法として、〝湿地都市〟認証制度が始まった。新潟をその日本における第一号都市としたいものである。その際、越後平野の自然度をさらに豊かにするために、鎧潟《よろいかた》を復元することを提起したい。鎧潟は、１９６６年に２７０haあった水面がポンプ排水によって全面干拓されたが、そのポンプを止めれば、新川を通じて海とつながる潟に復元することができる。現状では、土地改良法や河川法など多くの法律が生産性を高めることを主眼としており、潟を自然復元するための法律はなく、それは至難である。しかし、これを実行することによって、新潟はラムサール条約の〝湿地都市〟として世界の最先端の都市に踊り出ることになると考えている。

　こうした取組みを通じて、「国家の自然観」を見直し、それぞれの地域の自然に根ざした「都市の自然観」というものを新たにつくりあげていくことが、「民衆の自然観」の再興につながるのではないかと考えている。

―5― 「社会的共通資本」としての川・自然環境と「都市の自然観」

　新潟という一地方における「都市の自然観」ないし「地域の自然観」に言及してきた理由を、経済学者として世界的に著名な宇沢弘文（１９２８〜２０１４）が提唱した「社会的共通資本」という考え方との関係で少し述べておきたい。

　実は、私には宇沢と共同編者になった『社会的共通資本としての川』（東京大学出版会、２０１０年）という本がある。この本では14人の分担執筆者がいるが、残念ながら一堂に会して議論することはなかった。編集にあたっては、それぞれ個性豊かな川をどう見たらいいのか、また、自然は地域ごとに千差万別であり、それをどう理解したらいいのか議論し、共通認識をつくりたかった。しかし、私の「社会的共通資本」への理解が弱かったこともあり、それを強く主張することができなかった。ここではそれを反省し、今思うところを述べておきたい。

まず、宇沢の「社会的共通資本」について復習しておこう。

「社会的共通資本」とは？

私が「社会的共通資本」という言葉を初めて知ったのは、宇沢弘文著『「成田」とは何か―戦後日本の悲劇』（岩波新書、1992年）であった。そこには次のように書かれていた。

> 公共投資と民間投資とを問わず、およそ投資がおこなわれるときには必然的に、社会的共通資本の利用ないしは破壊をともなわざるを得ません。ここで、社会的共通資本というのは、市民の基本的権利の充足に重要な関わりをもつサービスを生み出すような希少資源であって、私的管理の形態をとらないで、社会にとって共通の財産として社会的に管理され、そこから生み出されるサービスは何らかの意味での社会的基準にしたがって分配されるようなものを一般的に総称したものです。社会的費用という概念は、公共投資あるいは一般に経済活動にともなって、さまざまな社会的共通資本をどれだけ利用するか、あるいはどれだけ破壊ないしは汚染を惹き起こすかということを表す尺度です。……（中略）……
>
> このような意味での社会的費用を考慮に入れたとすると、東京近辺には、どこにも国際空港はつくれないという反論を試みる人が多いのですが、そのときには、国際空港を東京近辺につくる必要はなく、つくるべきでもないということを主張するのが、社会的費用という概念の機能であります。（同書、156～158頁）

ここでは「希少資源」という言葉で社会的共通資本が説明されているが、それを侵すものは「成田空港」であれ、「つくるべきでない」と言い切っている。この考え方は土木技術者としての私には思考の範囲外であり、一種の驚愕を覚えたほどであった。

宇沢は東京大学を退職後１９８９年から１９９４年まで新潟大学に在籍していた。当時彼は成田空港問題の解決を目指して開催された「成田空港問題シンポジウム」（１９９１年11月から１９９３年５月にかけて15回開催）に深くかかわっており、新潟大学の構内においても日々警護のＳＰがつくほどであり、彼と私との接点はなかった。宇沢と私の親しい関係は、吉野川第十堰問題にかかわって吉野川を一緒に視察した１９９６年以降になる。それはともかく、その頃私は映画『阿賀に生きる』の製作にかかわるとともに、私なりの「川の定義」を模索していた。大規模な公共事業は自然破壊を招くものであり、強引なダム建設は中止すべきではないかと考え始めており、川の自然環境を保全することをささやかではあるが世に問い始めていたのである。

その後、宇沢は「社会的共通資本」の概念を発展させていく。２０００年に出版された宇沢弘文著『社会的共通資本』（岩波新書）には次のように記述されている。

> 社会的共通資本は、一つの国ないし特定の地域に住むすべての人々が、豊かな経済生活を営み、すぐれた文化を展開し、人間的に魅力ある社会を持続的、安定的に維持することを可能にするような社会的装置を意味する。
>
> 社会的共通資本は自然環境、社会的インフラストラクチャー、制度資本の三つの大きな範疇にわけて考えることができる。大気、森林、河川、水、土壌などの自然環境、道路、交通機関、上

下水道、電力・ガスなどの社会的インフラストラクチャー、そして教育、医療、司法、金融制度などの制度資本が社会的共通資本の重要な構成要素である。都市や農村も、様々な社会的共通資本からつくられているということもできる。（同書、はしがき）

この「社会的共通資本」は誰によって管理されるべきなのか、宇沢は次のように述べている。

> 社会的共通資本の管理について、一つ重要な点にふれておく必要がある。社会的共通資本は、それぞれの分野における職業的専門家によって、専門的知見にもとづき、職業的規律にしたがって管理、運営されるものであるということである。社会的共通資本の管理運営は決して、政府によって規定された基準ないしルール、あるいは市場的基準にしたがっておこなわれるものではない。この原則は、社会的共通資本の問題を考えるとき、基本的重要性をもつ。社会的共通資本の管理、運営はフィデュシアリー（fiduciary）の原則に基づいて、信託されているからである。（同書、22～23頁）

宇沢が「社会的共通資本」の考えを深めるきっかけとなったのが、１９９０年に決着した日米構造協議（Structural Impediments Initiative）だったという。この協議で、日本はアメリカから１９９１年度から10年間で総額４３０兆円（のちに６３０兆円に膨らむ）の公共投資を約束させられたのであった。宇沢は、この無茶苦茶な公共投資に対して、「市場は社会的共通資本の土台の上で営まれる」べきであると反論し、社会的共通資本の方が経済に優先することを主張したのであった（佐々木実『資本主義と闘った男　宇沢弘文と経済学の世界』講談社、２０１９年、５５１～５６５頁）。

社会的共通資本の「自然環境」を考えるうえでの問題点

私はこの「社会的共通資本」の考え方に深く同意するものであるが、それを具体的に実践するとなるといろいろと難しい問題が発生してくる。

まず、「社会的共通資本」は自然環境、社会的インフラストラクチャー、制度資本の三つの大きな範疇に分けられるということであるが、ここで問題となるのは「自然環境」は国ごと地域ごとに大きく異なることである。「社会的インフラストラクチャー」と「制度資本」は人為的なものであり、国や地域ごとに統一的な技術指針や政策によって創造することは可能である。しかし自然環境は、一つの地域でも千差万別であり、多様な存在であるとともに、第1章でみたように、石ころのような無機物から生物、そして人間までもが深く複雑な関係性で結ばれながら形成されている。

しかし、すでに述べてきたように、日本では近代化のなかで「民衆の自然観」が「国家の自然観」に押しやられながら自然環境は破壊され続けてきた。こうした破壊に抵抗するには、せめて「都市」などでくくれる一定地域で、住民たちが共通して認識する「自然観」を形成し、全国一律的な「国家の自然観」に対置する必要があったのではないかと思うのである。換言すれば、宇沢のいう社会的共通資本としての自然環境を議論するときには、具体的な都市なり地域で誰がどのような「自然観」を有するのかという視点が不可欠なのである。

さらに言えば、この「都市の自然観」ないし「地域の自然観」の形成は、「民衆の自然観」の再興につながっていくと考えている。「民衆の自然観」はそれぞれの地域の自然との関係のなかで育まれてきた。

それゆえに多様なものでもあるが、その背景には「山川草木悉有仏性」のような人間存在を「うしろめたいもの」と自覚する共通の精神が横たわっている。「都市の自然観」ないし「地域の自然観」を創造するときは、それぞれの地域の自然や関係性の多様性が前提とならざるをえず、それはもともとあった「民衆の自然観」の見直し、その精神を受け継ぐ自然観になることが望まれる。

次に、この社会的共通資本の管理・運営であるが、宇沢は、国家によって官僚的に支配されたり、市場経済の基準によって利潤追及の対象にされたりすべきでないと考え、職業的専門家に依拠することを提案している。その職業的専門家は、「フィデュシアリー」という難しい用語が使われているが、要は管理・運営する専門家が職業的規律を有しており、〝信用〟できる存在であることが要件となっている。しかし、米国などでは政府に対し中立的なコンサルタントが存在するようであるが、少なくともわが国において、高い倫理観を持った職業的専門家集団が存在しているようには思われない。本来、産官から独立した「大学」においてそのような機能を果たすべきと考えるが、いわゆる「御用学者」が多く、市民・国民から〝信用〟を勝ち得ているとは言いがたい。

私は、この管理・運営は、基本的に「都市の自然観」や「地域の自然観」を共有する者たちで行なうしかないと考えている。かつては、第3章で述べたように、技術の共同体的段階では、水利組合や水害予防組合などそれぞれの地域の組織で管理・運営されていた。しかし、現代では技術手段の進歩によって、たとえば取水堰の統合や堤防の強化、ダムの建設で管理・運営の対象とする地域が広域化している。そのことを留意したうえで、「自然観」を共有できる範囲を模索する必要があり、難しい作業であるといえる。そのしかし、すでに成立している「都市」などでくくれる範囲を前提として、議論によって範囲を変えながら重層的に「自然観」を構築していくことになると思う。それは、最後にふれるが、「淀川水系流域委員会」のように徹底した議論によって道が開けるものと考えている。

「社会的共通資本」としての川の問題点

「川」は、まさに「自然環境」であるが、そこに堤防や堰・ダムの社会的インフラストラクチャーが造られ、また、河川法や砂防法、森林法などの制度資本で管理されており、「三つの大きな範疇」をすべて備えている「社会的共通資本」といえる。その管理・運営が〝信用〟で裏付けられる専門家の職業的規律をもって行なわれてきたかというと、第１章からここまで述べてきたようにそうでなかったことは明らかである。その〝信用〟を形成しえなかった根本は、「民衆の自然観」と「国家の自然観」の軋轢のなかで、地域住民に依拠した「都市の自然観」、「地域の自然観」という発想がなく、それを形成しえなかったからではないかと考えている。これからは、それぞれの地域・都市でそれぞれの「自然観」を醸成して、それを基盤に社会活動・経済活動が行なわれる必要があると考える。

なお、こうした「都市の自然観」ないし「地域の自然観」の重要性に最初に光を当てたのは熊本・水俣の吉本哲郎（１９４８〜）の「地元学」でないかと考えている（吉本哲郎『わたしの地元学──水俣からの発信』ＮＥＣクリエイティブ、１９９５年）。吉本は１９９１年頃から、「地域資源マップ」や「水の経路図」をつくりながら、「国家の自然観」とは異なる「水俣の自然観」をつくりあげてきた。それによって国家の自然観を相対化することを通じて、水俣病で引き裂かれた水俣の差別的社会をつくり直そうと「もやい直し」に取り組んできたのである。その後、全国各地で「地元学」の手法に学んだ取組みが行なわれているが、「社会的共通資本」との関連ではきちんと議論されてこなかったように思う。今後、「社会的共通資本」との関係で「地元学」を再考していく必要があると考える。

ただ、流域の大きな川の場合、水系的には一つでも、山間部の上流域や下流の平野部などに、「自然環境」を分けて考えたほうがいい場合が多い。たとえば、日本の川は山脈を横断して流れることが多く、盆地―狭窄部を繰り返して流下しており、狭窄部で洪水の流下が阻害されやすい。その場合、狭窄部を挟んで住民の自然観は大きく異なっている。これは第4章の千曲川・立ヶ花狭窄部でみたとおりであるが、狭窄部の上流側は、水害の原因は狭窄部にあり、これを開削して洪水の流下を促進したいと考える。狭窄部の下流側は、狭窄部が開削されると洪水が押し寄せるので、狭窄部の開削には絶対反対の立場となる。

このような対立した状況はどのように解決すればいいのであろうか？　私は、上下流の住民による徹底した議論によって、上流側・下流側の水害の痛みを互いに知って、解決するしかないと考えている。おそらく、狭窄部によって上流側が毎年のように水害に見舞われているようであれば、下流側の住民はその痛みを知って、狭窄部の開削に同意を示すのではないかと考える。しかし、上流側が何十年も水害に遭わないような大開削は、下流に毎年のような水害をもたらすことになる。つまり、同じ流域住民であっても、住んでいる場所が違えば、自然観も異なるのである。結局のところ「自然観」の異なるもの同士が、相手の立場に立って、相互の痛みを知り、連帯感によって支えられる民主主義によって解決していくしかないと思う。

川をめぐる問題を議論によって解決する可能性は、「淀川水系流域委員会」で示されたと考えている。「淀川水系流域委員会」は、1997年の河川法改正で「河川管理者は、河川整備計画の案を作成しようとする場合において必要があると認めるときは、河川に関し学識経験を有する者の意見を聴かなければならない。」（河川法第16条、傍点は筆者追加）と規定されたため、国土交通省近畿地方整備局が設置した委員会である。

委員会の構成員は学識経験者やそれに匹敵する流域の特性に詳しい住民など53人で、２００１年２月１日に発足し、２００３年1月17日の最初の提言まで、なんと１３１回という公開の会議と現地視察をこなし、「ダムを原則建設しない」という画期的な結論に達したのであった（会議開催数などの情報はこの住民委員であった川上聰から提供を受けた）。しかし、それは国交省が「必要があると認めるとき」であり、義務化されたものではなかった。国交省は淀川水系流域委員会をその後も継続しているが、委員会のあり方を変質させていき、最初の提言を翻し、現在ではダム建設の続行を可能にしている。要は、国民的には連帯の民主主義によって地域間対立を解くことは可能になっているのであるが、国は「国家の自然観」をいまだ国民に押し付けているということである。

いずれにせよ、未来を展望するとき、「社会的共通資本」の考え方は土台になるといえる。しかし、それを実践場面に適用するには、それぞれの地域・都市における「自然観」を形成し、「国家の自然観」に対抗していくことが必要であると考える。

21世紀における都市に最も求められることは、遠くの自然よりも近くの自然である。都市に住む誰もが自然との共生のなかに、今の孤立した社会のなかで〝生きる希望〟を見出すことができればどれほどすばらしいだろう。その意味において、都市に住む者にとって「都市の自然観」は重要であり、それが新たな「人と自然との共生」をつくりあげていくのではないかと考えている。「国家の自然観」で、一部の利害を優先するかたちで割り込むならば、自然破壊を招き再び混迷に陥るであろう。「民衆の自然観」の根底にある「山川草木悉有仏性」の本質としての自然に対する謙虚な姿勢を忘れずに、地域住民の生活に根差した、新たな「都市の自然観」が構築されることを期待して、筆を置くことにしよう。

あとがき

本書を終えるにあたり、わが家の庭の欅について語ることで、「あとがき」に代えたい。
私は１９８０年、新潟大学工学部の移転とともに長岡市から新潟市に移転してきた。長岡では県営住宅、新潟では大学の宿舎で、５階建ての鉄筋コンクリート造りに住まわせてもらっていた。しかし、１９８２年に大学から徒歩で５分のところに自宅を建てることができた。物心ついてからずっと貧乏な生活をしてきたが、借入金などの制度によって土地と家を私有できたことに、小市民的な違和感を抱きつつ、達成感を味わったものである。なお、立地は、水害に遭わないことや地震に強いことを条件に砂丘地（標高ＴＰ25・５ｍ）を選定した。

その際、猫の額ほどのささやかな庭であるが、角地ということもあって、その隅に高さ２ｍ足らずの細い欅を植えた。高校時代サッカーに明け暮れたが、そのゴールネットの後ろに欅の巨木があり（残念ながら今はない）、その木陰で休憩時に飲む牛乳の甘さに至福の時を何度も味わった。空に向かって手を高く突き挙げたような欅の姿に、自分の未来を重ねていたのかもしれない。ただ、東大土木の同級生の樋口忠彦（１９４４〜）が新潟大学の建築学科に赴任してきたとき、欅が大きくなって家の土台を持ち上げるかもしれないと忠告を受けた。彼は利根川沿いの羽生の屋敷林で育ち、欅のことは詳しかった。私はそうなれば本望だと答えた。

実際、30年ほどたつと、欅は写真のように巨木となり、夏は涼しい木陰をつくってくれ、わが家のシンボルツリーとなった。しかし、たしかに根が張り、コンクリートの縁台を動かすようになったので、根を掘って、その一部を切断した。さらに問題になったのは、秋に落ち葉が激しく、側溝を詰まらせることであった。急きょ、側溝の蓋を購入して隣の敷地の分まで架けたが、秋は毎日落ち葉拾いの労働を強いられるようになった。

一茶と良寛に次の句がある。

焚くほどは、風がくれたる、落ち葉かな　　一茶（１８１５年作）

焚くほどは、風がもてくる、落ち葉かな　　良寛（１８１９年作）

どちらの句がいいか両ファンの間では論争があるようだ。私は人の分際を見極めた一茶の句のほうが好きであるが、２人とも自然との共生の神髄を謳いあげていると言っていい。実際、風が吹くと、落ち葉だけでなく、枯れ枝も落ちてきて、通行人には危ないが、焚火には事欠かないのである。ついでに、欅の落ち葉の焚火は、面白いことに煙が目に入ってもまろやかで涙は出てこない。また、この焚火での焼き芋はおいしい。

しかし、落ち葉が激しく、枝も落ちて危ないので、近所からは「大熊さん、欅を伐るべきだよ！」と何度も忠告を受けた。私は必死になって落ち葉を集め、風のときは枝の落下に注意を払っていたが、年をとるとともについに対応しきれなくなり、２０１４年11月に業者に頼んで伐採してもらった。断腸の思いであった。都市に住むことは、樹木１本育てられず、自然との関係を絶たねばならないということを痛感した。この欅とともに成長した子どもたちも、今は新潟に居ないが、伐採することに淋しさを感じたようである。

ところが欅を切ってからは、それまで欅の陰で成長が押さえられていた橅《ぶな》や木蓮《もくれん》、沙羅《さら》双樹《そうじゅ》などが、急に息を吹き返したように、グイグイと成長しはじめた。もうしばらくすると小さな庭も森となり、再び伐採をしなければならないことになりそうである。

新たに住宅団地が造られた場合、雨水流出を抑える調整池は造られるが、樹木を植えることは義務付けられていない。自然エネルギーや断熱に工夫したエコハウスを名乗る住宅は登場しているが、炭酸ガスを吸収するようにと樹木を庭に植える家はほとんどない。街路樹も、電線などに引っ掛からないようにするためか、何十年たっても巨木に育つことはない。都市における緑をどのように育て維持するのか、行政的には今までほとんど考えられてこなかった。今後とりあえず「鎮守の森」を維持するように、行政に頼らずに、町内会での議題に挙げるべき時代になったように思うが、どうであろう？「都市の自然観」を構築して、あらためて共同体的段階の技術が復活できればいいのであるが……。

本書は、２０１７年3月に胆管癌で9時間を超える手術を受け、新たな命を授かったおかげで書くことができた。手術は西新宿の東京医科大学病院で受けたが、妻・宏子は新潟に飼い猫2匹を残しながら新潟と東京を何度も往復しなければならなかった。また、家族は無論のこと、新潟や全国の友人からは多くの励ましを受けた。実際退院のときに新潟水辺の会の世話人が新潟駅まで迎えに来てくれた。こうした家族や友人たちの気遣い、そして病院の医師、看護師、清掃スタッフに至るまでの手厚い医療システムのお陰で私は復活することができた。医療制度に無給医などの問題がないわけではないが、医療の私的段階、共同体的段階、公共的段階がうまくかみ合ったから、私の命を永らえることができたではないかと考えている。

２０１９年４月、新潟市潟環境研究所の解散に伴い完全に無職となった私に１日１０００字ずつ何かを書けばと勧めてくれたのは妻だった。彼女との結婚生活は52年が過ぎる。思えば、卒論・修論の清書を頼み、大学闘争での研究放棄にも理解を示してくれ、いつもつかず離れずの微妙な間合いで私の研究活動を支えてくれた。今回の執筆にも、尻を叩くわけではなく、書けない時は書かなくてもいいという間合いの対応であったが、８月の77歳の誕生日までに原稿を書き上げることを目標にし、それを何とか達成できた。

その原稿を農文協プロダクションの田口均さんに渡し編集作業に入ってもらった。田口さんとは、篠原修著『河川工学者三代は川をどう見てきたのか―安藝皎一、高橋裕、大熊孝と近代河川行政一五〇年』（２０１８年３月）の出版を手掛けていただいてからのつきあいである。ところが２０１９年10月12日に台風19号が襲来し、阿武隈川や千曲川で大きな被害が発生した。そこで、急きょ台風19号水害の特徴や八ッ場ダムへの見解を追加することにした。

手術後の回復は、数百回も登ってきた角田山（標高ＴＰ４８２ｍ、写真２―３参照）への再登頂を指標としているが、手術後３年たってもまだ１合目にすら達していない。しかし、他の病気もいろいろあって、それらと折り合いをつけながら共生して、少しでも命を永らえ、この世の行く末を確認できればと思っている。

ところで校了に差し掛かった2020年の2月、新型コロナウイルス感染症の世界的流行が始まった。このコロナ禍を止めるためには人が動かないことが最善の対策であり、人びとは自宅に籠もることが強く要請された。現在のグローバルな自由市場経済システムは不特定多数の人と物の「自由な移動」を前提としているが、それとは真逆の対応を強いられたわけである。世界経済はもとより身近な生業も立ち行かなくなり、近代文明が非常に脆弱であることが明らかになりつつある。今後、われわれはどのような社会をつくっていくべきなのか？　第8章の冒頭に述べたが、国連はすでに持続的で維持可能な社会を構築するために「小農の権利宣言」を発している。これは自然や人とのローカルな関係性を重視した社会システムにつくり直すことを目指している。私も、人々が自己の存在の関係性が確認しやすい、「地域」を中心として持続可能な社会を構築することが求められていると考える。

そして、本書で述べてきた「地域の自然観」や「都市の自然観」の創造は、その新しい社会の基盤となると確信している。

最後に、この編集をお願いした田口さんからは、無数のメールや電話のやり取りでさまざまな助言を得て、本書を仕上げることができた。心から感謝申し上げる。

2020年4月、77歳の春を迎えて

自宅のシンボルであった伐採直前の欅

参考文献

大熊孝『利根川治水の変遷と水害』東京大学出版会、１９８１年
大熊孝『洪水と治水の河川史―洪水の制圧から受容へ』平凡社、１９８８年
大熊孝『川がつくった川、人がつくった川―川がよみがえるためには』ポプラ社、１９９５年
大熊孝『技術にも自治がある―治水技術の伝統と近代』農文協、２００４年
大熊孝責任編集『川を制した近代技術』平凡社、１９９４年
宇沢弘文・大熊孝編『社会的共通資本としての川』東京大学出版会、２０１０年
新潟市潟環境研究所編『みんなの潟学』新潟市、２０１８年（非売品）

第1章

梅原猛・吉本隆明『対話　日本の原像』中公文庫、１９８９年
内山節・宮城泰年・田中利典『修験道という生き方』新潮選書、２０１９年
内山節「日本の伝統的な自然観について」内山節著作集８『戦後思想の旅から』所収、２０１４年
鈴木大拙『新編　東洋的な見方』岩波文庫、上田閑照編、１９９７年
内山節「森と川の哲学」苫小牧自然保護協会、１９９４年
石牟礼道子『新装版　苦海浄土　わが水俣病』講談社、２００４年
水上勉『良寛』中央公論社、１９８４年、
宝月圭吾・藤木邦彦「詳説　日本史」山川出版社、１９６２年
渡辺京二『逝きし世の面影』葦書房、１９９８年
アンガス・マディソン『世界経済の成長史１８２０～１９９２年』金森久雄監訳、東洋経済新報社、２０００年
アンガス・マディソン『世界経済史概観　紀元１年～２０３０年』公財・政治経済研究所監訳、岩波書店、２０１５年

小池満紀子『小原古邨の小宇宙』青月社、２０１８年
埴沙萠『足元の小宇宙―82歳の植物生態写真家が見つめる生命』NHK出版、２０１３年

第2章

小熊博史『縄文文化の起源をさぐる　小瀬ヶ沢・室谷洞窟』新泉社、２００７年
「尾瀬と只見川電源開発」只見町史資料集第3集、１９９８年
関東分水影響調査検討委員会編「関東分水影響調査報告書」１９８８年

［雪関係参考文献］

土木学会新潟会・56豪雪の記録編集委員会編「56豪雪の記録」１９８１年12月
土木学会新潟会・59豪雪の記録編集委員会編「59豪雪の記録」１９８４年12月（大熊一部執筆）
鈴木哲『雪はじゃまものか？　新・雪国ものがたり』ポプラ社、１９８８年
研究代表者・小出崇「豪雪地域における交通及び生活環境確保のための流雪・融雪技術の開発研究」昭和59年度科学研究費補助金研究成果報告書、１９８５年3月
研究代表者・大熊孝「地表水利用の雪処理技術の開発研究と除雪システムの運用に関する研究」平成2年度科学研究費補助金研究成果報告書、１９９１年3月
大熊孝他「流雪溝の流雪能力と塗装によるその改善」『土木学会論文集』No.359/IV-3、99―１０６頁、１９８５年7月
大熊孝他「消融雪溝の雪処理能力とその標準的設計法」『土木学会論文集』No.371/IV-5、１０７―１１４頁、１９８６年7月
大熊孝他「流雪溝と消融雪溝の標準的計画・設計法に関する基礎的考察」『雪氷』Vol.51、No.4、２３９―２５１頁、１９８９年12月

第3章

小出博『日本の水害―天災か人災か』（編著）東洋経済新報社、１９５４年

小出博『日本の地辷り―その予知と対策』東洋経済新報社、１９５５年
小出博『日本の河川―自然史と社会史』東京大学出版会、１９７０年
小出博『日本の河川研究―地域性と個別性』東京大学出版会、１９７２年
小出博『日本の国土 上・下―自然と開発』東京大学出版会、１９７３年
小出博『利根川と淀川―東日本・西日本の歴史的展開』中公新書、１９７５年
小出博『長江―自然と総合開発』築地書館、１９８７年
本間仁『河川工学』コロナ社、１９５８年
篠原修『ピカソを超える者は―評伝 鈴木忠義と景観工学の誕生』技報堂出版、２００８年
篠原修『河川工学者三代は川をどう見てきたのか―安藝皎一・高橋裕・大熊孝と近代河川行政一五〇年』発行：農文協プロダクション・発売：農文協、２０１８年
樋口清之『梅干と日本刀―日本人の知恵と独創の歴史』祥伝社、１９８５年

第4章

町田尚久「寛保2年災害をもたらした台風の進路と天候の復元」『地学雑誌』１２３巻３号、２０１４年
建設省東北地方建設局『阿武隈川上流改修史』１９６１年４月
日本野鳥の会他『市民が止めた！　千歳川放水路―公共事業を変える道すじ』北海道新聞社、２００３年
吉野川流域ビジョン21委員会「吉野川可動堰計画に代わる第十堰保全事業案と森林整備事業案の研究成果報告書」２００４年
姫野雅義『第十堰日誌』七つ森書館、２０１２年
大熊孝「脱ダムを阻む『基本高水』―さまよい続ける日本の治水計画」『世界』２００４年10月号、１２３―１３１頁
福岡捷二「大熊孝氏の『脱ダム』治水論を批判する」『世界』２００５年４月号、２８５―２９０頁、２００５年
大熊孝「川とは何か、洪水とは何か―福岡捷二氏の二分的治水論に反論する」『世界』２００５年６月号、２５９―２６４頁、２００５年

今本博健「これからの治水のあり方について—基本高水をめぐる大熊・福岡論争を読んで」『世界』２００５年10月号、２５６—２６０頁、２００５年
福岡捷二「治水の計画とは、河川の管理とは—治水は合理的に論ずるべき」『世界』２００５年12月号、２８６—２９０頁、２００５年

第５章

樋口清之『梅干と日本刀—日本人の知恵と独創の歴史』祥伝社、１９８５年
安藝皎一『水害』学生書房、１９４９年
高橋裕・酒匂敏次『日本土木技術の歴史』地人書館、１９６０年
長尾義三『物語日本の土木史』鹿島出版会、１９８５年
合田良實『土木と文明』鹿島出版会、１９９６年
公益財団法人リバーフロント研究所編集・発行『自然に学び自然をいかす治水の知恵—歴史から学ぶ自然観察とテクノロジー』２０１３年
南アルプス市教育委員会「桝形堤防—第2次調査2」２０１５年
『甲斐国志』巻之三十一、山川部第十二（１８１４年刊行）雄山閣、１９７０年
畑大介「信玄堤と考古学」『山梨県考古学協会誌』第20号、２０１１年
畑大介「武田信玄・治水の構想」萩原三雄編『戦国武将武田信玄』新人物往来社、１９８８年
畑大介『治水技術の歴史－中世と近世の遺跡と文書』高志書院、２０１８年
宮村忠『水害—治水と水防の知恵』中公新書、１９８５年

第６章

田辺敏夫・大熊孝「城原川流域における野越の役割と効果に関する研究」『土木史研究』21号、２００１年
かこさとし他『水とたたかった戦国の武将たち』（財）全国建設研修センター、１９９７年
『アーバンクボタ№19（利根川）』（株）クボタ、１９８１年

第7章

時岡敬子訳『イザベラ・バードの日本紀行』講談社学術文庫、２００８年

野田知佑『川の学校―吉野川・川ガキ養成講座』三五館、２０１２年

ウィリアム・モリス『ユートピアだより』（１８９１年）五島茂・飯塚一郎訳、中央公論新社、２００４年

ケネス・グレーアム『たのしい川べ』（１９０８年）石井桃子訳、岩波書店、２００２年

アーサー・ランサム『オオバンクラブ物語』（１９３４年）神宮輝夫訳、岩波書店、２０１１年

加古里子『かわ』こどものとも、１９６２年

斎藤惇夫『ガンバとカワウソの冒険』（１９８２年）岩波書店、１９９０年

斎藤惇夫『河童のユウタの冒険』福音館書店、２０１７年

内山節『共同体の基礎理論』農文協、２０１０年

国見修二『鎧潟』土曜美術社出版販売、１９９４年

第8章

山尾三省『アニミズムという希望』野草社、２０００年

東正則『農業のある都市を目指して』農林統計出版、２０１８年

小規模・家族農業ネットワーク・ジャパン編『よくわかる国連「家族農業の10年」と「小農の権利宣言」』（農文協ブックレット20）２０１９年

新潟市潟環境研究所編『みんなの潟学』新潟市、２０１８年（非売品）

榧根勇『越後平野の一、〇〇〇年』新潟日報事業社出版部、１９８５年

宇沢弘文・大熊孝編『社会的共通資本としての川』東京大学出版会、２０１０年

宇沢弘文『「成田」とは何か―戦後日本の悲劇』岩波新書、１９９２年

宇沢弘文『社会的共通資本』岩波新書、２０００年

佐々木実『資本主義と闘った男　宇沢弘文と経済学の世界』講談社、２０１９年

吉本哲郎『わたしの地元学―水俣からの発信』ＮＥＣクリエイティブ、１９９５年

予備知識・川の専門用語

「河川総合研究所報告第24号」（公財）河川財団、２０１９年

今井五郎『わかりやすい土の力学』鹿島出版会、１９８４年

貝塚爽平編『日本の平野と海岸』岩波書店、１９８５年

玉井信行・水野信彦・中村俊六編『河川生態環境工学』東京大学出版会、１９９３年

小出博『日本の河川―自然史と社会史』東京大学出版会、１９７０年

宮本武之輔『治水工学』修教社書院、１９３６年

PROBLEMS IN APPLIED HYDROLOGY by E.F.Schulz WATER RESOURCES PUBLICATIONS Fort Collin, Colorado80521, U.S.A 1973

建設省水文研究会『水文観測』全日本建設技術協会

建設省関東地方建設局利根川ダム統合管理事務所『利根川上流ダム群の概要』（パンフレット）１９９６年

大熊 孝◎おおくまたかし

新潟大学名誉教授・水の駅ビュー福島潟名誉館長・ＮＰＯ法人新潟水辺の会顧問・日本自然保護協会参与・（公財）こしじ水と緑の会理事。

１９４２年台北生まれ、高松・千葉育ち、新潟市在住、１９７４年東京大学大学院工学系研究科博士課程修了（工学博士）、新潟大学工学部助手、講師、助教授、教授、附属図書館長を経て、２００８年新潟大学名誉教授、同年新潟日報文化賞受賞。専門は河川工学・土木史、自然と人の関係、川と人の関係を地域住民の立場を尊重しながら研究している。

著書に、『利根川治水の変遷と水害』（東京大学出版会、１９８１年）、『洪水と治水の河川史―水害の制圧から受容へ』（平凡社、１９８８年、文庫版２００７年）、『川がつくった川、人がつくった川―川がよみがえるためには』（ポプラ社、１９９５年）、『技術にも自治がある―治水技術の伝統と近代』（農文協、２００４年）、『社会的共通資本としての川』（東京大学出版会、２０１０年、編著）、『みんなの潟学』（新潟市、２０１８年、編著）などがある。

洪水と水害をとらえなおす

自然観の転換と川との共生

二〇二〇年五月二九日　第一刷発行
二〇二一年二月　五　日　第三刷発行

著　者　大熊 孝

発　行　株式会社 農文協プロダクション
〒一〇七－〇〇五二　東京都港区赤坂七－五－一七
電話　〇三－三五八四－〇四一六
ファックス　〇三－三五八四－〇四八五
http://www.nbkpro.jp/

発　売　一般社団法人 農山漁村文化協会
〒一〇七－八六六八　東京都港区赤坂七－六－一
電話　〇三－三五八五－一一四二（営業）　〇三－三五八五－一一四五（編集）
ファックス　〇三－三五八五－三六六八
http://www.ruralnet.or.jp/

印刷所　株式会社 杏花印刷

ISBN978-4-540-20139-4 〈検印廃止〉

ブックデザイン――堀渕伸治◎tee graphics